पर्यावरण प्रदूषण एवं प्रबन्धन

डॉ. विनोद सिंह

एम.एस-सी. (कृषि) पी-एच.डी

आनुवांशिकी एवं पादप प्रजनन विभाग, नरेन्द्रदेव कृषि एवं प्रौद्योगिकी विश्वविद्यालय,

नरेन्द्र नगर (कुमारगंज), फैजाबाद (उ.प्र.)

एवं

डॉ. बीरेन्द्र बहादुर सिंह

एम.एस-सी. (रसायनविज्ञान), पी-एच.डी., एफ.आई.एस.ई.पी., एफ.एल.डब्लू.एस.

सहायक प्राध्यापक (रसायन विज्ञान)

जीव रसयान विभाग, नरेन्द्र देव कृषि एवं प्रौद्योगिकी विश्वविद्यालय,

नरेन्द्र नगर (कुमार गंज), फैजाबाद-224229 (उ.प्र.)

2018

दया पब्लिशिंग हाउस®

ऐस्ट्रल इंटरनेशनल (प्रा.) लिमिटेड

की इकाई

नई दिल्ली –110 002

प्रथम संस्करण, 2007

ISBN: 978-81-7035-427-7

प्रकाशक : **दया पब्लिशिंग हाउस®**
ऐस्ट्रल इंटरनेशनल (प्रा॰) लिमिटेड की इकाई
– ISO 9001:2015 Certified Company –
4736/23, अंसारी रोड, दरियागंज
नई दिल्ली-110002
दूरभाष 011-4354 9197, 2327 8134
ईमेल: info@astralint.com
वेबसाइट: www.astralint.com

भारत में प्रकाशित

समर्पित

लेखकद्वय की माता
स्व. (श्रीमती) रामबास देवी
के
श्रीचरणों में सादर समर्पित

प्रथम संस्करण की प्रस्तावना

भारत में प्राचीन काल से ही पर्यावरण को महत्त्वपूर्ण स्थान प्राप्त है। भारतीय मनीषियों को पर्यावरण प्रणाली का पूर्व ज्ञान था। यहाँ तक की पर्यावरण संतुलन की चर्चा भारतीय संस्कृति के प्राचीनतम वैदिक साहित्य में की गई है। प्राचीनतम ग्रन्थ ॠगवेद में तो पर्यावरण को पिता, धरती को माता, चन्द्रमा को भाई तथा अदिति को बहन का स्थान दिया गया है। इस प्रकार से यदि कहा जाये तो तनिक भी अतिशयोक्ति नहीं होगी कि हमारे पूर्वजो ने प्रकृति मात्र ही नहीं वरन् सम्पूर्ण ब्रह्माण्ड को मानव का अंग स्वीकारा और उन्हें जब पर्यावरण का ज्ञान हुआ तो उसे धर्म के साथ जोड़ दिया।

मनुष्य ने अपनी सुख-सुविधा हेतु प्रकृति का अत्यन्त दोहन किया है। इस दोहन के कारण मृदा की उर्वरा शक्ति में ह्रास तथा वायु एवं जल प्रदूषित हुआ है। वन्य जीवों के साथ-साथ स्वयं भी मनुष्य के अस्तित्व पर प्रश्नचिन्ह लगना प्रारम्भ हो गया है। उपरोक्त को ध्यान में रखते हुये प्रथम विश्व पर्यावरण सम्मेलन स्वीडन की राजधानी स्टाकहोम में 5 जून, 1972 को आयोजित हुआ। इस अन्तर्राष्ट्रीय सम्मलेन में पर्यावरण प्रदूषण के प्रति विश्व को सावधान किया गया तथा यह निर्णय लिया गया कि सम्मेलन में भाग लेने वाले प्रत्येक राष्ट्र, पर्यावरण प्रदूषण से सम्बन्धित कानूनों को अपने-अपने संसदों में पास करें। इस सम्मेलन में भारत की तत्कालीन प्रधानमंत्री स्व. इंदिरा गाँधी की नेतृत्व में एक प्रतिनिधि मण्डल ने भाग लिया। सयुंक्त राष्ट्र पर्यावरण योजना के अन्तर्गत रीयो डी जेनेरो (ब्राजील) में पृथ्वी सम्मेलन 2-14 जून, 1992 को हुआ जिसमें पर्यावरण प्रदूषण नियन्त्रण कार्यक्रम हेतु निर्णय लिया गया।

पर्यावरण विज्ञान का पाठ्यक्रम विश्वविद्यालय अनुदान आयोग(यू.जी.सी.) द्वारा देश के विभिन्न विश्वविद्यालयों, महाविद्यालयों एंव कॉलेजों में एक स्वतन्त्र विषय के रूप में संचालित किया जा रहा है। पर्यावरण पर हिन्दी भाषा में पुस्तकों

का बहुत ही अभाव है। इसी को दृष्टिगत करते हुये पुस्तक को सरल हिन्दी भाषा में प्रस्तुत किया गया है।

लेखकद्वय ने प्रयास किया है कि पुस्तक में त्रुटियाँ न हो। परन्तु प्रस्तुत पुस्तक में सुधार हेतु पाठकों के सुझाव सादर आमन्त्रित हैं तथा उसे पुस्तक के द्वितीय संस्करण में समुचित स्थान दिया जायेगा।

लेखकद्वय अपने विश्वविद्यालय के कुलपति प्रोफेसर एस.एम.इल्यास (S.M. Ilyas), डॉ. ए.बी. आबिदी, प्रोफेसर एवं विभागाध्यक्ष, जीवरसायन/फूड टेकनोलाजी विभाग एवं पूर्व निदेशक (प्रशासन एवं परिवीक्षण) तथा प्रख्यात पर्यावरणविद् प्रोफेसर वी.के. श्रीवास्तव के विशेष रूप से आभारी हैं।

दया पब्लिशिंग हाउस, दिल्ली के अधिस्वामी श्री अनिल मित्तल विशेष धन्यवाद के पात्र हैं क्योंकि पुस्तक का वर्तमान स्वरूप इन्हीं के उत्साह एवं प्रयास का परिणाम है।

लेखकद्वय अपनी पत्नी श्रीमती नीलम सिंह एवं श्रीमती जया सिंह तथा बच्चों क्रमश: रोहित एवं शिवांश को उनके निरंतर सहयोग के लिये धन्यवाद देना चाहता है।

प्रस्तुत पुस्तक "पर्यावरण प्रदूषण एवं प्रबन्धन" पर्यावरण विज्ञान के छात्रों, वैज्ञानिकों, समाजसेवी संस्थाओं तथा पर्यावरण प्रेमियों को ध्यान में रखकर लिखी गयी है। आशा है कि यह पुस्तक पाठकों के लिये उपयोगी साबित होगी।

लेखकद्वय

डॉ. विनोद सिंह

डॉ. बीरेन्द्र बहादुर सिंह

प्रो०ए०बी०आबिदी
एफ.आई.एस.ए.सी.,एफ.आई.एस.ए.बी.
प्राध्यापक एवं अध्यक्ष
बायोकेमेस्ट्री एण्ड फूड टेक्नोलाजी विभाग एवं
पूर्व निदेशक, प्रशासन एवं परिवीक्षण

नरेन्द्र देव कृषि एवं प्रौद्योगिक विश्वविद्यालय
कुमारगंज -224 229, **फैजाबाद (उ०प्र०)**
दूरभाष.: 05270-262103 (O), 05270-262458 (R)
फैक्स: 05270-262097

पत्रांकः

दिनांकः १० अप्रैल,२००६

प्राक्कथन

मुझे यह जानकर अति प्रसन्नता हुई कि 'पर्यावरण प्रदूषण एवं प्रबन्धन' नामक पुस्तक दया पब्लिशिंग हाउस दिल्ली द्वारा प्रकाशित की जा रही है। आज सम्पूर्ण विश्व के लिये पर्यावरण को संतुलित बनाये रखना एक गंभीर चुनौती है। भारत में प्राचीन काल से ही पर्यावरण को महत्वपूर्ण स्थान प्राप्त है। वर्तमान समय में विभिन्न प्रकार के प्रदूषण से मानव जाति को विशेष खतरा उत्पन्न होने की संभावना है। ऐसी गम्भीर परिस्थिति को दृष्टिगत करते हुये प्रदूषण को नियन्त्रित करके पर्यावरण को संतुलित बनाये रखना हम सबकी नैतिक जिम्मेदारी है। प्रस्तुत पुस्तक में लेखकद्वय डा. विनोद सिंह एवं डा. बीरेन्द्र बहादुर सिंह द्वारा पर्यावरण संरक्षण एवं प्रदूषण नियंत्रण के लिये सराहनीय प्रयास किया गया है।

हमारे देश में राष्ट्र भाषा हिन्दी होते हुये भी पर्यावरण विज्ञान पर पुस्तकों का देवनागरी लिपि में बहुत ही अभाव है और जो भी पुस्तकें उपलब्ध हैं वे अधिकतर विदेशी लेखकों द्वारा लिखित अंग्रेजी भाषा में हैं। अतः हिन्दी भाषा में लिखी गयी यह पुस्तक लेखकद्वय द्वारा बहुत ही अच्छा एवं सामयिक प्रयास है। पुस्तक के प्रत्येक अध्याय को सरस सुबोध एवं धारा प्रवाह भाषा में इस प्रकार बद्ध किया गया है कि पाठकगण इसे सुगमता से समझ सकें। प्रस्तुत स्नातक एवं स्नातकोत्तर छात्रों की उच्च शिक्षा हेतु एक अनूठा प्रयास है।

आशा है यह पुस्तक विशेषरूप से पर्यावरण विज्ञान के छात्रों, वैज्ञानिकों, समाजसेवी संस्थाओं तथा पर्यावरण विज्ञान के क्षेत्र में नीति निर्धारकों के लिए रूचिकर एवं लाभदायक सिद्ध होगी।

ए.बी. आबिदी
प्राध्यापक एवं अध्यक्ष
बायोकेमेस्ट्री एण्ड फूड टेक्नोलाजी विभाग एवं
पूर्व निदेशक, प्रशासन एवं परिवीक्षण

अनुक्रमणिका

महत्वपूर्ण दिवस

फरवरी प्रथम सप्ताह	वन महोत्सव(वृक्षारोपण महोत्सव)
28 फरवरी	राष्ट्रीय विज्ञान दिवस
8 मार्च	राष्ट्रीय महिला दिवस
15 मार्च	विश्व विकलांग दिवस
21 मार्च	विश्व वन दिवस
22 मार्च	विश्व जल दिवस
23 मार्च	विश्व मौसम दिवस
26 मार्च	विश्व क्षयरोग दिवस
7 अप्रैल	विश्व स्वास्थ्य दिवस
22 अप्रैल	विश्व पृथ्वी दिवस
3 मई	अन्तर्राष्ट्रीय सौर दिवस (गैर परम्परागत उर्जा स्रोत दिवस)
8 मई	विश्व रेडक्रॉस दिवस
31 मई	विश्व तम्बाकू निषेध दिवस
5 जून	विश्व पर्यावरण दिवस
1 जुलाई	राष्ट्रीय चिकित्सक दिवस
जुलाई प्रथम सप्ताह	वन महोत्सव (वृक्षारोपण)
11 जुलाई	विश्व जनसंख्या दिवस
6 अगस्त	हीरोंशिमा नागासाकी दिवस
20 अगस्त	मलेरिया दिवस
1 अक्टूबर	रक्तदान दिवस

3 अक्टूबर	विश्व जन्तु दिवस
16 अक्टूबर	विश्व खाद्य दिवस
14 नवम्बर	विश्व डायबिटिज दिवस
1 दिसम्बर	विश्व एड्स दिवस
2 दिसम्बर	राष्ट्रीय प्रदूषण नियन्त्रण दिवस
3 दिसम्बर	विश्व संरक्षण दिवस
23 दिसम्बर	किसान दिवस
29 दिसम्बर	विश्व जैव विविधता दिवस

1

परिचय

पर्यावरण हिन्दी के दो शब्दो परि तथा आवरण से मिलकर बना है, परि का अर्थ=चारो तरफ तथा आवरण का अर्थ=घेरा होता है, अर्थात वायु, जल, मृदा, वनस्पतियाँ तथा सभी जीव-जन्तु पर्यावरण के अंग हैं। पर्यावरण के अन्तर्गत वे सभी परिस्थितियाँ भी आ जाती हैं जो हमारे जीवन पर प्रभाव डालती हैं। पर्यावरण में किसी प्रदूषक की उपस्थिति ही पर्यावरण प्रदूषण कहलाता है।

आमतौर पर लोग पर्यावरण को ही परिस्थितिकीय का पर्याय मानते हैं लेकिन यह सत्य नहीं है। वास्तव में परिस्थितिकी विज्ञान की वह शाखा है जिसके अन्तर्गत जीवो के प्राकृतिक वास स्थान का अध्ययन किया जाता है। वास्तव में पर्यावरण में जन्मे और पलने वाले जीव परस्पर क्रियाओं द्वारा एक व्यवस्था को जन्म देते हैं, उसे ही परिस्थितिकी कहा जाता है। पर्यावरण के अन्तर्गत हम केवल उन्ही घटको का अध्ययन करते हैं जिनका प्रभाव हमारे ऊपर पड़ता है। जबकि परिस्थितिकी में धरती पर पाये जाने वाले उन समस्त वास स्थानों का अध्ययन किया जाता है जहाँ पेड़-पौधे, छोटे-बड़े जीव, सूक्ष्म जीव और मनुष्य रहते हैं।

मानव जीवन के लिये अन्न, वायु और जल कितने आवश्यक हैं इसका अदांजा इसी बात से लगाया जा सकता है कि मनुष्य बिना भोजन के 30 दिन तक, बिना जल के 3 दिन तक तथा बिना वायु के 3 मिनट तो जीवित रह सकता है। एक सामान्य मनुष्य औसतन एक दिन में 22000 बार साँस लेता है जिसके द्वारा वह लगभग 30 पौण्ड या 15.7 लीटर पौण्ड या 15.7 लीटर वायु ग्रहण करता है। औसतन भारतीय 2.4-4.0 लीटर तक पानी पीता है 0.77 किलोग्राम भोजन करता है। वर्तमान समय मे अन्न, वायु और जल तीनो प्रदूषित हो चुके हैं। इस प्रकार जब

हम साँस लेते हैं, पानी पीते हैं तथा भोजन करते हैं तब तीनों क्रियाओं के द्वारा प्रदूषित पदार्थ भी हमारे शरीर में प्रविष्ट कर जाते हैं। जिनका हमारे शरीर में बहुत ही हानिकारक प्रभाव पड़ता है।

पर्यावरण प्रदूषण आज विश्व की सर्वाधिक चर्चित और भयंकर समस्या है तथा आज इसने विकराल रूप धारण कर लिया है। जिससे कि पूरे मानव समाज का अस्तित्व ही खतरे में पड़ गया है। पर्यावरणीय प्रदूषकों की एक मानक से अधिक मात्रा पर्यावरण को प्रदूषित करती हैं। पर्यावरण में जल, मृदा, तापमान तथा प्रकाश आदि समाहित हैं। इन सबसे प्राणी ही प्रभावित होता है। इसे पर्यावरणीय कारक की सज्ञां दी जाती है। इनमें एक निर्धारित मानक से कमी या वृद्धि होती है तो इससे प्राणी जगत् पर प्रतिकूल प्रभाव पड़ता है। पेड़-पौधे, जलीय तथा वायु में विचरण करने वाले जीव, मनुष्य तथा विभिन्न प्रकार के कीट तथा पशु आदि प्राणी जगत् में सम्मिलित हैं। इस निर्जिव तथा सजीव कारकों के समुच्चय से पर्यावरण का निर्माण होता है।

1.1 पर्यावरणीय कारक

पर्यावरणीय कारकों को दो भागों में विभाजित किया जा सकता है:-

(i) **प्रत्यक्ष कारक-** वे कारक जो पर्यावरण पर सीधा या प्रत्यक्ष प्रभाव डालते हैं, प्रत्यक्ष कारक कहलाते हैं। उदाहरण- वायु, ताप, प्रकाश, मृदा, भूमिगत जल एवं पोषक तत्त्व आदि।

(ii) **अप्रत्यक्ष कारक-** वे कारक जो पर्यावरण पर सीधा प्रभाव नहीं डालते, परन्तु ये अप्रत्यक्ष प्रभाव डालते हैं। अप्रत्यक्ष कारक कहलाते हैं। उदाहरण - मृदा संरचना, हवा (पहाड़ी ढ़लान) आदि।

वर्तमान समय में पर्यावरण प्रदूषण भारत में ही नही अपितु पूरे विश्व के लिए चुनौती है। विकासशील तथा विकसित देश अपनी सुख-सुविधा हेतु अत्यधिक दोहन करते हैं। कारखानो, मोटर वाहनों और ताप बिजली घरो से निकला धुआँ, कीटनाशक दवाओं के अंधाधुंध प्रयोग, कूड़ा-करकट और मल-मूत्र के दोषपूर्ण निपटान या जमाव, वृक्षों की बेतहाशा कटाई और परमाणु बिजलीघरों द्वारा फैली रेडियोधार्मिता से हमारा पर्यावरण दिन-प्रतिदिन प्रदूषित होता जा रहा है। विभिन्न प्रकार के शोर-कोलाहल मानव के लिये तनाव का कारण बन गया है। जिस हवा में साँस लेते हैं वह हवा तक प्रदूषित हो चुकी है। अनुमानित है कि विश्व में 80 प्रतिशत शहरी जनता अर्थात् एक अरब 80 करोड़ लोग ऐसे वातावरण में साँस लेते

हैं। जिसमें विषैली गैसे होती हैं। सूर्य की पराबैगनी किरण के घातक प्रभाव से बचने के लिए प्रकृति ने वायुमण्डल में ओजोन नामक गैस की छतरी सी तान रखी है। परन्तु वायुमण्डलीय प्रदूषण के कारण इस ओजोन गैस की छतरी की क्षति होती जा रही है। जिसके परिणामस्वरूप मानव शरीर पर इसके गंभीर प्रभाव पड़ रहे हैं।

1.2 पर्यावरण से सम्बन्धित कुछ महत्त्वपूर्ण अन्तर्राष्ट्रीय सम्मेलन

1. स्टाकहोम सम्मेलन (1972)– ''मानव पर्यावरण'' विषय पर सयुंक्त राष्ट्र के तत्त्वाधान में स्वीडन के प्रमुख शहर स्टाकहोम में एक अन्तर्राष्ट्रीय सम्मेलन 5 जून–16 जून, 1972 तक हुआ। इस सम्मेलन में विश्व के 119 राष्ट्रों ने भाग लिया। जिसमें तत्कालीन प्रधानमन्त्री स्व. इन्दिरा गाँधी के नेतृत्व में एक प्रतिनिधिमण्डल ने भारत की तरफ से भाग लिया। उपरोक्त सम्मेलन में की गई घोषणाओं को दो भागों मे विभक्त किया जा सकता है।

प्रथम भाग– प्रथम भाग में सात सत्यों को निरूपित किया गया। सम्मेलन के प्रथम भाग में संक्षेप में घोषित सात सत्य निम्न प्रकार हैं:

– मनुष्य अपने पर्यावरण के निर्माण तथा अवनयन के लिये स्वयं उत्तरदायी है।

– आज पर्यावरण मनुष्य के कल्याण तथा आर्थिक विकास को प्रभावित करता है। पर्यावरण संरक्षण तथा सुधार विश्व के प्रत्येक राष्ट्र का प्रमुख कर्त्तव्य है।

– यदि मनुष्य अपने परिवर्तनशील मानसिकता का प्रयोग ठीक प्रकार से करेगा, तो मानव जीवन के विकास एवं गुणवत्ता में सुधार का अवसर मिलेगा। मानव बुद्धि का गलत प्रयोग पर्यावरण की अपूरणीय क्षति करके मानव जीवन के लिए गंभीर संकट पैदा कर सकता है।

– विकासशील राष्ट्रों को अपना विकास पर्यावरण संरक्षण एवं सुधार को ध्यान में रखकर करना चाहिए।

– पर्यावरणीय समस्यायें विकासशील राष्ट्रों में जनसंख्या वृद्धि से सम्बन्धित हैं। इस प्रकार जनसंख्या नियन्त्रण हेतु ठोस कदम उठाने की जरूरत है।

– पर्यावरण संरक्षण के लिये शिक्षा तथा तर्कपूर्ण अध्ययन जरूरी है। क्योंकि अशिक्षा (अज्ञानता) एवं अतार्किक जीवनशैली अपनाकर भावी पीढ़ी को संरक्षित और स्वच्छ पर्यावरण उत्तराधिकार में दे सकते हैं।

– सामुदायिक साझेदारी, पर्यावरण संरक्षण तथा सुधार के लिए स्वीकार करना होगा। मानव पर्यावरण के संरक्षण तथा सुधार के लिये प्रयास, प्रत्येक राष्ट्र

की सरकारों का दायित्व है। चूंकि पर्यावरण संरक्षण मानव जाति के कल्याण के लिये अति आवश्यक है।

द्वितीय भाग– पर्यावरण संरक्षण तथा सुधार से सम्बन्धित स्टाकहोम सम्मेलन के द्वितीय भाग में 26 सिद्धान्त स्थापित किये गये। जो संक्षेप में इस प्रकार हैं:

– स्वच्छ पर्यावरण, मानव का एक मौलिक अधिकार है। तथा वर्तमान पीढ़ी का यह कर्तव्य है कि उसे प्राप्त स्वच्छ पर्यावरण भावी पीढ़ी को उत्तराधिकारी के रूप में सुरक्षित तथा यदि हो सके तो उसमें सुधार करके सौपें।

– प्रत्येक राष्ट्रों का दायित्व है कि प्राकृतिक स्त्रोतों को सतर्कतापूर्वक सुव्यवस्थित तरीके से भावी पीढ़ी हेतु सुरक्षित रखें।

– ऐसे प्राकृतिक स्त्रोत जो मानव जीवन से सम्बन्धित हो तथा उनका पुनः निर्माण किया जा सके तो उनका पुनः निर्माण करके, मृदा की उर्वराशक्ति को बनाये रखना वर्तमान पीढ़ी का कर्त्तव्य होगा।

– वन्य जीव संरक्षण, सुरक्षा तथा बुद्धिमतापूर्वक प्रबन्धन प्रत्येक राष्ट्र के नागरिकों का कर्त्तव्य है। इस प्रकार यह आवश्यक होगा कि आधुनिक सुविधाओं का प्रयोग करके वन्य जीव स्थल का विकास किया जाये।

– जिन प्राकृतिक संसाधनों का नवीनीकरण सम्भव नहीं है। प्रत्येक राष्ट्र का यह कर्त्तव्य है कि ऐसे प्राकृतिक संसाधनों को सुरक्षित रखें।

– प्रत्येक राष्ट्र यह प्रयास करे कि प्रदूषक (वायु, ठोस या तरल) का उत्सर्जन सीमित मात्रा (मानक के अनुरूप) में हों।

– समुद्री जीवन की सुरक्षा हेतु, समुद्र में ऐसे पदार्थों का विसर्जन रोकना होगा, जो कि समुद्री जीवन के लिये खतरनाक हों।

– ऐसा पर्यावरण बनाये रखने में सभी राष्ट्रों का यह दायित्व होगा, जिसमें मनुष्य उपयुक्त जीवन व्यतीत कर सके तथा आर्थिक एवं सामाजिक विकास भी हो सके।

– प्रत्येक राष्ट्र का यह दायित्व है कि ऐसे वैज्ञानिक तथा प्रौद्योगिकीय उपाय विकसित करें जो प्राकृतिक आपदा से पर्यावरण प्रदूषण को दूर करने में सहायक हो।

– विकासशील देशों के लिये मूल्यों की स्थिरता तथा कच्चे माल का उपार्जन पर्यावरणीय प्रबन्ध कारकों के लिये आवश्यक है। इस प्रकार प्रत्येक विकासशील देशों द्वारा परिस्थितिकीय प्रक्रियाओं पर ध्यान देना चाहिए।

– सभी राष्ट्र पर्यावरणात्मक नीतियों का विकास इस प्रकार करें कि वर्तमान तथा भावी विकास की सम्भावना बनी रहे तथा अच्छे जीवन स्तर की प्राप्ति हो सके। पर्यावरणात्मक उपायों के प्रयोग से उत्पन्न आर्थिक कठिनाइयों की पूर्ति के प्रश्न पर सहमति हेतु प्रत्येक राष्ट्रों द्वारा समुचित प्रयास किये जाने चाहिए।

– प्रत्येक राष्ट्र की यह जिम्मेदारी है कि वे विकासशील राष्ट्रों द्वारा पर्यावरण सुरक्षा में होने वाले व्यय के लिये आर्थिक सहयोग तथा उनके अनुरोध पर अन्तर्राष्ट्रीय तकनीक एवं पर्यावरण संरक्षण के लिये आवश्यक संसाधन उपलब्ध करायें।

– प्रत्येक राष्ट्र को पर्यावरण संरक्षण एवं प्रबन्धन में सहयोग करना चाहिए तथा यह सुनिश्चित किया जाना चाहिए कि विकास प्रत्येक राष्ट्रों के लिये लाभदायक तथा पर्यावरण संरक्षण के अनुरूप हो।

– पर्यावरण संरक्षण तथा विकास की आवश्यकता के मध्य स्वभाविक संघर्ष अपरिहार्य है। युक्ति युक्त नियोजन संघर्ष के मध्य सामंजस्य के लिये आवश्यक है।

– पर्यावरण संरक्षण का आयोजन, प्रबन्धन तथा नियन्त्रण उपयुक्त राष्ट्रीय संस्थानों को सौंपा जाना चाहिए।

– वैज्ञानिक एवं प्रौद्योगिकी संस्थानों के आर्थिक तथा सामाजिक विकास का प्रयोग इस प्रकार किया जाना चाहिए कि इससे पर्यावरण सुरक्षा, पर्यावरणीय समस्याओं का निवारण तथा नियन्त्रण एवं मानव कल्याण सुनिश्चित किया जा सके।

– मानव बस्तियों एवं शहरीकरण को इस प्रकार व्यवस्थित करना चाहिए कि उसका पर्यावरण पर कम से कम प्रभाव पड़े तथा इसके लिये विशेष प्रकार के नियोजन की आवश्यकता है। जिससे अधिक से अधिक सामाजिक, आर्थिक एवं पर्यावरणीय लाभ प्राप्त हो सकें।

– जनसंख्या पर नियन्त्रण पर्यावरण संरक्षण के लिए आवश्यक है। तथा जनसंख्या नियोजन हेतु ऐसी नीतियों का प्रयोग करना चाहिए जो मानव के मौलिक अधिकारों के प्रतिकूल न हो तथा ऐसी नीतियों का क्रियान्वयन ऐसे स्थानों पर किया जाना चाहिए जहाँ पर जनसंख्या पर्यावरण सुरक्षा में बाधक तथा अधिक हों।

– आम जन–मानस को पर्यावरण सुरक्षा नियमों से शिक्षित किया जाए। इस प्रकार सभी राष्ट्रों का कर्त्तव्य है कि युवा तथा प्रौढ़ जनता को, पर्यावरण संरक्षण संबंधित जानकारी से जागरूक एवं अवगत करायें।

–पर्यावरण सम्बन्धित समस्याओं के निवारण के लिये शोध तथा विकास को बढ़ावा देना। विकसित देशों द्वारा पर्यावरण संरक्षण सम्बन्धित प्रौद्योगिकी, विकासशील देशों को उपलब्ध कराना चाहिए।

– पर्यावरण दायित्वों की पूर्ति के लिये अपने संसाधनों का समुचित प्रयोग करने हेतु अन्तर्राष्ट्रीय विधि प्रत्येक राष्ट्रों को यह अधिकार देती हैं।

– यदि किसी राष्ट्र के कार्य–कलाप से पड़ोसी राज्य को पर्यावरण प्रदूषण से सम्बन्धित समस्या उत्पन्न होती है तो उसके निवारण हेतु सहयोग तथा सहायता करनी चाहिए।

– राष्ट्रीय तथा अन्तर्राष्ट्रीय मानकों पर प्रतिकूल प्रभाव डाले बिना प्रत्येक राष्ट्र में विद्यमान मूल्यों की प्रणालियों को जो कि अन्य राष्ट्रों हेतु मान्य हों, परन्तु विकासशील देशों हेतु अनपयुक्त तथा अनपेक्षित सामाजिक लागत वाले हों, विचार किया जाना चाहिए।

– अन्तर्राष्ट्रीय विषयों पर पर्यावरण संरक्षण से सम्बन्धित सभी विषयों पर सभी राष्ट्रों द्वारा सहयोग तथा समानता से आधार पर कार्यवाही की जानी चाहिए।

– अन्तर्राष्ट्रीय संगठन पर्यावरण की सुरक्षा हेतु समन्वित तथा गतिशील भूमिका का निर्वाह प्रत्येक राष्ट्र सुनिश्चित करेंगे।

– परमाणु हथियारों तथा जनसंहार के अन्य संसाधनों के प्रभाव से मानव जाति की रक्षा करना प्रत्येक राष्ट्र का कर्त्तव्य है। प्रत्येक राष्ट्रों को परमाणु हथियारो को विनाश के सम्बन्धित उपायों पर अन्तर्राष्ट्रीय संगठनों से सहयोग करना चाहिए।

2. 'मानव पर्यावरण' विषय पर नैरोबी घोषणा

स्टाकहोम में सन् 1972 में आयोजित संयुक्त राष्ट्र 'मानव पर्यावरण' सम्मेलन की दसवीं वर्षगाँठ मनाने हेतु 10 मई से 18 मई, 1982 तक नैरोबी (केन्या की राजधानी) में एक सम्मेलन का आयोजन किया गया। जिसे "नैरोबी सम्मेलन" के नाम से जाना जाता है। इस सम्मेलन में विश्व के 105 राष्ट्रों ने भाग लिया। नैरोबी घोषणा के प्रमुख प्राविधान निम्नलिखित हैं–

– नैरोबी सम्मेलन के सिद्धान्त पर्यावरण पर मौलिक आचार संहिता के समान है। यह सिद्धान्त आज भी उतने महत्त्वपूर्ण हैं जितने दस वर्ष पूर्व थे।

– विभिन्न प्रकार के विभेदीकरण, औपनिवेषिक दमन तथा विदेशी आधिपत्य से उत्पन्न खतरो से मानव पर्यावरण संरक्षण को अधिकतम लाभ होगा।

– गरीबी तथा अपव्ययी प्रवृत्ति, पर्यावरण प्रदूषण संकट में बढ़ोत्तरी का मुख्य कारण है। इस प्रकार अन्तर्राष्ट्रीय आर्थिक व्यवस्था की स्थापना पर्यावरणीय अवनयन को रोकने के लिये आवश्यक है।

– सामान्यत: पर्यावरणीय समस्यायें राष्ट्रीय सीमा से परे हो जाती हैं। इसका समाधान अन्तर्राष्ट्रीय विचार-विमर्श, अन्तर्राष्ट्रीय कार्यवाही के द्वारा समयानुसार किया जाना चाहिए।

– ऐसे विकासशील राष्ट्र जो कि अपनी पर्यावरणीय समस्याओं को दूर करने में स्वयं सक्षम नहीं है। विकसित राष्ट्रों को इनकी सहायता करनी चाहिए।

– प्राकृतिक संसाधनों के उपयोग हेतु ऐसी परम्परागत प्रणाली को अपनाना आवश्यक है जिसे ठोस प्रबन्धन तथा आधुनिक प्रणाली द्वारा बनाया गया हो।

– पर्यावरणीय क्षति को ध्यान में रखकर उससे निवारण हेतु वरियता देनी चाहिए।

– नैरोबी घोषणा के माध्यम से विश्व के लोगो को सामूहिक तथा व्यक्तिगत रूप से अपने उत्तरदायित्वों का निर्वहन करने के लिये अनुरोध किया गया जिससे भावी पीढ़ी हेतु पर्यावरण के लिये सुरक्षित रहें, चूंकि पर्यावरण ही मानव जीवन की गरिमा प्रत्याभूत करता है।

– नैरोबी घोषणा द्वारा यह प्रस्ताव पारित किया गया कि सन् 2000 तक तथा उसके बाद स्थायी विकास के लिये कौन-कौन से पर्यावरणीय प्रयास किये जायें, इसके लिये एक आयोग का गठन किया जाए।

3. पृथ्वी शिखर सम्मेलन - 1992

3 जून, 1992 से 14 जून, 1992 तक "पर्यावरण तथा विकास पर" संयुक्त राष्ट्र के तत्त्वाधान में , ब्राजील के प्रमुख शहर रियो डी जेनेरो में एक सम्मेलन का आयोजन किया गया। यह सम्मेलन स्टाकहोम में सन् 1972 में आयोजित सम्मेलन की बीसवीं वर्षगाँठ पर आयोजित किया गया। जिसका प्रमुख विषय "पर्यावरण प्रदूषण तथा विकास" पर विचार-विमर्श करना था। इस सम्मेलन को पृथ्वी शिखर सम्मेलन की संज्ञा दिया गया। 150 राष्ट्रों ने पृथ्वी शिखर सम्मेलन में भाग लिया। पर्यावरणीय प्रदूषण से बचाव, सतत् विकास, वनों का प्रबन्धन, संस्थागत प्रबन्ध, जैव-विविधता एवं प्रौद्योगिकी अन्तरण, पृथ्वी सम्मेलन के मुख्य विषय थे।

रियो घोषणा

सर्व सम्मति से एक ऐसी घोषणा रियो सम्मेलन 1992 में स्वीकार की गई, जिसका प्रारूप मार्च, 1992 में तैयार किया गया था।

रियो सम्मेलन की उपलब्धियाँ

- रियो घोषणा,
- एजेण्डा-21,
- जलवायु परिवर्तन,
- जैव-विविधता तथा
- वन सिद्धान्त।

2

पर्यावरण और हमारा साहित्य

यह निर्विवाद सत्य है कि मनुष्य कथित रूप से ज्यों-ज्यों सभ्य होता जा रहा है त्यों-त्यों वह प्रकृति से दूर होता जा रहा है। विज्ञान के नवीनतम अविष्कारों के श्रेय से मानव मात्र ने अपनी सभ्यता के परिवेश को बढ़ाने के लिए प्राकृतिक संसाधनों का भरपूर उपयोग किया और इसके लिए प्राकृतिक संसाधनों व प्रकृति का अंधाधुन्ध दोहन किया। यह सत्य है कि प्रकृति सदैव हमें स्वयंमेव ही हमारी आवश्यकताओं की हर वस्तुएँ देती रहती हैं किन्तु हम अब उससे अपने स्वार्थों की पूर्ति के लिए बलपूर्वक प्राप्त करने लगे हैं। क्या हमने कभी सोचा है कि हम प्रकृति को क्या देते हैं? प्रदूषण और केवल प्रदूषण। इस प्रदूषण में होती हुई निरंतर वृद्धि को देखते हुए मनुष्य पुनः उसी बिन्दु पर आ पहुँचा है जहाँ से उसे पीछे की ओर मुड़कर देखना है इसकी उल्टी गिनती आरम्भ हो चुकी है। क्योंकि आज स्वयं अपने हाथों से विकृत किए गए प्रकृति के रूप के कारण मानव का जीवन भयंकर खतरे में पड़ गया है।

पर्यावरण प्रकृति के अधिष्ठात्री देवता का बाह्य कलेवर है। हमारे आसपास, हमारे जीवन के उपकारक, प्रकृति के विभिन्न उपादान, जो वायु, वन, पर्वत, पशु, पक्षी आदि विविध रूपों में उपस्थित हैं, उन्हीं का समवेत स्वरूप पर्यावरण शब्द से सांकेतिक किया जाता है। यह पर्यावरण शब्द देखने-सुनने में संस्कृत के प्राचीन शब्द जैसा प्रतीत होता है, किन्तु है नहीं। वस्तुतः पर्यावरण शब्द व्याकरण की दृष्टि से उपसर्ग परि और संज्ञा आवरण इस दो शब्दों से मिलकर बना हुआ है। दोनों की सन्धि से (परि+आवरण) पर्यावरण शब्द बना है । इसमें परि (पारित) का अर्थ है चारों ओर और आवरण का अर्थ है आच्छादन, ओढ़ना या घेरा, जिसके बीच हम जी

रहे हैं। निश्चय ही यह घेरा वही है जिसे हम अभी बता चुके हैं अर्थात् यह प्रकृति का बाह्य कलेवर है।

पर्यावरण की सुरक्षा के प्रति हमारे अन्दर अति प्राचीन काल से ही संवेदनशील चेतना रही है। भारतीय जीवन प्रकृति प्रेम का पर्याय रहा है। इस तथ्य को प्रमाणित करता है हमारा प्राचीन साहित्य । संस्कृति वाङ्मय में विश्व के सबसे प्राचीन और पवित्र ग्रन्थ वेदों से लेकर आजतक हमें इस प्रकृति प्रेम की चेतना के दर्शन होते हैं। वेदों में प्रकृति का सुन्दर वर्णन उपलब्ध है। वैदिक देवता प्रकृति के ही किसी न किसी रूप के अभिव्यन्जक हैं। अथर्ववेद का मंत्र भूमि मेरी माता है और मैं पृथ्वी का पुत्र हूँ, जुड़ा हुआ स्वीकार करता है। वन, पर्वत, नदियाँ, जलाशय, वृक्ष, पशु, पक्षी, वायु, प्रकाश सब में हमने देवत्व का दर्शन किया है और उनमें जीवन की आश्रयता के कारण उनकी प्रतिष्ठापूर्वक पूजा की है। धर्मप्राण ऋषियों की यज्ञ संस्थाएँ तो वस्तुतः पर्यावरण की सुरक्षा के लिए ही स्थापित की गई हैं। यज्ञों का आयोजन एक नित्य धार्मिक अनुष्ठान था, जिसके माध्यम से वायुमण्डल के शोधन का प्रयोग निंरतर चलता रहता था।

प्राचीनकाल में वायुमण्डल में यज्ञ से उत्पन्न धुआँ रहता था जो यज्ञ में डाली गयी आहुति (घी, शर्करा, तिल आदि द्रव्यों) के ज्वलन से उत्पन्न होता था और उस पर जमे हुए बाष्पकारों के संघनम से निर्मित मेघ द्वारा पृथ्वी पर बरसाये हुए जल, वनस्पतियाँ और अन्नादि में इसके रूप से संजीवनी शक्ति का काम करते थे। ठीक इसके विपरीत आज के वायुमण्डल में किस प्रकार के धूमकण व्याप्त हैं। कोयलों और खनिज तेलों के जलने से उत्पन्न विषाक्त धूमकणों ने सारे वायुमण्डल को प्रदूषित कर दिया है।

प्रदूषण में निरन्तर वृद्धि हो रही है। इन धूमकणों के आश्रय से निर्मित बादल किस प्रकार के जल की वृष्टि करेंगे । निश्चय ही वह अमृत रस न होकर विष रस होगा। यही कारण है कि प्राचीनकाल में उत्पन्न अन्नों की पौष्टिकता रस और स्वाद तथा वनस्पतियों की औषधीय संजीवनी शक्ति आज नहीं है। हमारा प्रत्यक्ष अनुभव है कि वे आरोग्य न प्रदान कर विभिन्न प्रकार के रोगों के कारण ही बन रहें हैं। वायु और जल निरन्तर प्रदूषित होते जा रहे हैं। फलतः जन्तुओं और वनस्पतियों का जीवन संकटग्रस्त होता जा रहा है।

वेदों, पुराणों से लेकर लौकिक संस्कृति, साहित्य, महाकाव्यों तथा नाटकों आदि में प्रकृति चित्रण और उसके प्रति प्रेम की अभिव्यक्ति के माध्यम से यह सहज ही सूचित होता है कि तत्कालीन समाज अपने पर्यावरण की सुरक्षा के प्रति

कितने जागरुक थे। पुराणों में तीर्थों (नदियों/जलाशयों) विशेष रूप से गंगा को प्रदूषित न करने की चेतावनी बार-बार दी गयी है । ब्रम्हाण्ड पुराण में स्पष्ट रूप से कहा गया है कि पुण्य जल वाली गंगा को प्रदूषित करने वाले को धर्म विरुद्ध ये तेरह कार्य नहीं करनें चाहिए - मलत्याग, कुल्ला करना, रगड़-रगड़कर मैल छुड़ाना, शरीर से लोटपोट करना, खेलना, दान लेना, घृणा करना, गन्दे वस्त्र का उत्सर्जन, कूदफांद करना, जल को छपछपाना और तैरना आदि।

इसी प्रकार स्कन्द पुराण में भी गंगा को न प्रदूषित करने की बात कही गयी है, जैसे शरीर में उबटन या तेल लगाकर, मैल से भरा हुआ, बड़बड़ाता हुआ, झूठी बुराईयाँ देखता हुआ और असत्य बोलता हुआ मनुष्य गंगा में प्रवेश न करें।

पुराणों में वृक्षारोपण न होने वाले पुष्पों का निरुपण करके वनों के सम्बन्धी संरक्षण हेतु प्रोत्साहित किया गया है। पुराणों के पश्चात् लौकिक संस्कृत साहित्य में भी पर्यावरण चेतना के पर्याप्त प्रमाण उपलब्ध होते हैं। काव्यों में चित्रित प्रकृति की छटा ने केवल उनके सौन्दर्य को बढ़ाती है अपितु अपने प्रति मानव प्रेम को भी अभिंव्यक्ति करती है। सारा संस्कृत साहित्य प्रकृति चित्रण से भरा पड़ा है।

पर्यावरण के प्रति कालीदास की भी संवेदनशीलता उदाहरणीय है। यदि समस्त संस्कृत साहित्य में इसका लेखा-जोखा प्रस्तुत किया जाय तो एक कथा ग्रन्थ हो जाएगी। कालीदास संस्कृत के प्राचीन और सर्वप्रतिनिधि महाकवि हैं। महाकवि कालीदास का ऋतुसहांर, कुमारसम्भव, रघुवंश, अभिज्ञान शाकुन्तलम् में प्रकृति के साथ मानव जीवन का अनुपम रूप वर्णित है।

3

पर्यावरण और हमारे पूर्वज

भारत में प्राचीनकाल से ही पर्यावरण को महत्त्वपूर्ण स्थान प्राप्त है। भारतीय मनीषियों को पर्यावरण प्रणाली का पूर्ण ज्ञान था। यहाँ तक कि पर्यावरण संतुलन की चर्चा भारतीय संस्कृति के प्राचीनतम वैदिक साहित्य में भी की गई है। प्राचीनतम ग्रन्थ, ऋग्वेद में तो पर्यावरण को पिता, धरती को माता, चन्द्रमा को भाई तथा आदिति को बहन का स्थान दिया गया है। एक प्रकार से यदि यह कहा जाये तो तनिक भी अतिशयोक्ति नहीं होगी कि हमारे पूर्वजों ने प्रकृति मात्र ही नहीं, वरन् सम्पूर्ण ब्रह्माण्ड को मानव का अंग स्वीकारा और जब उन्हें पर्यावरण का ज्ञान हुआ तो उसे धर्म के साथ जोड़ दिया।

हमारें ऋषि-मुनियों को यह भली-भाँति ज्ञात था कि जड़ जगत (पृथ्वी, नदियाँ, पर्वत आदि) और चेतना जगत (मानव, पशु, पक्षी, वन आदि) के पारस्परिक समानुपातिक सामंजस्य से ही पर्यावरण संतुलित रहता है। यही नहीं वे, यह भी जानते थे कि पर्यावरण के लिए किसी एक अंग में आघात होने से उसका परिणाम समूचे प्रणाली को प्रभावित करता है। इस प्रकार पर्यावरण की शुद्धता के महत्त्व को हमारे पूर्वजों ने पहले से ही समझ लिया था उन्हे यह ज्ञात हो चुका था कि वृक्ष, जल तथा सभी जीव जगत् के सामंजस्य से ही पर्यावरण स्वच्छ रहता है। इसी कारण हमारे पूर्वजों ने जीव-जन्तुओं के वध तथा वनस्पतियों के विनाश पर रोक लगायी थी। वैदिक मंत्रों के माध्यम से मनुष्यों को शिक्षा दी गयी कि वह पशु, पक्षी को अपने से हेय ने समझें और नदियों, पर्वतों, वृक्षों तथा प्रकृति के अन्य अंगो में दैवी शक्ति का दर्शन करें। पर्वतों के प्रति हमारे पूर्वजों की दृष्टि कितनी सम्मानजनक थी इसका सर्वोत्तम उदाहरण कालीदास के 'कुमारसम्भव' से मिलता है जहाँ हिमालय को देवात्मा तथा पृथ्वी को मानदण्ड कहकर उसकी प्रतिष्ठा व्यक्त की गयी है।

हमारे पूर्वज पूर्णरूपेण वृक्षों पर आश्रित रहे जो आज भी अकाट्य सत्य है। देश के सभी जाति के लोग वृक्षों की उपयोगिता को स्वीकार करते हुये उन्हें सम्मान देते थे और उनकी पूजा अर्चना किया करते थे। हड़प्पाकालीन मन्दिरों में पीपल के वृक्ष को अंकित किया गया है। आर्यों ने वृक्ष पूजा अनार्यों से सीखी थी। वेदों में भी प्रकृति के विभिन्न अंग जैसे बादल, सूर्य, जल व वृक्षों से जुड़े हुये अंग मिलते हैं। हिन्दुओं के ग्रंथ रामचरितमानस, रामायण, महाभारत में भी वृक्षों के महत्त्व को वर्णित किया गया है। कुछ पात्रों को वृक्ष का रूप भी माना गया है। रामायण में संकट की स्थिति में **'स्वयम्'** सीता को वट वृक्ष की पूजा करते हुए वर्णित किया गया है। यही नही सीता जी ने अपने पति की कुशलता की कामना हेतु इसी वृक्ष का सहारा भी लिया। रावण ने जब सीता जी का हरण किया तो वह अशोक वाटिका में निवास करते हुये वृक्षो को ही अपना पूज्य तथा रक्षक मानती रहीं। महाभारत में भी वृक्षों के महत्त्व को अंकित किया गया है।

हमारे धार्मिक ग्रंथों में वृक्षों के प्रति सम्मानजनक व्यवहार करने का उपदेश दिया गया है। ऋग्वेद में पीपल के वृक्ष को देवसदन कहा गया है। जिन वृक्षों की पत्तियाँ, फलों, फूलों और लकड़ियों पर हमारा जीवन निर्भर है, जिनके रंग-बिरंगे फूल, शीतल छाया और पुष्पों ने सुगंधित वायु से हमारी थकान दूर होती है, हमारी क्षुधा मिटती है, जिनसे हमें विभिन्न श्रृंगार सामग्री और औषधियाँ प्राप्त होती हैं और जिनसे हमें वर्षा का जल मिलता है, ऐसे वृक्षों के प्रति हमारी धारणाएँ पवित्र और भावनाएँ श्रद्धापूर्ण क्यों न हों यही कारण था कि भारत में वट वृक्ष एवं पीपल के वृक्षों का पूजन आदिकाल से किया जाता रहा है तथा इन्हें काटना पाप समझा जाता है।

भारत में वृक्षों को काटना बहुत पहले से ही गलत समझा जाता रहा है जो व्यक्ति वृक्ष काटता था उसे दण्ड दिया जाता था मनुस्मृति में वृक्षों को नष्ट करने वालों को उनकी उपयोगिता के आधार पर दण्डित करने का प्राविधान था। चरक संहिता में वन का विनाश मनुष्यों तथा देश दोनों के लिए घातक बताया गया है। वनस्पति का विनाश विभिन्न प्रकार के कष्ट को आमंत्रित करता है। श्री हरिवंश पुराण में तो यहाँ तक अंकित किया गया है कि वृक्ष एवं लताओं को व्यर्थ में काटने वालो को ब्रह्म् हत्या के समान पाप भुगतना पड़ सकता है।

हमारे देश में वृक्ष पूजा की परम्परा के साक्ष्य सिन्धु घाटी की सभ्यता से ही प्रारम्भ होती है। यहाँ से प्राप्त अनगिनत मुद्राओं पर वृक्ष पूजा के दृश्य अंकित है।

गौतम बुद्ध को अश्वत्थ वृक्ष के नीचे ही ज्ञान प्राप्त हुआ था। तभी से अश्वत्थ वृक्ष को बोधि वृक्ष अर्थात् ज्ञान वृक्ष के रूप मे मान्यता प्राप्त है।

पद्मपुराण के अनुसार नीम का रोपण करने से सूर्य भगवान प्रसन्न होते हैं। इसीलिए नीम को रवि प्रियक, सूर्यक आदि नाम से भी पुकारते हैं। स्कन्द पुराण के अनुसार चेचक (शीतला) निकलने पर नीम की पत्तियों से हवा करना, बिछौना बनाकर लेटना लाभकारी होता है। ऐसा माना जाता है कि चैतन्य महाप्रभु का जन्म नीम के वृक्ष के नीचे हुआ था इसी कारण उन्हें निमाई कहते है। जगन्नाथ मन्दिर की भगवान जगन्नाथ, बलभद्र और सुभद्रा की मूर्तियाँ लगभग 12वीं शताब्दी में निर्माण के बाद प्रत्येक तेरहवें वर्ष पुनः नीम की ही लकड़ी से बनायी जाती हैं।

पुराणों में यह भी अंकित है कि सावन के महीने में नीम की फली की कड़वी गंध पर्यावरण सरंक्षण में योगदान देती है और ज्येष्ठ माह में नीम का वृक्ष शीतल छाया प्रदान करता है। वृक्षों की भाँति पशु-पक्षियों के अनावश्यक वध को भी अनिष्टकारी बताया गया है इससे पर्यावरण बिगड़ता है। मनुस्मृति में कहा गया है कि पालतू पशुओं की हत्या करने वाले को उतने दिन यातना भुगतनी पड़ती है जितना की उस पशु के शरीर पर बाल होते हैं। विष्णु संहिता में यह भी अंकित किया गया है कि जो व्यक्ति अपने मनोरंजन के लिये किसी अहिंसक जीव का वध करता है वह जीवन में मृत के समान है और इस लोक तथा परलोक में उसे सुख की प्राप्ति नहीं होगी।

पर्यावरण के प्रति पूर्वजों की यह सहजता इतनी स्पष्ट है कि आधुनिक परिवेश में भी नजर नहीं आती है। पर्यावरण बिगाड़ने वालों को दिया जाने वाला दण्ड का विधान पहले जितना सख्त था उतना आज नहीं है। इस प्रकार की सख्ती ही आने वाली पीढ़ी को उनके धरोहर के रूप में स्वच्छ पर्यावरण दे पायेगी। यह सत्य है कि यदि पर्यावरण के प्रति इस प्रकार की सख्ती न होती और प्रकृति का दोहन बेरोकटोक होता तो यह सम्भव था कि वर्तमान पीढ़ी का जन्म ही नहीं हो पाता और ऐसा पर्यावरण भी प्राप्त नहीं हो पाता।

4
वन और पर्यावरण

वनों को आक्सीजन बैंक कहा जाता है विश्वस्तर पर ब्राजील का विस्तृत वन पृथ्वी पर सबसे बड़ा आक्सीजन बैंक माना जाता है। वन पर्वतों को भू-स्खलन से बचाते हैं। वन हमारे पर्वतीय क्षेत्रों के राजमार्गों और सड़कों की रक्षा करते है। वन हमें बर्फीली तूफानों और हिमखण्ड-स्खलन से रक्षा करते हैं। वृक्षों की कतारें नदी व नालों के तटों को बाढ़ की क्षति से बचाते हैं। वन मौसमी संतुलन तो बनाये रखते ही हैं, वे ताप को अधिकतम सीमा तक जाने से रोकते हैं। वन पशुओं तथा पक्षियों के भोजन का स्रोत हैं और वन्य जीवों के आवास भी होते हैं। वन प्रकृति की महान फैक्टरियाँ हैं जिनमें धरती पर पड़े सड़े-गले पत्तों से प्राकृतिक किस्म का बढ़िया उर्वरक उत्पन्न होता है। वन लेखकों, कवियों, दार्शनिकों, शासकों, कलाकारों तथा चिंतकों की आध्यात्मिक प्रेरणा प्रदान करते हैं। यही नहीं वन दुर्लभ जड़ी-बूटियाँ प्रदान करते हैं। लगभग 80 प्रतिशत औषधियों की प्राप्ति वन स्रोतों से होती है। यदि वन पर्याप्त हों तो वर्षा समय से होती है। वर्षा पर हमारी खेती निर्भर करती है।

4.1 वन और संविधान

मनुष्यों के जीवन में वनों का विशेष महत्त्व है। इस तथ्य को ध्यान में रखते हुये भारतीय संविधान की अनुसूची में पर्यावरण सुरक्षा को सम्मिलित किया गया। संविधान की धारा 48 'अ' के अंतर्गत राज्य सरकारों को निर्देशित किया गया है कि वे वन के रखरखाव, हरियाली के लिये निर्देशों का पालन करें और वनों से प्राप्त कच्चे सामान को उद्योग-धंधों में इस प्रकार भेजें जिससे प्रकृति और मानव के बीच संतुलन बना रहे। हरियाली के लिये एक विशेष समिति का गठन, धन की

व्यवस्था, कृषि के विकास पर अधिक बार वृक्षारोपण समारोह तथा अन्य कारगर उपाय सम्मिलित किया जाये। इसी प्रकार संविधान के अनुच्छेद 51 'सी' में इस बात का प्राविधान किया गया है कि मनुष्यों को पर्यावरण संतुलन बनाये रखने की जिम्मेदारी दी गयी है।

4.2 वन विनाश के कारण

जनसंख्या में विस्फोटक वृद्धि का प्रभाव वनों के विनाश पर पड़ा। भवन निर्माण, और उद्योगों के लिये आवश्यक लकड़ी की प्राप्ति के कारण वनों पर प्रभाव पड़ा। वनों में जानवर बेरोकटोक चरते रहते हैं जिसके कारण नई घास को न तो उगने को अवसर प्राप्त होता है और न ही किसी प्रकार उनकी उत्पादकता बढ़ाने के प्रयास किये गये। जिसके परिणामस्वरूप वनों में पेड़-पौधों का पनपना भी कठिन होता जा रहा है।

वनों के विनाश में आदिवासियों द्वारा किये जाने वाली 'भूम' खेती भी अधिक जिम्मेदार है। भूम खेती के अंतर्गत आदिवासी किसी स्थान पर वनों का सफाया कर खेती करते हैं। इसके बाद उस खेती को छोड़कर किसी अन्य स्थान पर चले जाते हैं और वहाँ फिर वन का सफाया कर खेत तैयार कर खेती करते हैं। इस प्रकार जंगलों के कटान के कारण भूमि का क्षरण भी होता है व इसके अतिरिक्त वनों में आग का लगना, सड़क का निर्माण, औद्योगिक तथा व्यापारिक फसल का उत्पादन के साथ-साथ दीमकों और बीमारियों का प्रकोप आदि से वन का नाश होता जा रहा है।

4.3 वन विनाश का परिणाम

अनुमानित है कि लगभग 25 लाख हेक्टेयर भू-क्षेत्र प्रतिवर्ष बाढ़ से ग्रस्त हो जाता है और लगभग 100 लाख हेक्टेयर भू-भाग मृदा क्षरण से प्रभावित होता है। यही नहीं 60 करोड़ टन से भी अधिक, मिट्टी प्रति वर्ष बहकर समुद्र में जाकर एकत्रित हो जाती है। वनों की क्षति के कारण जलवायु में आश्चर्यजनक परिवर्तन हो रहा है। धीरे-धीरे पृथ्वी गर्म होती जा रही है। इस कारण सम्भावित है कि गर्मी के बढ़ते रहने से बड़ी मात्रा में बर्फ पिघल जायेगी और इस कारण धरती का एक बड़ा भाग जलमग्न हो सकता है। पिछले कुछ वर्षों से समुद्रों के जल स्तर में वृद्धि होती पायी गयी है।

समय के साथ-साथ जलाऊ लकड़ी का संकट निरंतर बढ़ता जा रहा है और देश की लगभग 8 हेक्टेयर भूमि प्रतिवर्ष बीहड़ होती जा रही है। नदियों के पानी के प्रदूषित होने के कारण मछुआरों का जीवन संकटमय होता जा रहा है। वनों के विनाश के कारण वन्य जीवन भी लुप्त होते जा रहे हैं। आदिवासियों की जीवन-शैली प्रभावित होती जा रही है। उनका पोषण वनों के कन्दमूल करते थे। वनों की जड़ी-बूटियाँ उन्हें निरोग रखती थीं पर वनों के कटने से आदिवासी वनों से पलायित होते जा रहे हैं।

4.4 वनों के विकास हेतु परियोजनाएँ

वनों के विकास हेतु सरकार समय-समय पर अनेकों परियोजनाएँ कार्यान्वित करती रहती है। वर्ष 1950 से प्रारम्भ की गयी वन महोत्सव आज तक जारी है। इस कार्यक्रम के अंतर्गत देश भर में वृक्षारोपण का कार्यक्रम चलाया जाता है। वर्ष 1952 में भारत सरकार ने वन नीति की घोषणा की जिसके अनुसार देश के सम्पूर्ण भौगोलिक क्षेत्र का एक तिहाई भाग वनों से आच्छादित होना अनिवार्य बनाया गया। तथा यह भी निर्धारित किया गया कि सामाजिक आर्थिक प्रणाली को बनाये रखने के लिये पर्यावरण की सुरक्षा उतनी ही महत्त्वपूर्ण है जितना कि आर्थिक विकास जरूरी है।

देश में पहली बार 1980 में वन संरक्षण अधिनियम बनाया गया जिसके अंतर्गत केन्द्रीय सरकार की पूर्व अनुमति के अभाव में गैर वन्य कार्यों के लिये वन की भूमि के इस्तेमाल पर प्रतिबंध लगाया गया। इस अधिनियम को और प्रभावशाली बनाने के लिये इसमें महत्वपूर्ण संशोधन किया गया। इसके अंतर्गत वनों के संरक्षण पर विशेष बल दिया गया और वनों की अंधाधुध कटाई पर अंकुश लगया गया। इस नीति की एक अच्छाई यह भी है कि व्यक्तियों एवं संस्थाओं को अपनी भूमि पर वृक्षारोपण करने के प्रति जागरूक किया जाना है तथा इस हेतु उनको सुविधाएँ भी उपलब्ध कराई जाती है।

प्राप्त आंकड़ों से यह ज्ञात होता है कि वन संरक्षण अधिनियम का पालन करने के कारण वन क्षेत्र में वृद्धि हुई है। विश्वविद्यालय अनुदान आयोग ने पर्यावरण विज्ञान शिक्षा को बढ़ावा देने हेतु अनेक विश्वविद्यालयों में पर्यावरण पर डिग्री तथा मास्टर्स डिग्री पाठ्यक्रम की व्यवस्था भी की है। इसी दिशा में इंदिरा गांधी राष्ट्रीय वन अकादमी, राज्य वन सेवा कॉलेज और वन रेंजर कॉलेज द्वारा वन कर्मियों को वन प्रबन्धन के विभिन्न पहलुओं के विषय में प्रशिक्षण प्रदान किया जाता है।

4.5 पंचवर्षीय योजनाएँ

आठवीं पंचवर्षीय योजना के अंतर्गत लगभग एक लाख हेक्टेयर नष्ट वन क्षेत्र पर वन लगाये गये। जिससे स्थानीय समुदायों के लिये रोजगार के अवसर प्राप्त हों तथा गैर इमारती वनोंत्पाद में बढ़ोत्तरी हो सके। विशेष रूप से भेषजीय पौधों को प्राथमिकता दिया गया, जिससे जन-जातीय तथा वनवासियों को लाभ हो सके। उन्हें पुनरोत्पादित जड़ी-बूटियाँ प्राप्त होंगी जिससे स्वदेशी चिकित्सा प्रणालियों तथा क्षेत्र की जैव विविधता के विकसित होने में मदद मिल सके। उसके साथ-साथ इमारती लकड़ी, फल तथा अन्य उत्पादों के तैयार होने से ग्रामीण क्षेत्रों में लघु व कुटीर उद्योगों को बढ़ावा मिलेगा, जिससे जन-जातीय तथा ग्रामीण लोगों की आर्थिक स्थिति में सुधार भी होगा।

4.6 जनता की भागीदारी

सन् 1988 के राष्ट्रीय वन-नीति के द्वारा वनों के विकास एवं संरक्षण के लिये जनता की भागीदारी सुनिश्चित की गयी है। पर्यावरण एवं वन मंत्रालय द्वारा सन् 1990 में वन प्रबन्धन में स्थानीय समुदायों को भागीदार बनाने एवं उनके लिये आवश्यक सुविधाएँ प्राप्त कराने के लिये प्रशासनिक दिशा निर्देश दिये हैं। इसके फलस्वरूप लगभग 15 हेक्टेयर उजड़े हुये वनों को विकसित तथा सुरक्षित किया गया।

4.7 राष्ट्रीय बंजर भूमि विकास बोर्ड

वर्ष 1985 में राष्ट्रीय बंजर भूमि विकास बोर्ड की स्थापना की गयी। इस बोर्ड का उद्देश्य लोगों की भागीदारी से वन रोपण और वृक्षारोपण के व्यापक कार्यक्रम के अंतर्गत बंजर भूमि का विकास करना तथा बंजर भूमि को लगातार स्थायी प्रयोग में लाना, बायोगैस, ईंधन और कचरे की सुलभता को बढ़ाना तथा पारिस्थितिक संतुलन को बनाए रखना था। वर्ष 1992 में बंजर भूमि विकास विभाग की स्थापना के साथ राष्ट्रीय भूमि विकास बोर्ड का पुनर्गठन किया गया और उसे ग्रामीण विकास मंत्रालय के अंतर्गत बनाये गये बंजर भूमि विकास विभाग के साथ जोड़ दिया गया। बंजर रहित विभिन्न प्रकार की भूमियों पर वर्ष 1990 में 14 लाख हजार तथा वर्ष 1991 में 17 लाख हजार हेक्टेयर क्षेत्र में वृक्षारोपण किया गया। केन्द्रीय सरकार ने एक वर्ष में देश के विभिन्न भागों में दो करोड़ हेक्टेयर परती भूमि पर सघन वन

लगाने के लिये एक वृहत् कार्यक्रम बनाया था। इस कार्यक्रम से लगभग छह करोड़ लोगों को रोजगार भी प्राप्त हुआ था।

वृक्षारोपण कार्यक्रम की गति को तीव्र करने के लिये यह आवश्यक है कि हम वन महोत्सव कार्यक्रम को प्रभावी रूप से आगे बढ़ायें।

5

जैव विविधता

5.1 जैव विविधता क्या है?

जैव विविधता से तात्पर्य समस्त छोटे-बड़े पेड़-पौधे, जीवों की विभिन्न जातियों एवं प्रजातियों से है जिससे परिस्थितिकीय तंत्र का निर्माण होता है तथा विभिन्न प्रकार के कार्य सम्पादित होते हैं। इसके अतिरिक्त इसके अंतर्गत सभी प्रकार की अनुवांशिक सामग्री भी सम्मिलित है जो हमारी जीवन की मूलभूत आवश्यकता के रूप में विद्यमान रही है। जैव विविधता एक व्यापक क्षेत्र है जिसकी सीमा जंगली या प्राकृतिक जीव ही सम्मिलित नहीं है, अपितु इसके अंतर्गत पालतू प्रजातियाँ तथा अनुवांशिक सामग्री भी सम्मिलित है।

जैव विविधता के मुख्य उद्देश्यों में परिस्थितिकीय तंत्र में पोषक तत्त्वों के स्थानान्तरण तथा पुनर्चक्रण कर मिट्टी की उर्वरा शक्ति को बनाये रखने के अतिरिक्त जीवन के लिए आवश्यक वायु और जल सहित भोजन, वस्त्र, औषधि, मनोरंजन के साधन को संजोये रखना है।

भारत जैव विविधता के क्षेत्र में भाग्यशाली है। यह देश समशीतोष्ण है यहाँ अण्डमान और अरुणाचल प्रदेश के समशीतोष्ण वर्षा वनों से लेकर राजस्थान और लद्दाख के मरुस्थल फैले हैं। यह क्षेत्र समृद्ध जैव विविधता के लिए विश्वभर में जाना जाता है। अपनी अति समृद्ध जैव विविधता के ही कारण भारत उन बारह देशों में से एक है जो भली-भांति जाने तथा पहचाने जाते हैं। वास्तविकता तो यह है कि विश्व के समस्त पौधों और जानवरों का अधिकांश भाग तीसरी दुनिया के देशों में पाया जाता है।

यद्यपि मनुष्य अपनी आवश्यकताओं के लिये जैव विविधता पर अप्रत्यक्ष रूप से अधिक निर्भर है फिर भी इस बात से इनकार नहीं किया जा सकता है कि जैव विविधता मानवता के लिए अपना एक विशेष महत्त्व रखती है। पर जिस प्रकार विश्व स्तर पर वन क्षेत्र तेजी से घट रहे हैं, पौधों और पेड़ों के साथ जीव-जातियाँ पृथ्वी से लुत्प हो रही है और साथ ही साथ प्राकृतिक पर्यावरण अपना अस्तित्व खोता जा रहा है, इसके फलस्वरूप जलवायु परिवर्तन और रासायनिक प्रदूषण के साथ जैव विविधता संरक्षण का महत्त्व प्रश्न भी जुट गया है। स्पष्ट है कि पर्यावरण असंतुलन बढ़ने से पेड़-पौधे, सूक्ष्म जीवाणुओं, विषाणुओं तथा दीर्घाकार जीवधारियों के अस्तित्व के लिये भी गम्भीर संकट उत्पन्न हो गया है।

प्रश्न उठता है कि जब पर्यावरण ही सुरक्षित नहीं रहेगा तब जैव विविधता कैसे सुरक्षित रह सकेगी। इस तथ्य को ध्यान में रखते हुए कि पृथ्वी पर पाये जाने वाले पेड़-पौधों तथा जीव-जन्तुओं की विविधता सदैव बनी रहे, और उसकी कोई प्रजाति विलुप्त न होने पाये, इस हेतु वर्ष 1992 में विश्व के 153 देशों ने ब्राजील की राजधानी रियो द जेनेरो में पर्यावरण और विकास सम्बन्धी पृथ्वी शिखर सम्मेलन में "जैव विविधता समझौते" पर एक सहमति से हस्ताक्षर कर इसके महत्त्व को दर्शाया है।

यह स्पष्ट हो चुका है कि मूल रूप से मानव गतिविधियों और प्रकृति के साथ छेड़छाड़ के कारण जैव विविधता में लगातार ह्रास हो रहा है। एक अनुमान के अनुसार आने वाले 30-35 वर्षों में विलुप्त होने वाली प्रजातियों की संख्या 15,000 प्रतिवर्ष होगी। इसका अर्थ यह हुआ कि प्रतिदिन 40 से 100 प्रजातियाँ विलुप्त होने के कगार पर पहुँच जायेंगी। इसका मुख्य कारण है समशीतोष्ण वर्षा वनों का काटा जाना क्योंकि वन क्षेत्र ही प्रजातियों के मुख्य आवास हैं।

भारत देश वनस्पतिक विविधता के दृष्टिकोण से अधिक धनी माना जाता है। इसका मुख्य कारण यह है कि विश्व की 2.50 लाख वनस्पति जातियों में से लगभग 45 हजार प्रजातियाँ यहीं पायी जाती हैं। पुष्पी पौधों के अतिरिक्त गैर पुष्पी वनस्पतियाँ जैसे फनी, शैवाल, कवक आदि भी सम्मिलित हैं। पुष्पी पौधों की संख्या लगभग 15 हजार है जिसमें लगभग 9 हजार वनस्पति जातियाँ ऐसी हैं जो केवल भारत देश में ही पायी जाती हैं।

5.2 जैव विविधता की विलुप्तता

हमारे देश में वनस्पतियों की लगभग 2 हजार प्रजातियों के लुप्त होने की संभावना है इनमें से लगभग 200 तो लुप्त हो चुकी हैं। भारत के अतिरिक्त अन्य

देशों में भी यह संकट मंडरा रहा है। अंतर्राष्ट्रीय प्रकृति संरक्षण संघ के रिपोर्ट के अनुसार विश्व भर की लगभग 10 प्रतिशत वनस्पतियाँ लुप्तप्राय: है। वनस्पतियों के अतिरिक्त वन्य जीवों का अस्तित्व भी संकटमय है। भारत में ऐसे जानवरों की सूची में 100 से अधिक जानवर ऐसे हैं जिनका जीवन संकटमय है। इन जीवों में प्रमुख हैं बाघ, कस्तूरी मृग, बर्फीला चीता, मगर, घड़ियाल, सारस, बाज, सफेद पंख वाली वुड डक आदि। ये सभी जीव अपनी विशेषताओं के कारण ही शिकारियों के प्रिय रहे हैं। अत्यधिक शिकार के कारण शेर का जीवन भी संकट में पड़ गया है। पिछले कुछ वर्षों में इनकी संख्या में अधिक कमी आयी है। संख्या इतनी कम हो चुकी है कि भारतीय सरकार को शेरों के शिकार पर प्रतिबंध लगाना पड़ा। भारत में बाघों की संख्या 40 हजार थी जब कि पूरे एशिया में इनकी संख्या एक लाख के करीब पायी जाती थी। बाघ परियोजना लागू करने के कारण बाघों की संख्या वर्तमान में 4 हजार के लगभग़ हो चुकी है।

मनुष्य अपनी आवश्यकताओं के लिये जैव विविधता पर अप्रत्यक्ष रूप से अधिक निर्भर है। भोजन की आपूर्ति, नैसर्गिक उद्देश्यों के प्रत्यक्ष आनन्द तथा शिकार के अतिरिक्त जैव विविधता का एक और महत्त्वपूर्ण कार्य तंत्र सम्बन्धी क्रियाओं द्वारा पोषक तत्त्वों का स्थानान्तरण तथा पुनर्चक्रण कर मिट्टी की उर्वरा शक्ति को कायम रखना है। मिट्टी की सजीव घटक मिट्टी को उर्वर बनाने में फसलों तथा वनों को उगाने में निर्णायक भूमिका निभाते हैं। मिट्टी की वृद्धि करने में केंचुओं का सक्रिय योगदान है क्योंकि ये मिट्टी को सरूप बनाते हैं और आक्सीजन तथा कीड़े भी मिट्टी के कणाकार को सुधारते हैं।

अनुमानित है कि जंगलों की एक ग्राम मृदा में एक मिलियन से अधिक एक ही प्रकार के जीवाणु लगभग 1 लाख मीस्ट कोशिकायें तथा 50 हजार कवक तन्त्र मौजूद रहते हैं। एक ग्राम उर्वर कृषि मृदा में 2.5 मिलियन से अधिक जीवाणु (वैक्टीरिया), 40 हजार कवक, 50 हजार शैवाल (एल्गी) तथा 30 हजार प्रोटोजोआ पाये जाते हैं। ज्ञातव्य है कि इन सूक्ष्म जीवों द्वारा विभिन्न पोषक तत्वों तथा नाइट्रोजन, फास्फोरस, पोटाश, सल्फर, आयरन, मैंगनीज आदि का परिवर्तन उच्च पौधों द्वारा उपयोग किये जाने वाले रूपों में होता रहता है। परिणामस्वरूप पौधे अपनी वृद्धि कर मनुष्यों के लिये उपयोगी सामग्री उपलब्ध कराते रहते हैं।

5.3 जैविक विविधता का संरक्षण–विश्वस्तरीय

संयुक्त राष्ट्र संघ के साथ एक कृषि संगठन ने ऐसे 2500 दलहनी पौधों का चयन किया है जो विकासशील देशों में प्रोटीन कुपोषण की समस्या को अधिक हद

तक दूर करने में समर्थ होगी। कुछ वनस्पतियाँ उन वनस्पतियों को खतरनाक रोगों से बचाने में हमारी मदद कर रही हैं। ये वे वनस्पतियाँ हैं जिन पर हमारा पोषण टिका हुआ है। खेती की जाने वाली वनस्पतियों की वन्य जातियों में कई रोगरोधी या कीटरोधी, जीन पाये गये हैं। इन उपयोगी जीनों की खेती की जाने वाली किस्मों में डालकर अनेकों रोगरोधी या कीटरोधी किस्में तैयार की जा रही हैं। वनस्पतियों के जीवों का संरक्षण, दूसरे स्थान पर संरक्षण, एक्स-सीटू-विधि द्वारा किया जाता है। इस तकनीक के अंतर्गत वनस्पतियों के बीज, कंदों, पराग कणों आदि का बड़े पैमाने पर शीत संग्रह किया जाता है। इस प्रकार के संग्रह को 'जीन बैंक' कहा जाता है।

जीव संरक्षण के लिए ऊत्तक संवर्ध (टीशू कल्चर) तकनीक का सहारा भी लिया जा रहा है। इसके अंतर्गत वनस्पतियों के विभाज्य ऊतक का बहुत कम तापमान (–196°C) पर संग्रह कर लिया जाता है। वैज्ञानिकों का मानना है कि यदि कभी पृथ्वी पर प्रलय जैसी स्थित उत्पन्न हुयी तो सभ्यता को पुनः पनपाने में ये जीन बैंक, काम आयेंगे।

5.4 जैव विविधता–विश्व के संदर्भ में

मृत्यु की तरह विलुप्ति भी प्रकृति का एक शाश्वत नियम है। लगभग एक हजार वर्ष में इस पृथ्वी से कोई न कोई स्वतः ही अपना अस्तित्व खो देता है। परन्तु सन् 1600 से 1950 के बीच हर दस वर्ष में एक जीव नष्ट हुआ है। पर वर्तमान में हर वर्ष शायद एक जीव विलुप्त होता जा रहा हैं। इसके अनेक कारण हैं। जैव विविधता आज जितनी संकट में है सम्भवतः मानव इतिहास में पहले कभी नहीं हुआ होगा।

विश्व स्तर पर यदि देखा जाये तो पता चलेगा कि जैव विविधता का वितरण और उपस्थिति असमान रूप से व्याप्त है। भूमध्य रेखा से हम ज्यों-ज्यों दूर होते जाते हैं वैसे-वैसे जैव विविधता का वितरण कम होता जाता है। वनस्पतियों की दृष्टि से नयी दुनिया वाले देश जैसे मध्य और दक्षिण अमेरिका और दक्षिणी पूर्वी एशिया काफी धनी हैं। ऐसे स्थानों पर अधिकतर धरती के उष्ण वन पाये जाते हैं।

ऊष्ण वन इस पृथ्वी पर एक जीवित प्रयोगशाला है। इन वनों में इतनी हलचल रहती है जितनी कि वाशिंगटन की सड़कों पर। वैसे तो ये उष्णवन पृथ्वी के केवल 7 प्रतिशत भाग का ही प्रतिनिधित्व करते हैं परन्तु विश्व की उपस्थिति का आधा जीवन जातियाँ यहीं पर पायी जाती हैं। विश्व की वनस्पतियों की दो तिहाई

प्रजातियाँ यहीं मिलती हैं। अनुमानित है कि कुल पशुओं की एक तिहाई प्रजातियाँ भी इसी क्षेत्र में पायी जाती हैं।

यह चिंता का विषय बना हुआ है कि भारत में मिट्टी की उर्वरा शक्ति घटने का प्रतिशत सम्पूर्ण विश्व में सबसे अधिक है। दूसरे शब्दों में यह कहा जा सकता है कि विश्व में सबसे खराब जमीन भारत देश में है। इसका मुख्य कारण है क्षेत्र में प्रतिवर्ष 2.8 प्रतिशत की दर से कमी का होना। इसके अतिरिक्त चरागाहों पर चराई भी जरूरत से अधिक होने के कारण भी मिट्टी को रोके रखने वाली वनस्पतियाँ बहुत कम रह गयी हैं। बरसात होने पर मिट्टी कटकर बह जाती है और साथ ही साथ उर्वरा शक्ति और अधिक घट जाती है।

अब यह बात साफ उभर कर आने लगी है कि जैव विविधता के विनाश का प्रमुख कारण मनुष्यों के क्रिया-कलाप ही हैं। अत: हमें अपने सोच में परिवर्तन लाना आवश्यक होगा। यह बात समझनी होगी कि जैव विविधता हमारे भोजन, औषधि, वस्त्र, संस्कृति की बुनियाद है। आधुनिक सभ्यता बहुत हद तक जैव संसाधनों पर ही निर्भर है। जैव विविधता अमूल्य है।

5.5 जैव विविधता का संरक्षण और भारत

जैव विविधता के संरक्षण में भारत देश अन्य देशों की तुलना में अग्रणी रहा है। इसी परम्परा में भगवान बुद्ध, महावीर स्वामी, अशोक तथा महात्मा गाँधी से लेकर ऋषियों तथा मुनियों ने उपदेशों के अतिरिक्त जीवों पर दया करना एवं परमोधर्म का उपदेश ही नहीं दिया बल्कि इसी को अलख जगाकर जैव संरक्षण में महत्त्वपूर्ण भूमिका निभाई है। हमारे नियोजित आर्थिक विकास प्रारम्भ होने के पूर्व, यह कम ध्यान में रखी गयी थी कि सभी योजनाओं में प्राकृतिक असंतुलन न होने दें। ईसा से तीन सौ वर्ष पूर्व सम्राट् अशोक ने सभी जीव-जन्तुओं, पशुओं तथा पक्षियों की सुरक्षा हेतु सुरक्षित स्थान तथा अस्पताल बनवा दिये थे। पन्द्रहवीं शताब्दी में राजस्थान के विशनोई बंधुओं ने अपने प्रयत्नों द्वारा जंगली जानवरों की सुरक्षा की तथा उनके शिकार करने पर प्रतिबंध लगाया। यही नहीं इन बंधुओं ने अपने क्षेत्र में वृक्षों तथा भूमि की कटान पर रोग लगायी। इसी प्रकार का एक और आंदोलन सुंदर लाल बहुगुणा ने चिपको आन्दोलन चलाकर वृक्षों की कटान पर प्रतिबंध लगवाया। पश्चिमी क्षेत्र में अपिको के नाम से आंदोलन चलाकर प्राकृतिक संरक्षरण में योगदान किया गया। मंदिरों के आसपास की भूमि तथा उद्यान इस बात

के प्रतीक हैं कि इनके निकटवर्ती भागों के पौधे प्राकृतिक रूप से संयोजित किये हुये हैं।

5.6 भारत में जैव विविधता

जैव विविधता के लिये भौगोलिक एवं पर्यावरणीय दृष्टिकोण से सम्पूर्ण विश्व में भारत देश में अधिक विविधताएँ हैं। जन्तुओं की 75 हजार प्रजातियाँ एवं वनस्पतियों की 45 हजार, स्तनधारी 344, पक्षियों की 1200, सरीसृप की 420, उभय चरी की 140, मछलियों की 2000, मौलक की 4000, कीड़े-मकोड़े की 50 हजार से अधिक, वनस्पति जगत के फूल वाले पौधों की 15 हजार, लाईकनीकी 1000, और फफूदी की 5 हजार प्रजातियाँ अभी तक ज्ञात है। अब तक फूल वाले पौधों की 15 हजार, जलस्थलीय की 140, सरीसृप की 1400, चिड़ियों की 1200, स्तनधारी की 340 ऐसी प्रजातियों का ज्ञान किसी कारणवश नहीं हो सका है।

भारत देश में जैव विविधता के क्षेत्र में पश्चिमी क्षेत्र अधिक धनी माना जाता है। आंकड़ों से प्राप्त होता है कि 15 हजार फूल के पौधों की विभिन्न प्रजातियों में से 5 हजार प्रजातियाँ अकेली केरल क्षेत्र में पायी जाती हैं। परन्तु तेजी से वनों का सफाया होने के कारण इनकी संख्या अपने मूल क्षेत्र की आधी रह गयी हैं।

शीतोष्ण वनों का अधिकांश भाग महासागर के किनारे-किनारे उत्तरी अमेरिका में पाया जाता है। यह भी सत्य है कि कभी ये आयरलैण्ड, स्काटलैण्ड और नार्वे देशों में भी पाये जाते थे और इनका विस्तार कभी 30 मिलियन हैक्टेयर था परन्तु आज इसका 44 प्रतिशत ही इस पृथ्वी पर मौजूद है। जिस तरह ऊष्ण वन पृथ्वी पर जैव् विविधता का खजाना है उसी तरह समुद्र के किनारे एवं समुद्र के अंदर प्रवाल भित्तियाँ जैव विविधता में बहुत धनी है परन्तु जनसंख्या के दबाव के कारण इनका भी विदोहन तीव्र गति से हो रहा है।

अगर हम विश्व के खाद्य सुरक्षा पर दृष्टि डालें तो स्थिति अधिक विस्फोटक है। हमारे पूर्वजों ने फसलों की पैदावार बढ़ाने के लिये हजारों वर्षा में असंख्य किस्में तैयार की जिसका उपयोग आज भी किया जाता है। सम्भव है कि ऐसे ही अनेक किस्में बिना पहचान किये हमेशा के लिए नष्ट हो गयी हो या बहुतों की पहचान अभी तक नहीं हो सकी है। आज विश्व में लगभग सौ जातियाँ ही फसलों में उपयोग में लायी जा रही हैं। फसलों की जंगली जातियाँ हमारे लिए बहुत उपयोगी हैं। इसका कारण है कि इनमें अनेक रोगों और कीड़ो की प्रतिरोधिता समेत असंख्य

मनचाहे गुण होते हैं जिनका उपयोग अभी होना है। ये जंगली जातियाँ ही विश्व खाद्य सुरक्षा की गारंटी हैं।

5.7 जैव विविधता संरक्षण हेतु भारत सरकार की नीतियाँ

जैव विविधता के क्षरण में हमारी सरकारी नीतियों की महत्त्वपूर्ण भूमिका रही है। प्रारम्भ में खेती को खुलकर बढ़ावा दिया गया और इस हेतु जमीन भी जंगलों को उपलब्ध कराई गई। प्रारम्भ में वन अधिकारियो का प्रशिक्षण भी विदेशों में हुआ। वहाँ का प्रशिक्षण वहाँ के वातावरण के अनुकूल था परन्तु यहाँ की परिस्थिति से एकदम भिन्न था। इस कारण इन अधिकारियों का प्रशिक्षण भारत देश के काम नहीं आ सका। पर उस समय आदिवासियों का बहुत बड़ा समुदाय ईंधन, चारा, खाद्य, उर्वरक, रेसा, औषधि तथा मसाले के लिये इन वनों पर आधारित था। यह समुदाय एक समय से वन संस्कृति से जुड़े रहने के कारण उनके पास वनों की जानकारी का अथाह भण्डार था जो वनों के नष्ट होने से उनके साथ नष्ट हो गये।

इसके बाद प्रशिक्षण में वन वर्धन का विषय बहुत पुरानी लीक पर चलता रहा और परिस्थितिकी विषय गौण रहा। वन क्षेत्र लम्बे समय तक मुद्रा उपार्जित करने का स्रोत समझा जाता रहा। वानिकी जैसी संवेदनशील विषय स्कूल और कॉलेजों के पाठ्यक्रम में कभी नहीं रहा। वर्ष 1985-86 में भारतीय कृषि विश्वविद्यालयों में वानिकी पाठ्यक्रम शुरू किया गया जो स्नातक स्तर का था। परन्तु अन्य प्रोफेशनल डिग्रियों की तरह यह डिग्री मान्यता प्राप्त नहीं कर पा रही है। ज्ञातव्य है कि जिस प्रकार एक इंजीनियर या डॉक्टर ही इंजीनियरिंग या चिकित्सा सेवा के लिये उपयुक्त है उसी तरह वानिकी स्नातक का ही भारतीय वनसेवा में प्रवेश देना आवश्यक है।

6
जल प्रदूषण

6.1 जल का महत्त्व

जल केवल तरल पदार्थ ही नहीं है बल्कि पृथ्वी के पर्यावरण में जल का सर्वाधिक महत्त्व है जिससे मानव समुदाय मुख्य रूप से सम्बन्धित है। जल ही जीवन है। पृथ्वी पर जल के ही कारण जीवन सम्भव है। ऋग्वेद में यह वर्णित है कि पृथ्वी पर जीवन की उत्पत्ति जल के कारण हुई है। पीने के पानी के अतिरिक्त जल की आवश्यकता जीवन के विभिन्न क्षेत्रों में पड़ती है। यह सत्य है कि सभ्यता के आरम्भ से ही मानव कार्यकलाप में जल की महत्त्वपूर्ण भूमिका रही है। यह भी सत्य है कि विश्व की महान सभ्यताएँ नदियों अथवा जलापूर्ति झीलों के चतुर्दिक विकास से जुड़ी हैं। ऐसा भी पाया गया है कि अनेक सभ्यताओं का पतन भी जल के अभाव के कारण हुआ। वर्तमान परिस्थितियों में जल की मांग में वृद्धि के कारण संसाधनों के विकास पर भारी दबाव पड़ने लगा है।

पर्यावरण में जल की स्थिति सदैव प्रमुख रही है। भूमण्डल पर जीव के आरम्भ से ही जल की आवश्यकता पड़ती रही है। इसका कारण केवल जनसंख्या की वृद्धि ही नहीं है अपितु सभी जीवों की संख्या का तेजी से बढ़ना है। फलस्वरूप विकास की प्रक्रिया ने समग्र वातावरण में जल की स्थिति को अस्थिर बना दिया है। मानव के लिये जल का महत्त्व बढ़ता जा रहा है। बदलती हुई परिस्थितियों में मनुष्यों के जीवन यापन का ढंग भी बदल रहा है। इस कारण अब जल की आवश्यकता अधिक हो रही है। किन्तु औद्योगिक विकास और जनसंख्या वृद्धि से जल की कमी होने लगी है और प्रदूषण बढ़ता जा रहा है।

आज विश्व के 26 देशों में जल की भारी किल्लत चल रही है। विश्व का हर छठा व्यक्ति प्रदूषित पानी पीने को बाध्य है। इक्तीस जानलेवा बीमारियों में से

इक्कीस बीमारियाँ प्रदूषित जल के कारण होती हैं जिसके पीने से प्रतिवर्ष लगभग 40 लाख लोगों की मृत्यु हो जाती है। पिछड़े और विकासशील देशों में तपेदिक, डायरिया, पेट और साँस की बीमारियाँ तथा कैंसर सहित अनेक रोगों की जड़ अधिकांशत: शुद्ध पेय जल का अभाव ही है। इसी कारण करोड़ों लोग चर्म और आँख के रोग से प्रभावित हो चुके हैं। भारत देश में 1-5 वर्ष के आयु के लाखों बच्चों की मृत्यु प्रदूषित जल के कारण होती है।

6.2 पृथ्वी पर जल की स्थिति

पृथ्वी पर जल की कोई कमी नहीं है। पृथ्वी का लगभग 70 प्रतिशत भाग सागरों तथा महासागरों से आच्छादित है। यह पृथ्वी के कुल जल का लगभग 97.5 प्रतिशत है। पर यह सारा का सारा जल खराब है। इस ग्रह पर मात्र 2.5 प्रतिशत ही ताजा या मीठा जल है जिसके भौगोलिक वितरण में भी असमानता है। इस ताजे जल का भी केवल 30.6 प्रतिशत तरल रूप में है तथा शेष बर्फ, हिम अथवा हिमखण्डों आदि के रूप में है। तरल रूपी उपयोगी मीठे पानी का लगभग 99 प्रतिशत भू-जल और बाकी नदियों, झीलों आदि के रूप में तथा मृदा, वायुमण्डल और जीवों के शरीर में उपस्थित है। इससे यह बात स्पष्ट रूप से उभर कर आती है कि मानव उपयोग हेतु मीठे जल की मात्रा अत्यन्त सीमित है। जल की उपलब्धता को तालिका 6.1 में अंकित किया गया है:-

तालिका 6.1 : जल की उपलब्धता

स्रोत	जल की मात्रा (घन किलोमीटर)	जल की मात्रा (प्रतिशत)
समुद्र	123×10^7	97.20
वायुमण्डल	127×10^2	10×10^{-4}
नदियाँ	12×10^2	1×10^{-4}
भूगर्भ	4×10^6	31×10^{-2}
झीलें	123×10^3	90×10^{-4}
बर्फ एवं गलेशियर	286×10^5	2.15

6.3 जल संसाधन

भारत देश जल संसाधन के मामले में अत्यंत सम्पन्न समृद्ध माना जाता था किन्तु समय के साथ जैसे-जैसे शहरीकरण और औद्योगिकरण बढ़ता गया जल की

समस्या उग्र रूप धारण करती गयी। आतिक प्रयोग, औद्योगिक क्षेत्र के बढ़ते कचरे, घरेलू व्यवहार में सोडा डिटरजेन्ट आदि जल स्रोतों को तीव्र गति से विषैला बनाते जा रहे हैं। शहरी क्षेत्रों में सुव्यवस्थित जीवन के लिये जल आपूर्ति एवं मल व्ययन दो मूलभूत आवश्यकताएँ हैं। शहरीकरण की प्रक्रिया ने ग्रामीण जनसंख्या को शहरों की ओर आकर्षित किया है। जिससे शहरी क्षेत्रों में जनसंख्या वृद्धि से जल संसाधनों पर एक प्रकार का दबाव पड़ता है। एक तरफ तो घरेलू आवश्यकताओं की पूर्ति के लिये जल की माँग बढ़ती है और दूसरी तरफ इससे उत्पन्न अपशिष्ट जल के बहाव से जल की गुणवत्ता में गिरावट आती है।

6.4 मानव जीवन और जल

जल के बिना किसी भी जीव का जीना असम्भव है। शरीर में लगभग 70 प्रतिशत मात्रा में जल विद्यमान रहता है। इस जल का 70 प्रतिशत भाग कोशिकाओं के बाहर उपस्थित रहता है और शेष भाग कोशिकाओं के अन्दर। शरीर में उपस्थित कुल ज़ल का पाँचवाँ भाग शरीर के रक्त में उपस्थित रहता है। शरीर के विभिन्न ऊतकों में जल की मात्रा इस प्रकार होती है- त्वचा 20 प्रतिशत, मांसपेशियाँ 75-80 प्रतिशत, प्लाज्मा 92 प्रतिशत, संयोगी ऊतक 60 प्रतिशत, रक्तकण 60 प्रतिशत, तंत्रिका ऊतक 70-85 प्रतिशत, वना 20 प्रतिशत, हड्डियाँ 20 प्रतिशत, दाँत 10 प्रतिशत।

6.5 जल का संकट

पूरे विश्व में पानी के लिए जिस तरह संकट बढ़ता जा रहा है। उसे देखते हुए आश्चर्य नहीं है कि आने वाले समय में पानी के लिये विश्व युद्ध छिड़ जाए। इस समय अनेक देशों में पानी को लेकर तनावपूर्ण संबध है। इन देशों में भारत, पाकिस्तान, बांग्लादेश और नेपाल की भी गिनती की जा सकती है। इजराइल और जार्डन के बीच पानी को लेकर गंम्भीर मतभेद है। इसी प्रकार मिस्र और इथोपिया के बीच पानी को लेकर तनावपूर्ण स्थिति है। इसी तरह अफ्रीका में कई ऐसे देश हैं, जिनके बीच पानी को लेकर झड़पें होती रहती हैं। भारत में भी अनेक प्रदेशों के बीच नदियों के पानी के बंटवारे को लेकर तनाव उभरते रहते हैं।

6.6 पेयजल की गुणवत्ता

पेयजल में विभिन्न अधातु तत्त्वों की मात्रा निम्नलिखित तालिका में अंकित की गयी है इससे अधिक मात्रा हानिकारक होती है-

तालिका 6.2 : विभिन्न तत्त्वों की मात्रा

अधातु	अधिकतम सान्द्रता (मिलीग्राम प्रति लीटर)
घुलित आक्सीजन	6-8
जैविक आक्सीजन मांग	2.0-4.0
पी.एच.	7-8.5
सम्पूर्ण ठोस पदार्थ	500
सम्पूर्ण कठोरता	100
मैग्नीशियम	30
कैल्शियम	75
क्लोराइड	200
सल्फेट	200
फ्लोराइड	1.0-1.5
आयोडाइड	45.0
नाइट्रेट	0.5
फिनोलिक यौगिक	0.001
एनआयनिक डिटर्जेन्ट	0.200
एल्ड्रिन	0.017
क्लोरडेन	0.003
डी.डी.टी.	0.042
डाइएल्ड्रिन	0.017
एनड्रिन	0.001
हेप्टाक्लोर	0.018
हेप्टाक्लोर इपोक्साइड	0.018
लिन्डेन	0.056
मिथाक्सीक्लोर	0.035
कार्बन क्लोरोफार्म एक्ट्रैक्ट	0.200
साइनाइड	0.010

सभी पैरामीटर मि.ग्रा./लीटर में पी.एच. को छोड़कर

इन तत्त्वों की अधिक मात्रा से विभिन्न प्रकार के प्रभाव पड़ते हैं जिसका स्वास्थ्य पर घातक प्रभाव पड़ता है। सल्फेट की अधिकता से आँतों में जलन पैदा होती है। नाइट्रेट की अधिकता से बच्चों में मेटक्रीनोशनोक्सिलिया नामक बीमारी

हो जाती है। कभी-कभी नाइट्रेट का एक भाग आँतों में पहुँचकर नाइट्रोसोएमीन में बदलकर पेट का कैंसर उत्पन्न कर देता है। विश्व स्वास्थ्य संगठन द्वारा जल में फ्लोराइड की एक मिलीग्राम प्रति लीटर की मात्रा को स्वस्थ दाँतों के निर्माण के लिए आवश्यक बताया गया है। फिर भी फ्लोराइड की अधिकता से फ्लोरोसिस नामक बीमारी हो जाती है। आयोडीन जो कि क्लोरीन की तरह कार्य करता है, एक महत्त्वपूर्ण तत्त्व है जिसकी कमी से विभिन्न प्रकार के रोग होते हैं।

अनुमान है कि लगभग 1500 पदार्थ ऐसे हैं जो प्रदूषक के रूप में जल की गुणवत्ता को प्रभावित करते हैं। मुख्य रूप से उल्लेखनीय हैं अम्ल, क्षार, डिटर्जेन्ट, गैसीय क्लोरीन, अमोनिया, कैडमियम, जिंक, लेड, फास्फेट, नाइट्रेट, फार्मल्डिहाइड, फीनाल तथा तेल। ऐसे प्रदूषक जल में पहुँचकर उसमें विलेय आक्सीजन का उपयोग, विघटन तथा आक्सीकरण जैसी क्रियाओं में करके जल में आवश्यक आक्सीजन की मात्रा को कम कर देते हैं। जल में आवश्यक आक्सीजन की मात्रा की कमी से जल की जैव आक्सीजन की माँग में वृद्धि हो जाती है। इसके फलस्वरूप जलीय जीवों व वनस्पतियों के लिए आवश्यक आक्सीजन की मात्रा में कमी आ जाती है जिससे उनकी मृत्यु की संभावना बढ़ जाती है।

पेयजल में धातुओं की वांछित सान्द्रता को निम्नलिखित तालिका 6.3 में अंकित किया गया है। इससे अधिक मात्रा हानिकारक होती है:-

तालिका 6.3 : धातुओं की मात्रा

धातु	अधिकतम सान्द्रता (मिलीग्राम प्रति लीटर)
मरकरी	0.001
कैडमियम	0.01
सेलेनियम	0.01
आर्सेनिक	0.05
क्रोमियम	0.05
कापर	0.05
मैग्नीज	0.05
लेड	0.05
आयरन	0
जिंक	5.0

इन धातुओं की मात्रा जल संसाधनों विशेषकर नदियों में बढ़ती जा रही है जिसके कारण जल प्रदूषित होता जा रहा है। मरकरी, लेड, कैडमियम, आर्सेनिक, क्रोमियम, जस्ता, तांबा आदि। इनकी एक निश्चित सीमा से अधिक मात्रा सभी जीवधारियों के लिए विष का कार्य करती है। पारे का मुख्य स्रोत क्लोरअनकली उद्योग है। इसका उपयोग क्लोरीन और कास्टिक सोडा बनाने में होता है। पारा युक्त गन्दा पानी जल, नदी या समुद्र में मिलता है तब मछलियों और अन्य जलीय जन्तुओं में इसकी मात्रा बढ़ जाती है। इन्हें खाने वाले व्यक्तियों की मृत्यु तक हो जाती है।

लेड के मुख्य स्रोत बैटरी, केबल्स, पेंट, सिरामिक और प्लास्टिक उद्योग हैं। इसी प्रकार कैडमियम, आर्सेनिक, क्रोमियम और जस्ते जैसी धातु भी किसी न किसी उद्योग की देन है। इन उद्योगों के निस्राव के साथ ये धातुएँ नदी में प्रवेश करती है जो सभी पेड़-पौधों और जंतुओं को हानि पहुँचाने का कार्य करती हैं। ये सभी धातुएँ जल द्वारा जलीय जंतुओं की कोशिकाओं में एकत्रित होती रहती हैं और फिर इन्हीं के द्वारा मनुष्यों के शरीर में पहुँच जाती हैं।

पिछले कुछ वर्षों से अनेक नदियों में धातुओं की मात्रा बढ़ती जा रही है। गंगा नदी के गढ़मुक्तेश्वर, कन्नौज, कानपुर, इलाहाबाद, वाराणसी और दक्षिणेश्वर में लेड की मात्रा निर्धारित मानक से अधिक हो गयी है। कैडमियम की मात्रा हरिद्वार या ऋषिकेश के गंगा जल में पायी गयी है। कानपुर और वाराणसी में क्रोमियम की मात्रा इतनी अधिक है कि जल पीने के अयोग्य हो गया है। केरल की परिसार नदी में उद्योगों द्वारा प्रतिदिन 10 किलोग्राम पारा तथा इससे अधिक मात्रा में जस्ता मिलाया जाता है।

वर्तमान समय में भारत की सभी नदियाँ प्रदूषित हो चुकी हैं। नदियों के सतही जल के अतिरिक्त भूगर्भीय जल की गुणवत्ता भी शहरीकरण, कृषि रसायनों और उर्वरकों की अंधाधुन्ध उपयोग के कारण प्रदूषित होती जा रही हैं। भूजल के होने वाले असीम दोहन के कारण जल स्तर भी नीचे होता जा रहा है।

भारत देश में नदियों में प्रदूषण की स्थिति तो अमेरिका तथा पश्चिमी देशों के औद्योगिक देशों की तुलना में अधिक गम्भीर है। अनुमानित है कि भारत की नदियों का लगभग 70 प्रतिशत जल प्रदूषित हो चुका है।

औद्योगीकरण व नगरों में तेजी से बढ़ती आबादी तथा रासायनिक उर्वरकों और कीटनाशकों के उपयोग से जल प्रदूषण का स्वरूप ही बदलता जा रहा है। नगरीय क्षेत्रों में सीवेज, भारी मात्रा में कूड़ा-कचरा, नगरों में स्थित कारखानों से

निकले जल की नालियाँ, स्वचालित वाहनों से निकले कणकीय पदार्थ, कारखानों से निकलने वाले गंदे अपशिष्ट जल, ठोस एवं घुलित रासायनिक प्रदूषक तथा कई प्रकार के पदार्थ नदियों को प्रदूषित कर रहे हैं। इसके अतिरिक्त जीव-जन्तुओं के शवों को नदियों में फेंक दिया जाना, मलिन बस्तियों में शौचालय का अभाव, झीलों के किनारे समय-समय पर धार्मिक सम्मेलनों से भी नदी का जल प्रदूषित होता जा रहा है।

विश्व स्वास्थ्य संगठन रिपोर्ट के अनुसार प्रतिवर्ष पाँच लाख बच्चे जल प्रदूषण के शिकार होते हैं। भारत में 30 से 40 प्रतिशत लोगों की मृत्यु प्रदूषित जल के सेवन से होती है। अत्याधिक प्रदूषित जल के कारण मिट्टियों का भी प्रदूषण होता है। उनकी उर्वरकता घटती है। मृदावासी सूक्ष्म जीव व बैक्टरीरिया मर जाते हैं।

नदियों के प्रदूषित होने का सबसे प्रमुख कारण अनुपचारित घरेलू गंदे पानी को सीधे इसमें डालना है। गाँवों और कस्बों के घरों से निकलने वाले गंदे पानी की मात्रा कम होती है पर शहरी और महानगरों के लाखों घरों की गंदगी जब एक साथ निकलती है तो इसकी मात्रा लाखों लीटर हो जाती है। शहर छोटे हों या बड़े, जल संसाधनों के लिए अभिशाप हैं।

भारत में जल सम्पदा प्रचुर मात्रा में हैं। 113 स्वतंत्र नदियाँ, हजारों सहायक नदियाँ, सैकड़ों झीलें और लगभग 6000 किलोमीटर लम्बा सागर तट, भारत भूमि को प्रकृति का उपहार है। देश की करीब एक चौथाई जनसंख्या समुद्री क्षेत्रों में बसती है। कचरे के कारण चेन्नई के सागरतट पर शैवाल की बहुलता हो गयी है और पानी नीला न होकर हरा हो जाता है। कभी-कभी इससे बदबू आती है, मछलियों की संख्या कम हो जाती है और जलपोतों के आवागमन में बाधा पड़ती है।

जल जीवन की महत्त्वपूर्ण आवश्यकता है। जल के बिना जीवधारियों का जीवन संभव नहीं है। सभी जीव-जन्तु विभिन्न रूपों में जल को ग्रहण करते हैं। हमारे उपयोग के लिये जो भी जल उपलब्ध है वह इस भौतिक युग में मानवीय प्रक्रियाओं द्वारा प्रदूषित होता जा रहा है। प्रदूषित जल मनुष्यों, पशुओं एवं अन्य जीवधारियों के स्वास्थ्य पर बुरा प्रभाव डालता है। स्वतंत्रता प्राप्ति के उपरांत जैसे-जैसे देश का औद्योगिकरण तथा कृषिकरण होता गया, वैसे-वैसे विभिन्न जल स्त्रोतों के जल का प्रदूषण भी बढ़ता गया।

प्राप्त आंकड़ों से स्पष्ट होता है कि कुल प्रदूषण का लगभग 40 प्रतिशत भाग केवल औद्योगिक अपशिष्टों से प्रदूषित हो रहा है। औद्योगिक संस्थानों, विभिन्न कारखानों; शोध संस्थानों में उत्पादन हेतु अनेक प्रकार के अम्लों एवं क्षारों का प्रयोग किया जाता है। इस प्रकार विभिन्न प्रकार के अम्ल एवं क्षार इन संस्थानों से अपशिष्ट के रूप में निकलकर जल में मिल जाते हैं एवं उन्हें प्रदूषित कर देते हैं जिससे उसमें निवास करने वाले जीवधारियों पर कुप्रभाव पड़ता है। इसी प्रकार जल में विविध लवण, सोडियम पोटैशियम, कैल्शियम, मैग्नीशियम, एल्यूमिनियम आदि की सांद्रता एक निश्चित सीमा से बढ़ जाने के कारण स्वच्छ जल को प्रदूषित कर देता है। जल प्रदूषण में क्लोराइड विषैले अकार्बनिक रसायन, जैविक तत्त्व भी अहम भूमिका निभाते हैं। क्लोराइड की सांद्रता 100–1000 मि.ग्राम प्रति लीटर हो जाने पर जल क्षारीय तथा इससे अधिक हो जाने पर जल नमकीन हो जाता है। विभिन्न संस्थानों से निकलने वाले अपशिष्टों से अनेक प्रकार के तत्त्व पाये जाते हैं जिनमें आर्सेनिक, सीसा, कैडमियम, पारा, निकल, बेरियम तथा कोबाल्ट प्रमुख हैं। ये धातु तत्त्व अधिकतर नाइट्रेट एवं फ्लोराइड के रूप में पाये जाते हैं।

नदियों को दूषित करने में शहरों की गंदगी और कारखानों से निकलने वाले विषैले पदार्थ, फसलों पर छिड़के गये कीटनाशी आदि भी वर्षा के साथ बहकर नदियों में पहुँच जाते हैं। जनसंख्या के बढ़ने तथा जन सुविधाओं की पर्याप्त विकास नहीं होने के कारण मानव मल–मूत्र नदियों ही में पहुँचता रहता है। नदी जीवाणु और कीटाणुओं द्वारा गंदगी बढ़ाने वाले कार्बनिक पदार्थों को विघटित कर जल को प्रदूषित कर देती है। अधिकांश भारतीय नदियों में मानसूनी बरसात के समय बहुत अधिक जल हो जाता है पर शेष समय में उनमें जल की कमी रहती है। कम जल के कारण बहाव कम हो जाता है और अपने आप स्वच्छता की उनकी क्षमता भी कम हो जाती है।

जल प्रदूषण में अब नदियाँ ही नहीं अपितु कई सुन्दर झिलें भी आ रही हैं। कश्मीर की डल तथा नगीन झील और नैनीताल की नैनी झील अब प्रदूषण के कारण नौका विहार तथा मछलियों के लिये अनुपयुक्त हो गयी हैं। पहाड़ी मिट्टी और शहर की गंदगी के मिलने से नैनी झील भी लगातार उथली होती जा रही है। मणिपुर की लोकतक झील शैवाल तथा अन्य जलीय पौधों से इतनी भर गयी है कि इस पर पैदल चला जा सकता है। उड़ीसा की चिल्का झील और राजस्थान में भरतपुर और रामगढ़ की झीलें भी घास–पात के कारण अब अधिक प्रदूषित हो गयी हैं।

कुछ हद तक जलाशयों में अवांछित वनस्पतियों के कारण भी जल प्रदूषण बढ़ने लगा है। भारत में जल कुम्भी का प्रकोप तेजी से बढ़ रहा है। इस पौधे का बीज अन्य देशों से किसी प्रकार भारत में आ गया। यह पौधा समुद्र सोख और जलकुम्भी आदि कई नामों से जाना जाता है। यह तालाब, पोखरों, नदियों और नहरों में इस तरह से फैल जाता है कि उससे पूरा तालाब या नाला पूरी तरह भर जाता है। इस कारण पानी का बहाव बाहर नहीं हो पाता और सूर्य की प्रकाश के अभाव में मछलियाँ तथा अन्य जलचर जीवित नहीं रह पाते हैं। पानी में फैले जल कुंम्भियों के कारण पशु भी उसमे होकर नहीं निकल पाते हैं। नीले फूल देने वाली लता के समान यह पौधा किसी भी काम के नहीं होते हैं। जलकुंभी की समस्या से गम्भीरता बढ़ती जा रही है।

जलस्त्रोतों को स्वच्छ रखने की आदर्श स्थिति यही होगी कि किसी भी प्रकार के प्रदूषित जल को जल प्रवाह में मिलने से पूर्व विभिन्न प्रक्रियाओं से उपचारित किया जायेगा पर यह कार्य अत्यंत ही कठिन है। जल में जो विभिन्न प्रकर के रसायनिक यौगिक और जीवाणु मिल रहे हैं उन्हें पूरी तरह से निकालना संभव नहीं हो पा रहा है और जल मिट्टी के कारण प्रदूषित हुआ है तो उसे दूर करना संभव नहीं है। यदि जल प्रदूषित पदार्थों से प्रदूषित हुआ है तो उसे उपचारित करने के तरीके भिन्न प्रकार के होंगे।

प्रदूषण की समस्या विभिन्न रूपों में होने के कारण चिंता का विषय बनी हुई है। भारत सरकार ने सन् 1974 में जल प्रदूषण निवारण और नियंत्रण अधिनियम बनाने के लिए निर्णय के बाद से ही जल प्रदूषण की दिशा में प्रयत्न आरम्भ कर दिया है। इस अधिनियम के अनुसार ही जल प्रदूषण निवारण और नियंत्रण का केन्द्रीय बोर्ड गठित किया गया। यह बोर्ड इस दिशा में कार्यरत है।

विभिन्न प्रकार के स्त्रोतों द्वारा यह प्रमाणित किया जा चुका है कि जहाँ किसी तरह की अल्प मात्रा स्वास्थ्यवर्धक है वहीं उसकी थोड़ी सी अधिक मात्रा हानिप्रद या जानलेवा भी हो सकती है।

प्राकृतिक स्त्रोतों से प्राप्त जल के अपने विशेष भौतिक, रासायनिक एवं जैविक गुण होते हैं। इस जल में किसी बाहरी स्त्रोत से ऐसी वस्तुओं का मिल जाना जो पहले इसमें नहीं थे अथवा न्यून मात्रा में मिलने पर हो जाता है। प्रदूषण के दो मुख्य स्त्रोत हैं – प्राकृतिक और मानवीय क्रियाएँ। कभी-कभी प्रकृति भी संसाधनों को प्रदूषित करने का कार्य करती है लेकिन इस तरह के प्रदूषण का प्रभाव विशेष

स्थान तथा विशेष समय तक ही सीमित रहता है। उदाहरण के लिए, भूकम्प के समय भू अपरदन के कारण भारी मात्रा में तलछट नदियों तथा झीलों में जमा हो जाते हैं। इसी प्रकार ज्वालामुखी विस्फोटों से प्राप्त लावा भी नदियों को प्रदूषित करती है। मानवीय क्रियाओं द्वारा प्रदूषित करने से सभी परिचित हैं।

6.7 जल प्रदूषण के कारक

जल प्रदूषण तीन प्रकार के पदार्थों द्वारा होता है। ये निम्नलिखित हैं –

1. कार्बनिक पदार्थ,
2. औद्योगिक इकाइयों द्वारा उत्सर्जित बहिस्त्रवण तथा
3. फर्टिलाइजर के रासायनिक तत्त्व तथा कृषि की उत्पादकता हेतु उपयोग में लाये जाने वाले यौगिक पेस्टीसाइड तथा इन्सेक्टिसाइड।

भारत में लगभग 3200 बड़े उद्योग तथा अनगिनत छोटे उद्योग हैं। बड़े उद्योगों के बहिस्त्राव बिना शोधन के जल स्त्रोतों में बहा दिये जाते हैं जिससे उन स्त्रोतों का जल प्रदूषित हो जाता है। ऐसे प्रमुख उद्योग जो जल प्रदूषित करने में अपनी अहम् भूमिका निभाते हैं, वे हैं कागज, चमड़ा, चीनी, डिस्टीलरी, तेल, फर्टिलाइजर, डिटरजेन्ट, पेट्रोकेमिकल, स्टील, टेक्सटाइल, पेंट, रबर, एन्टीबायोटिक, रासायनिक तथा डेयरी।

उर्वरकों के अधिक इस्तेमाल से सतही जल प्रदूषित हो जाता है तथा कृषि योग्य भूमि की बहुत बड़ी मात्रा में पोषक तत्त्व पानी में घुल जाते हैं। इस कारण शैवाल तथा अन्य जीव समूहों का विकास होता है। इससे जल की गुणवत्ता प्रभावित होती है। नाइट्रोजन उर्वरकों के इस्तेमाल से भूमिगत जल में नाइट्रोजन की सान्द्रता बढ़ जाती है जिससे मानवीय स्वास्थ्य को दो प्रकार की हानि होती है। एक तो यह कि इससे छोटे शिशुओं को ब्लूबेबी नामक बीमारी हो जाती है और दूसरा यह है कि मनुष्यों में कैंसर का खतरा बढ़ जाता है। यही नहीं नाइट्रोजन उर्वरकों द्वारा वातावरण में नाइट्रोजन के आक्साइड जैसे नाइट्रिक आक्साइड और नाइट्रोजन डाईआक्साइड जैसी गैसों का उत्सर्जन होता है जो पृथ्वी के तापमान में वृद्धि के अतिरिक्त पशुओं तथा मनुष्यों को अनेकों प्रकार की व्याधियों से ग्रस्त कर देती हैं।

वर्तमान समय में जलस्तर नीचे होता जा रहा है। इसका प्रमुख कारण है वृक्षारोपण कार्यक्रम। वृक्षारोपण में वृक्षों के बीच अलगाव होता है और इसका प्रभाव यह होता है कि वे वृक्ष सूर्य की किरणों को धरती पर पहुँचने से रोक नहीं पाते हैं। इस कारण जमीन की ऊपरी परत की स्वाभाविक नमी समाप्त हो जाती है। इस

दशा में इन पेड़ों की जड़ें नमी की तलाश में पृथ्वी के नीचे जाने लगती हैं। इसके फलस्वरूप भूमिगत जल का स्तर नीचे जाने लगता है। इसके अतिरिक्त मिट्टी का कटाव भी इसका जिम्मेदार है। यदि मिट्टी जमी रहे तो उसकी स्वाभाविक नमी समाप्त नहीं होती है।

जल स्तर के नीचे जाने का एक बड़ा कारण है सिंचाई के कृत्रिम संसाधनों के उपयोग में वृद्धि। मानसून की अनियमितता एवं सही समय पर बारिश का नहीं होने के कारण कृत्रिम सिंचाई साधनों का उपयोग निरंतर बढ़ता जा रहा है। यही कारण है कि कुओं की खुदाई, चांपाकल लगाना और बोरिंग करके पानी निकालना निरंतर कठिन होता जा रहा है। वैज्ञानिकों का मानना है कि यदि यही स्थिति बनी रही तो अगली सदी में भोजन की समस्या से कहीं बढ़कर पानी की एक बड़ी समस्या बन जाएगी।

प्रदूषित जल के अनेकों लक्षण होते हैं। इनमें रंग, गंध, घनत्व और तापक्रम भौतिक लक्षण हैं। प्रदूषित जल के रासायनिक और जैविक गुण बहुत महत्त्वपूर्ण होते हैं। इसके कुछ रसायन जल को प्रदूषित करने के साथ-साथ विषाक्त भी करते हैं। उनकी विषाक्तता के कारण स्त्रोतों से बहकर आने वाले कीटनाशक तथा उद्योगों से निकलने वाले रसायन हैं।

आक्सीजन यद्यपि जलीय विलय के लिए महत्त्वपूर्ण है पर इसका पानी में घुलना सरल नहीं है। तेज बहते हुए पानी में या लहरों की मदद से बहुत थोड़ी ही आक्सीजन पानी में घुल पाती है। शैवाल भी धूप में प्रकाश संश्लेषण की प्रक्रिया द्वारा पानी में आक्सीजन पहुँचाते हैं। आक्सीजन का तीन मिलीग्राम प्रति लीटर की मात्रा जल में होना जीवन के लिए आवश्यक है। इससे कम मात्रा का प्रभाव सबसे पहले मछलियों पर पड़ता है। पानी में होने वाली कुछ प्रतिक्रियाएँ आक्सीजन की मात्रा को कम कर देती हैं। अधिक मात्रा में कार्बनिक पदार्थों के जल में मिल जाने से उसमें उपस्थित बैक्टीरिया तेज सक्रिय होकर कार्बनिक पदार्थों का आक्सीकरण करते हैं। आक्सीकरण की प्रक्रिया के लिए आक्सीजन का रहना आवश्यक है अत: जलीय जीवन के लिए जल में उपस्थित आक्सीजन का उपयोग यह बैक्टीरिया तेजी से कर लेते हैं। इस प्रकार की प्रक्रिया द्वारा जल में आक्सीजन की अस्थायी कमी हो जाती है। इस प्रकार अधिक कार्बनिक पदार्थों की उपस्थिति से जल में आक्सीजन की मात्रा में अधिक कमी हो जाती है। आक्सीजन की मात्रा में कमी आने से जल की जैव रासायनिक आक्सजीन की माँग में वृद्धि हो जाती है।

6.8 जल प्रदूषण और स्वास्थ्य

भारत में पानी की समस्या विशेष रूप से पेयजल की समस्या आज जिस मोड़ पर आ गयी है उसमें प्रगति की और अपेक्षा नहीं की जा सकती है। देश का कोई भी ऐसा भाग नहीं है जहाँ पानी की समस्या/कमी को महसूस न किया गया हो। जलस्त्रोतों का जिस तरह दोहन हो रहा है उनमें निरंतर जो प्रदूषण बढ़ रहा है उसे देखते हुए भविष्य में इस समस्या के और विकट हो जाने की चेतावनियाँ उनकी ओर अवश्य मिल रही हैं। भारत में जल समस्या के इतना गम्भीर हो जाने के पीछे केवल प्राकृतिक कारण ही नहीं है। बढ़ती हुई जनसंख्या के साथ बढ़ती हुई पानी की माँग मुख्य समस्या है। भारत जैसे प्रचुर जल राशि वाले देश में पानी के अभाव के लिए भारत ने जिस ढंग से अपने को बरबाद किया है उसका उदाहरण किसी अन्य देश में नहीं मिलता। जल सम्बन्धी समस्याओं को यदि अभी भी गम्भीरता से नहीं लिया गया और इस सम्बन्ध में हर नागरिक की जिम्मेदारी तय नहीं की गयी तो भविष्य में बेहद कठिन परिस्थिति का सामना करना पड़ सकता है।

बीमारियाँ

गर्मी और बरसात का मौसम आम लोगों के लिए कष्टदायी होता है। इस दौरान अनेक रोग चारों तरफ फैल जाते हैं। इन रोगों के फैलने का मुख्य कारण हैं – हमारे द्वारा पिया गया दूषित जल। यदि हम पीने वाले जल के प्रति कुछ सावधानियाँ बरतते तो अधिकतर बीमारियों से बचा जा सकता है। जल से होने वाली बीमारियों को मुख्यत: चार भागों में बाँटा जा सकता है। ये निम्नलिखित हैं:–

1. विषाणुजनिक रोग,
2. जीवाणुजनित रोग,
3. प्रोटोजोआजनित रोग तथा
4. क्रिमिजनित रोग।

मनुष्य में सूक्ष्म जीवों के द्वारा फैलने वाले रोग को तालिका 6.4 में अंकित किया गया है।

इनमें अन्तिम तीन रोगों को छोड़कर सारे रोगों का कारण पेयजल में उपस्थित कीटाणु, जीवाणु, विषाणु या अन्य पदार्थ जो मानव शरीर में पहुँचकर रोग उत्पन्न करता है। ऐसा तभी होता है जब जल किसी तरह उक्त रोग से पीड़ित रोगी या संवाहक में मल या कभी–कभी मूत्र या उल्टी से दूषित हो गया हो। जल प्राय: रोगों के फैलाने के लिए माध्यम का काम करता है।

तालिका 6.4 - जलरोग

	सूक्ष्मजीव	रोग
1.	जीवाणु	जैसा, अतिसार, पीतज्वर, अतिज्वर, पेराटायफाइड, टिटनस, क्षयरोग, सुजाक।
2.	विषाणु	जुकाम, संक्रामक, पीलिया, स्मालपाक्स।
3.	प्रोटोजोआ	पायरिया, पेचिस, निद्रारोग, मलेरिया, अमीबा, अमीबियासिस, रुणता।
4.	कृमि	फाइलेरिया, सिष्टरोग तथा पेट की कीड़े जैसे सुन्न कृमि, गोल कृमि।

6.8.1 विषाणुजनित रोग

पीलिया

यह आमतौर पर साधारण सा दिखने वाला रोग है जो अधिकतर कुछ सप्ताह में ही ठीक हो जाता है। परन्तु कभी-कभी यह खतरनाक रूप भी धारण कर लेता है और जानलेवा साबित हो सकता है। यह रोग बहुधा बच्चों व युवाओं में होता है। इसमें आमतौर पर हल्का ज्वर, शरीर के दर्द, भूख न लगना और जी मिचलता है। पीलिया में पीलापन सबसे पहले आँखों के सफेद भाग में नजर आता है और मूत्र को भी गाढ़ा पीला कर देता है। पीलिया के अधिक बढ़ने पर सारा शरीर पीला दिखाई देने लगता है। इस रोग से बचने हेतु पानी को उबालकर पीना श्रेयस्कर होता है।

पोलिओ

यह रोग विशेषतया छोटे बच्चों को प्रभावित करता है जिसमें हल्के बुखार व पतले दस्त के बाद रोगी के एक या दोनों पैरों में लकवा मार जाता है। कभी-कभी भुजाएँ तथा मस्तिष्क भी प्रभावित हो सकता है। इस रोग का कोई सन्तोषजनक उपचार सम्भव नहीं है। असंख्य बच्चे इस रोग के कारण विकलांग हो जाते हैं।

6.8.2 जीवाणुजनित रोग

हैजा (कालरा)

यह रोग बिवरीओ केडेराए नामक जीवाणु द्वारा उत्पन्न होता है। हैजा एक भयंकर रोग है। इस रोग में रोगी को बार-बार उल्टी व पतले दस्त आते हैं और यदि उचित उपचार न मिले तो डिहाइड्रेशन (निर्जलीय स्थिति) के कारण रोगी की मृत्यु हो जाती है। जीवाणुनाशक दवाओं के अतिरिक्त इसका उपचार पानी व लवण के मिश्रण (ओ.आर.एस.) से होता है।

मियादी बुखार

इसमें टाइफाइड या उससे कुछ कम खतरनाक पैराटायफायड बुखार आता है। यह रोग बहुधा बड़े बच्चों और युवाओं को होता है। इसका कारण जीवाणु है, जो हैजे की तरह दूषित जल या अन्य खाद्य पदार्थों द्वारा शरीर में पहुँचते हैं। यह विशेषत: आँतों को प्रभावित करता है, जिससे इसे आँत ज्वर (मोतीझरा) कहते हैं। इसमें रोगी को तेज बुखार आता है जो अक्सर कई सप्ताह तक रहता है। इसमें भूख एकदम समाप्त हो जाती है। रोगी को अक्सर पतले दस्त आते हैं, जिगर व पेट में तकलीफ होती है और रोगी पूरी तरह कमजोर हो जाता है। यह शरीर के अन्य भागों में विशेषकर मस्तिष्क को भी प्रभावित करता है।

बेसिलरी डिसेन्ट्री

यह रोग साइजेला नामक जीवाणु से होता है। बहुधा बच्चे इसके शिकार होते हैं। इसमें बुखार और पेट में मरोड़ के साथ-साथ बार-बार शौच आता है और शौच में आँव और खून आता है।

गैस्ट्रोइन्टरेटाइटिस

लक्षणों के हिसाब से यह हैजा से मिलता-जुलता है पर उससे कुछ कम खतरनाक बीमारी है। इसके लिए कई किस्म के जीवाणु उत्तरदायी है जिनमें सबसे महत्त्वपूर्ण साल्मोनेला है। दूषित जल या अन्य खाद्य पदार्थों के माध्यम से ये जीवाणु शरीर में प्रवेश करते हैं। यह रोग अक्सर गर्मियों के दिनों में शादी-ब्याह वाले घर में एकसाथ कई व्यक्तियों को होता है। खाने के सम्बन्ध होने के कारण इसको फूड प्वायजनिंग भी कहते हैं।

डायरिया

अतिसार या डायरिया किसी भी आयु के व्यक्ति को हो सकता है लेकिन सर्वाधिक बच्चे ही इससे प्रभावित होते हैं। इसके अनेकों कारण हैं जिनमें कुछ जीवाणु प्रमुख हैं। इसमें बार-बार शौच आता है जिससे डिहाइड्रेशन की स्थिति पैदा हो जाती है और ठीक से इलाज न हो तो मौत भी हो जाती है। यह रोग विश्व में बच्चों की असामयिक मृत्यु का सबसे बड़ा एकमात्र कारण है जो प्रति वर्ष सिर्फ विकासशील दुनिया के पचास लाख से अधिक बच्चों की जीवन लीला समाप्त कर देता है। इससे कुपोषण की स्थिति पैदा हो जाती है।

6.8.3 प्रोटोजोआ जनित रोग

अमीबियासिस एक अत्यन्त ही सामान्य रोग है जो एन्टअमीबा हिस्टोलाइटिका नामक प्रोटोजोआ से होता है। वह अमीबा रोगी की आँतों में निवास करता है जिससे उसको पेचिस हो जाती है। इस रोग में कभी-कभी जिगर या यकृत व अन्य अंग भी प्रभावित हो जाते हैं। इसमें सिस्ट रोगी के मल के साथ विसर्जित होते रहते हैं व दूषित जल या अन्य खाद्य पदार्थों के जरिये स्वस्थ्य व्यक्ति के शरीर में प्रवेश करके रोग उत्पन्न करते हैं। इन सिस्टों पर क्लोरीन जैसे विसंक्रामक पदार्थों का प्रभाव भी कम होता है।

जियाडिया, लैम्बिया द्वारा उत्पन्न जिआर्डिआसिस अपेक्षाकृत एक साधारण-सा रोग है जिसमें पतले दस्त आदि हो सकते हैं।

6.8.4 कृमिजनित रोग

एस्कारियासिस

यह केंचुए द्वारा उत्पन्न सामान्य रोग है। इसका जीव वैज्ञानिक नाम एसकारिस लाम्ब्रिकायडिस है। इस रोग से क्षेत्र के लगभग शत-प्रतिशत जनसंख्या प्रभावित होती है। वयस्क केंचुआ जो मनुष्य की आँत में रहता है हल्के भूरे या सफेद रंग का 10-30 से.मी. लम्बा गोल आकृति का जन्तु है। यह खेतों में पाया जाता है जहाँ ये वयस्क होकर केंचुए का आकार ग्रहण करते हैं। ये कभी-कभी शौच के साथ या मुँह के रास्ते बाहर निकलते हैं। सामान्यत: इनमें कोई विशेष परेशानी नहीं होती या इससे कभी-कभी पेट में दर्द, आँत का रूकना या अन्य रोग भी हो सकते हैं।

इन्ट्रोबियासिस

यह भी एक अत्यन्त सामान्य रोग है जो विशेषकर बच्चों में होता है। यह इण्ड्रासिस वर्मिक्लोरिस नामक परजीवी जन्तु से हो सकता है। यह रोग भी केंचुएं की तरह ही मनुष्य को लगता है। वयस्क कीड़े आँतों में रहते हैं पर ये कीड़े छोटे होते हैं। इनके खुजलाने से कीटाणु नाखूनों में घुसकर खाने के साथ पुन: आहार नली में प्रवेश कर नए अण्डों को जन्म देते हैं। इस आत्मसंक्रमण के कारण यह रोग आसानी से खत्म नहीं होता।

गिनियावर्मडिसीज

यह रोग ट्राकून कूलस मेडिनेसिस नामक कीड़े से होता है। यह रोग विशेषकर गुजरात और राजस्थान में अधिक पाया जाता है। यह मनुष्य के शरीर में तब प्रवेश

करता है जब वह ऐसा पानी पीता है जिसमें साइक्लौप्स नामक जन्तु होते हैं। ये सरसों के दाने के बराबर होते हैं। ये साइक्लौप्स पानी में रहने वाले जीव-जन्तु हैं जो इस कीड़े के लार्वा को खा जाते हैं। जब यह साइक्लौप्स मनुष्य के पेट में पहुंचता है तो वह मर जाता है पर जो लार्वा वयस्क होता है, वह वहाँ से चलकर रोगी के एक पैर में त्वचा के नीचे रहने लगता है। जब रोगी पानी में जाता है तो यह कीड़ा त्वचा को फाड़कर अपने लार्वा को पानी में छोड़ देता है जिनको साइक्लौप्स खा जाते हैं जो खाये हुए लार्वा सहित पानी के माध्यम से किसी मनुष्य के पेट में पहुँच जाते हैं। इस रोग से रोगी को बहुत तकलीफ होती है।

इसी तरह हाअसकीस्टोसोमियासिस व पिशटेपवर्म नामक एक अन्य रोग है जो किसी एक्टिव होस्ट के माध्यम से मनुष्य में होते हैं। सौभाग्य से ये रोग हमारे देश में अधिक नहीं है।

6.8.5 भारी धातुओं का स्वास्थ्य पर प्रभाव

विभिन्न प्रकार की धातुओं का भी स्वास्थ्य पर हानिकारक प्रभाव पड़ता है जिससे विभिन्न प्रकार की बीमारियों से मनुष्य ग्रस्त हो जाता है। इस प्रकार से होने वाले धातुओं से स्वास्थ्य के प्रभाव को तालिका 6.5 में अंकित किया गया है:-

तालिका 6.5 : पानी में मिली भारी धातुओं से स्वास्थ्य पर प्रभाव

	धातु	प्रभाव
1.	आर्सेनिक	हृदय की रक्त नलिकाओं का अवरुद्ध होना।
2.	कैडमियम	इताई-इताई, गुर्दे की खराबी, प्रोटीन यूरिया, ग्लाइकोसरिया, उच्च रक्त चाप।
3.	क्रोमियम	अल्सर
4.	तांबा	हेपेटिक
5.	सीसा	नेफ्राइटिस, म्यूराजेनिक, न्यूरोटाक्सिक
6.	मरकरी	मिनीमाता, कार्सिनोजेनिक, म्यूराजैविक
7.	सेलेनियम	न्यूरोटाक्सिक
8.	नाइट्रेट, नाइट्राइट	ब्लू बेबीज, पेट का कैंसर

6.9 भूमिगत जल प्रदूषण

गड्ढ़ों, कचरागर्त, सेप्टिक टैंक, सीवर आदि में उपस्थित प्रदूषक मिट्टी की तहों से होते हुए भूमिगत जल में पहुँचकर जल को प्रदूषित कर देते हैं। कुछ

औद्योगिक उत्पाद और विविध विधियों से प्राप्त भी भूमिगत जल को प्रदूषित कर देने में सक्षम होते हैं। प्राप्त आंकड़ों के अनुसार पंजाब और हरियाणा के औद्योगिक क्षेत्रों से अधिक मात्रा में निकिल, लोहा, कॉपर, क्रोमियम तथा सायनाइड भूमिगत जलाशयों को प्रदूषित करते जा रहे हैं। भूगर्भीय जल सरलता से प्रदूषित नहीं होता है। पर एक बार यदि यह किसी कारण प्रदूषित हो जाये तो इसे प्रदूषणहीन होने में लगभग 100 वर्षों से अधिक का समय लग जाता है।

आधुनिक खेतों में नाइट्रेट के अधिक प्रयोग से स्वास्थ्य की समस्या गम्भीर होती जा रही है। जल में घुलनशील होने वाले नाइट्रेट मिट्टी की परतों से होते हुए भूमिगत जल में पहुँचकर समस्या गम्भीर कर देता है। अनेकों गाँव तथा नगर ऐसे हैं जहाँ पानी का स्रोत भूमिगत जल ही है। नाइट्रेटयुक्त जल को पीने से मेटाहीमोग्लोविनिमिया नामक बीमारी हो जाती है। इस प्रकार की बीमारी अधिकतर दूध पीते बच्चों में होती है। ये बच्चे इस प्रदूषक के प्रति अति संवेदनशील होते हैं। ज्ञातव्य हैं कि नाइट्रेटयुक्त जल को पीने से जल तो पहले आँतों में जाता है जहाँ पर उपस्थित बैक्टीरिया नाइट्रेट को नाइट्राइट में परिवर्तित कर देती है। इस प्रकार से प्राप्त नाइट्राइट आयन हीमोग्लोबिन से संयोगकर मेंटाहीमोग्लोबिन बनाता है जो रुधिर की आक्सीजन वाहन क्षमता को बाधित कर देता है जिसके कारण मेंटाहीमोग्लोविनीमिया नामक बीमारी हो जाती है।

आर्सेनिक, लेड, कैडमियम और पारे के यौगिक और क्लोरीनिकृत वाइफिनाइल इत्यादि के विसर्जन से प्रकृति के जल स्रोतों के रिस जाने से प्रदूषण होता है। अनेक वर्षों तक ऐसे प्रदूषित जल के सेवन करने से शरीर में इन विषैले पदार्थों का जैव संचयन अथवा बायोसान्द्रण होता है। ऐसे जल पर पलने वाले पौधों का सेवन मनुष्य करता है। इस प्रकार शरीर के विषाक्त पदार्थों की मात्रा बढ़ते जाने से उसका घातक प्रभाव पड़ता है।

भूमिगत जल प्रदूषण का सर्वोत्तम उदाहरण राजस्थान का पाली स्थान है। इस स्थान पर कपड़ों की 450 से अधिक इकाइयाँ हैं जो कपड़े के डिजाइन करने, रंग करने और रंग उड़ाने का कार्य करती हैं। इन विषाक्त पदार्थों से रंगीन बहिस्राव शहर के बड़े क्षेत्र में फैलता रहता है। इन बहिस्राव में गंधक का तेजाब तथा कैंसरजनक पदार्थ होते हैं। इन प्रदूषकों के भूमिगत जल में मिल जाने से स्थानीय जल प्रदूषण की समस्या अधिक चिंताजनक होती जा रही है।

6.10 प्रदूषित जल का उपयोग

प्रदूषित जल के कारण जहां मनुष्यों के स्वास्थ्य को अनेकों खतरे हैं वहीं इस जल का वानिकी में सार्थक उपयोग संम्भव है। देश में जहाँ ऊसर भूमि है या भूमिगत पानी लवणीय होने के कारण खेती का कार्य सुचारु रूप से नहीं हो पाता, ऐसे स्थानों पर यदि प्रदूषित जल का उपयोग वानिकी में किया जाये तो अधिक सफलता प्राप्त होगी। वानिकी कार्यक्रम के अन्दर ऐसे बहुत से पौधे हैं जिनको ऊसर भूमि में सफलतापूर्वक लगाया जा सकता है। प्रदूषित जल में बहुत से पोषक तत्त्व होते हैं जिससे किसानों को खाद का प्रयोग भी न्यूनतम मात्रा में करना पड़ेगा।

तमिलनाडू में 20 से अधिक नगरपालिकाओं ने मल जल खेत (सीवेज फार्म) स्थापित किए हैं जिनमें सब्जियाँ और चारे वाली फसलें उगायी जाती हैं। सब्जियों में भिण्डी और चौलाई की अच्छी उपज पायी गयी है। मल जल की सिंचाई द्वारा ज्वार और मक्का की फसलें भी उगाई जा सकती हैं। जोधपुर में कपड़ों की मिलों से उत्सर्जित प्रदूषित जल से सिंचाई करके नीम, यूकेलिप्टस, बबूल, खेजड़ी आदि के वृक्षों को उगाया गया है। इसी प्रकार कानपुर में अर्जुन, पीपल, लसोढ़ा, नीम, जामुन, बरगद आदि वृक्षों को चमड़ा कारखानों से निकलने वाले निष्काषित जल से सींचकर उगाया गया है। केन्द्रीय मृदा लवणीयता अनुसंधान संस्थान, करनाल ने मल जल के उपयोग द्वारा अनेक वनस्पतियों को विकसित करने के उपयुक्त प्रौद्योगिकी विकसित की है। इस तकनीक द्वारा पानीपत, हिसार, दिल्ली, फरीदाबाद आदि में हरियाली फैलायी जा रही है। ताप बिजलीघर से निष्कासित जल का उपयोग कर फरीदाबाद में एक सिटी पार्क तथा रोज गार्डेन विकसित किया गया है।

पुणे में वैज्ञानिकों ने मल जल का उपयोग कर शीशम, यूकेलिप्टस, बबूल के वृक्ष लगाये हैं। अजमेर में मल जल के उपयोग द्वारा वृक्षों, नागफनी, फसलें, घासों और सब्जियों को उगाया गया है। कलकत्ता में भी प्रदूषित जल का उपयोग, मछली पालने और सब्जियों को उगाने में किया जा रहा है।

यदि इसी प्रकार गन्दे नाले बहते रहेंगे, प्राकृतिक झीलों में शहरी कस्बों का कूड़ा करकट समाता रहेगा, वनों के विनाश से प्राकृतिक जल स्रोत सूख जायेंगे। तब मानव समाज या इस सृष्टि का क्या होगा? आज इसी प्रश्न के प्रत्युत्तर में हमें पेयजल समस्या इक्कीसवीं सदी की एक गंम्भीर समस्या के रूप में दिखायी पड़ने लगी है।

6.11 जल चिकित्सा

जल जीवन के लिए आवश्यक पदार्थ ही नहीं वरन् अनेक रोगों की औषधि भी है। आयुर्वेद के अनुसार व्यस्त व्यक्ति को तुरन्त भोजन नहीं करना चाहिए तथा भुखे व्यक्ति को तुरन्त जल का सेवन नहीं करना चाहिए।

जल के विधिवत सेवन करने से अनेकों रोग पर नियंत्रण रखा जा सकता है। डॉ. जे.एन. केलारा के मतानुसार प्राचीन चीन के लोग जल के चिकित्सकीय गुण से परिचित थे। चीन ग्रंथ में तो इस बात को वर्णित किया गया है कि एक युवती को दुस्साध्य बीमारी को दूर करने के लिए जल का प्रयोग किया गया था। जापान के डॉक्टर नागासकी के अनुसार दमा, मूर्च्छा और मानसिक विकारों का उपचार ठंडे पानी से किया जाता था। पानी द्वारा इस प्रकार का उपचार आज भी किया जा रहा है। यूनानी चिकित्सक ने ठंडे जल से रोम के राजा आगस्टन का सर्दी-जुकाम दूर कर दिया था। सऊदी अरब के चिकित्सक भी बहुत पहले से जल को चिकित्सकीय उपचार के रूप में प्रयोग करते रहे हैं। यहाँ के हकीम आज भी बुखार का इलाज जल से ही करते हैं। अरब के चिकित्सकों के अनुसार तेज ज्वर को कम करने के लिए रोगी को आधे-आधे घण्टे के अन्तराल पर तीन-चार गिलास ठंडा पानी पिलाना चाहिए। इसी प्रकार फ्रांस के डॉक्टरों ने ज्वर के उन्मूलन हेतु शीतल जल के प्रयोग को अचूक औषधि बताया है। अठारहवीं शताब्दी में इटालियन चिकित्सकों ने मानसिक विकारों और रक्त चाप जैसे रोगों के उपचार में जल को एक कारगर औषधि माना है। जल के विभिन्न रोग निवारक विधियाँ निम्न प्रकार हैं-

1. **सिरदर्द :** सोने से पूर्व अपने पैरों को 15 मिनट तक गर्म पानी में डुबोये रखना चाहिए। इस क्रिया को 15-20 दिनों तक नित्य करना उचित होगा।
2. **पथरी :** रात्रि में भोजनोपरान्त प्रतिदिन 1 गिलास गर्म पानी पीना चाहिए।
3. **साइटिका :** दिन में दो बार ठंडे जल से रगड़-रगड़ कर नहाना चाहिए तथा सुबह-शाम शीतल जल का सेवन करना चाहिए।
4. **हिस्टीरिया :** प्रतिदिन ठंडे जल से स्नान करना चाहिए।
5. **काली खांसी :** प्रतिदिन शीतल जल से स्नान करने से अधिक राहत प्राप्त होती है।
6. **सूखा रोग :** बच्चों में विटामिन-डी की कमी से सूखा रोग हो जाने पर प्रतिदिन ठंडे शीतल जल से स्नान करना चाहिए।

7. **दमा :** नित्य सुबह उठते ही बिना कुछ खाए एक गिलास शीतल जल पीना चाहिए।
8. **पेट दर्द :** एक गिलास गर्म जल पीकर गर्म जल की थैली पेट कर रखनी चाहिए।
9. **मूर्च्छा :** मूर्च्छित रोगी को तुरन्त शीतल जल से भरे टब में लिटा देना चाहिए।

जल चिकित्सा प्रणाली वर्तमान समय में कारगर सिद्ध नहीं हो पा रही है। इसका मुख्य कारण है पेय जल की अनुपलब्धता। अशुद्ध या प्रदूषित जल मानव जाति के लिए अभिशाप बनता जा रहा है। प्रदूषित जल अनेक बीमारियों के जनक माने जाते हैं जिनसे स्वास्थ्य पर कुप्रभाव पड़ता है।

6.12 जल में आयोडीन की कमी से होने वाले रोग

मनुष्यों को जीवित रहने के लिए वनस्पतियों से प्राप्त भोजन के अतिरिक्त लवणों तथा कुछ तत्त्वों की भी आवश्यकता पड़ती है। तत्त्वों की अनुपस्थिति में जीवन का सर्वांगीण विकास संभव नहीं हो पाता है। इन तत्त्वों में कुछ तत्त्व ऐसे हैं जो शरीर के अन्दर अधिक मात्रा में पाए जाते हैं। इन तत्त्वों को तीन वर्गों में विभाजित किया गया है जिन्हें आवश्यक, सम्भावित आवश्यक तथा अनावश्यक तत्व के नाम से जाना जाता है। आवश्यक तत्वों के वर्ग में आयोडीन है जिसकी आवश्यकता मनुष्यों को अत्यन्त सूक्ष्म मात्रा में होती है। आयोडीन एक अधातु है, जबकि जल में पूर्णतया घुलनशीन है। आयोडीन की आवश्यकता विभिन्न वर्ग के लोगों के लिए भिन्न-भिन्न होती है। उदाहरणतः एक वर्ष के बच्चे को चालीस माइक्रोग्राम, 6 वर्ष के बच्चे को साठ माइक्रोग्राम, दस वर्ष के बच्चे को 20 माइक्रोग्राम तथा 18 वर्ष के बालकों तथा पुरुषों को 150 माइक्रोग्राम आयोडीन की आवश्यकता पड़ती है एवं 70 वर्ष की आयु तक कुल आयोडीन की मात्रा 5 ग्राम प्रतिदिन की आवश्यकता पड़ती है।

प्रकृति में आयोडीन बहुत ही कम मात्रा में तथा चुने हुए स्थानों पर ही प्राप्त होता है। आयोडीन का प्रमुख स्त्रोत है जल तथा समुद्र। पूरे आयोडीन का 10 प्रतिशत भाग जल से तथा 90 प्रतिशत भोजन से प्राप्त होता है। कुछ मात्रा में आयोडीन समुद्र और जल के अतिरिक्त पृथ्वी के ऊपरी सतह पर पाया जाता है। पृथ्वी की सतह पर वनस्पतियाँ आयोडीन ग्रहण कर जीवों तक पहुँचाती है। समुद्री मछलियों और जीवों के भोज्य पदार्थों में भी आयोडीन पाया जाता है।

पहाड़ी तथा मैदानी स्थलों में आयोडीन की प्राप्ति भूमि की ऊपरी सतह द्वारा होती है। इन स्थानों पर बार-बार बाढ़ अथवा वर्षा के होने से भूमि आयोडीन रहित हो जाती है। जंगलों की कटान तथा नदियों के भराव के कारण बाढ़ का आना एक प्रकार से सामान्य प्रक्रिया हो गयी है। इस कारण आयोडीन की मात्रा भूमि में नहीं के बराबर पायी जाती है। आयोडीन की कमी से मनुष्यों में गलकन्ड अथवा घेंघा तो होता ही है, इसके अतिरिक्त अन्य गंभीर हानिकारक प्रभाव भी पाया गया है। आयोडीन का शोषण शरीर के थायराइड ग्रन्थि द्वारा होता है। यह ग्रन्थि गले के नीचे स्थित है। आयोडीन के शोषण के बाद यह ग्रन्थि थायरोक्सिन हार्मोन स्रावित करती है जो जीव के गर्भस्थ विकास से लेकर जीवन पर्यन्त शारीरिक गतिविधियों को संचालित करने में शक्तिसंचय एवं गति प्रदान करता है। आयोडीन की कमी से थाइरोक्सिन हार्मोन का संश्लेषण नहीं होने के कारण शरीर की विविध प्रकार की क्रियाओं में शिथिलता आ जाती है। आयोडीन की इस कमी को पूरा करने के लिए शरीर के विभिन्न स्थानों से थायराइड ग्रन्थि को अधिक कार्य करना पड़ता है। फलस्वरूप अधिक समय तक कार्य करते रहने के कारण थायराइड ग्रन्थि के आकार में वृद्धि हो जाती है जिसे घेंघा या गलकन्ड के रूप में देखा जाता है।

अनुमानित है कि भारत देश में लगभग 66 लाख मनुष्य आयोडीन की कमी के कारण विकलांगता का जीवन व्यतीत कर रहे हैं। इसके अतिरिक्त 22 लाख मनुष्य तो विकलांग होने के साथ-साथ मानसिक रूप से विकृत भी हैं। आंकड़े बताते हैं कि भारत में प्रति घन्टे 10 ऐसे बच्चों का जन्म हो रहा है जो मानसिक तथा शारीरिक रूप से विकलांग हैं। भारत में शायद ही कोई ऐसा स्थान हो जो आयोडीन की कमी से न जुड़ा हुआ हो।

गलकन्ड एक प्रकार से उम्र की समस्या है। प्राचीन काल के हिन्दी साहित्य के अथर्ववेद में दो हजार ईसा पूर्व इसका उल्लेख किया गया है। आयोडीन की कमी से होने वाले रोगों के कई कारण बताए गए हैं। उन्नीसवीं शताब्दी के प्रारम्भ में इस बात की पुष्टि की जा चुकी है कि जल प्रदूषण का आयोडीन की कमी से सीधा संबंध है। ऐसा प्रस्तावित है कि पीने के जल में माइक्रोब की उपस्थिति से तीन प्रकार की स्थितियाँ प्राप्त होती हैं। ये निम्नलिखित हैं-

1. माइक्रोब स्वयं आयोडीन की खपत कर लेता है।
2. माइक्रोब के कारण आयोडीन की उपलब्धता मनुष्यों तक नहीं हो पाती।
3. माइक्रोब ऐसे पदार्थों को जन्म देते हैं जिनके कारण गलग्रन्थि द्वारा आयोडीन का अवशोषण नहीं हो पाता है।

वर्तमान समय में किए गए परिक्षणों से यह पता चला है कि आयोडीन की उपलब्धिता अनेकों वातावरणीय कारकों पर निर्भर करती है इनमें से मुख्य हैं–

1. कठोर जल की प्राप्ति।
2. जल में अधिक कैल्शियम, फ्लोराइड, सोडियम, पोटैशियम तथा आयरन की उपस्थिति।
3. अधिक वर्षा का होना।
4. कृषि कार्यों में आधुनिकतम् विधियों का उपयोग।

घेंघा रोग के नियंत्रण के लिए अनेक वर्षों से भारत देश में यूनीसेफ के सहयोग से आयोडाइज्ड नमक के उपयोग पर बल दिया जा रहा है। कई जनपदों में साधारण नमक के उपयोग एवं बिक्री पर रोक लगा दी गयी है। इस संदर्भ में यह उल्लेख करना उचित होगा कि आयोडीन के दो प्रमुख लवण प्राप्त हैं जिन्हें पोटेशियम आयोडाइड तथा पोटेशियम आयोडेट के नाम से जाना जाता है। रासायनिक गुणों के आधार पर पोटेशियम आयोडेट विष गुण वाला है। इस जानकारी के बाद भी भारत देश में नमक में पोटेशियम आयोडेट मिलाकर आयोडाइज्ड नमक के नाम से संबोधित किया जाता है जो अपने आप में भ्रामक तथा सत्य से परे हैं। इसे पोटेशियम आयोडेटेड नमक कहना उचित होगा। इसके अतिरिक्त यह भी बताना आवश्यक होगा कि पोटेशियम आयोडेट को विदेशों से आयात करना पड़ता है। आयोडाइज्ड नमक के उपयोग से कई प्रकार के मतभेद उत्पन्न हुए हैं। अधिकांश सर्वेक्षणो से यह पता चलता है कि घेंघा रोग से प्रभावित क्षेत्रों में अनेकों वर्षों तक आयोडीन युक्त नमक की उपलब्ध कराने के बाद भी वहाँ पर घेंघा रोग नियंत्रित नहीं हो सका, इसके विपरीत रोग बढ़ता ही गया। देश में वैज्ञानिकों, चिकित्सकों, आहारविदों, वैद्यों तथा समाजसेवी संगठनों ने आयोडीन युक्त नमक के अनिवार्य उपयोग का विरोध किया है। उसका मानना है कि शरीर को आयोडीन की प्राप्ति साधारण समुद्री नमक, दूध, फल, सब्जी, माँस से प्राप्त हो जाती है और यह भी ध्यान देने योग्य बात है कि जहां स्वास्थ्य के लिए आयोडीन की कमी हानिकर है वही आवश्यकता से अधिक आयोडीन की मात्रा घातक सिद्ध होगी। इसके अतिरिक्त पोटेशियम आयोडेट के उपयोग पर रोक लगाई जानी चाहिए तथा आयोडीन युक्त नमक के पैकेट में आयोडीन की उपस्थित मात्रा का उल्लेख अवश्य होना चाहिए, जिसके बाद ही उसे उपयोग में लाना उचित होगा।

वैज्ञानिक तथ्यों के आधार पर यह भी उल्लेखित किया जाना उचित होगा कि आयोडीन की कमी वाले क्षेत्रों में जन–जागरुकता अभियान द्वारा ऐसे भोज्य पदार्थों

के उपयोग पर बल दिया जाए जिनसे आयोडीन की प्राप्ति होती है। जैसे सिंघाड़ा, करमुआ का साग तथा कवलगट्टा आदि बायोटेक्नालाजी के आधार पर ऐसे खाद्य पदार्थों की उपलब्धता अधिक मात्रा तथा अधिक समय तक की जा सकती है। इसके अतिरिक्त यह भी प्रस्तावित है कि यदि जिंक तथा सल्फर विहीन मृदा को इन तत्त्वों से युक्त कर उनके द्वारा भोज्य पदार्थों से आयोडीन प्राप्त किया जा सकता है। इसके साथ-साथ यह भी उचित होगा कि जल को प्रदूषित होने से बचाया जाएँ।

भारत सरकार ने इस समस्या की गंभीरता को देखते हुए आयोडीन वितरण की कई योजनाएँ बनाई हैं। उदाहरण के रूप में आयोडीनयुक्त तेल का वितरण, सोडियम आयोडाइड व पोटेशियम आयोडाइड युक्त गोलियों का वितरण, छोटे बच्चों के लेमन-चूस में आयोडीन युक्त यौगिक मिलाकर वितरण, आयोडीन युक्त डबल रोटी का वितरण तथा पेयजल में आयोडीन का मिश्रण।

शरीर में आयोडीन की आवश्यकता की पूर्ति सब्जियों, फल, दूध, दही व मछली से पूरी होती रहती है। इसके अतिरिक्त समुद्री नमक में भी आयोडीन उपस्थित रहता है। इसी कारण दक्षिण भारत में तथा तट के नजदीक प्रान्तों में केवल गरीब लोग घेंघा रोग से पीड़ित हैं। इसके अतिरिक्त पहाड़ी क्षेत्र और तराई के कुछ इलाकों में घेंघा रोग से प्रभावित लोग अधिक पाये जाते हैं।

6.13 जल में फ्लोराइड की अधिकता से होने वाले रोग

शरीर को स्वस्थ बनाने में वायु के बाद जल को ही माना गया है। हमारे शरीर के लिए जल तभी लाभकारी सिद्ध होगा जब वह शुद्ध होगा। रासायनिक दृष्टिकोण से पीने योग्य जल में तीन चीजों का महत्त्व अधिक होता है। ये हैं घुलनशील ठोस, फ्लोराइड तथा नाइट्रेट। जब जल में इनकी सान्द्रता अधिक बढ़ जाती है तब यह जल अनेकों रोगों को उत्पन्न करने में सक्षम माना जाता है। इन तीन तत्त्वों में फ्लोराइड का विशेष महत्त्व है। जल में फ्लोराइड की अधिकता से फ्लोराइड जनित रोग जिसे फ्लोरोसिस के नाम से जाना जाता है कि समस्या विकराल रूप धारण कर लेती है।

फ्लोराइड एक अति सक्रिय अधातु तत्व है जो प्राकृतिक अवस्था में स्वतंत्र रूप में नहीं पाया जाता है। यह यौगिक अवस्था में कार्बनिक तथा अकार्बनिक पदार्थों के साथ पाया जाता है। फ्लोराइड की मात्रा जल, वायु, रेत चट्टानों, पौधों तथा जानवरों में अलग-अलग मात्रा में पाया जाता है। प्रकृति में फ्लोराइड अयस्क के रूप में फ्लोरस्पार, क्रायोलाइट तथा फ्लोरा, एपाटाइट में उपस्थित रहता है जो

सामान्यतया जल में अघुलनशील होते हैं, परंतु भूगर्भीय परिस्थितियों के कारण अयस्कों के फ्लोराइड की कुछ मात्रा पानी में घुलनशील होती है। इस कारण सतही जल में फ्लोराइड की मात्रा 0.3 मिलीग्राम प्रति लीटर पायी गयी है। सतही जल की अपेक्षा समुद्री जल में फ्लोराइड के मात्रा 1.35 मिलीग्राम प्रति लीटर तक पायी गयी है। शरीर में वांछित फ्लोराइड की मात्रा का 60 प्रतिशत भाग जल के माध्यम ही से प्राप्त होता है। इसके अतिरिक्त शरीर में फ्लोराइड की कुछ मात्रा की प्राप्ति पनीर, चाय, तम्बाकू, सुपारी, फ्लोराइड युक्त टूथपेस्ट, माउथवाश, कुछ विशेष प्रकार की मछलियों तथा औद्योगिक प्रदूषण द्वारा होती है।

अल्प मात्रा में फ्लोराइड की उपस्थिति शरीर के विभिन्न कार्यों के लिए आवश्यक मानी गयी है। इसकी अल्प मात्रा दाँतों के एनिमल बनाने में काम आते हैं तथा इसके साथ-साथ यह दाँतों को सड़ने से भी रोकती है। जैसा हम सभी जानते हैं कि भोजनोपरांत भोजन की कुछ मात्रा अवशेष के रूप में मुँह में रह जाती है। ऐसे भोजन के शर्करायुक्त होने से उनके द्वारा प्राप्त कीटाणु दाँतों को क्षतिग्रस्त करने में सहायक होते हैं। ऐसे कीटाणुओं को फ्लोराइड नष्ट कर देता है। दाँतों के अतिरिक्त हड्डियों के भी विकास में फ्लोराइड की अल्प मात्रा आवश्यक होती है। जहाँ एक तरफ फ्लोराइड की अल्प मात्रा शारीरिक विकास के लिए आवश्यक होती है वहीं दूसरी तरफ इसकी अधिक मात्रा शरीर में अनेकों विकृतियाँ उत्पन्न करने में सक्षम पायी जाती हैं।

6.13.1 फ्लोरोसिस

पेयजल में अत्याधिक फ्लोराइड की उपस्थिति टूथपेस्ट तथा फ्लोराइड युक्त सौन्दर्य प्रसाधनों के सेवन से दाँतों में एक प्रकार की बीमारी हो जाती है जिसे दन्त फ्लोरोसिस के नाम से जाना जाता है। इस बीमारी के कारण दाँतों की सफेद चमक के स्थान पर पीले, भूरे एवं काले रंग के हो जाते हैं। इस प्रकार का रंग परिवर्तन मसूड़ों से दूर एनेमल की सतह पर होने के कारण इसे दूर नहीं किया जा सकता है। इस प्रकार के रंग बदलाव होने का कारण यह है कि दाँतों का कैल्शियम फ्लोराइड से संयोग कर फ्लोरोएपाटाइट बनाता है जिसके फलस्वरूप अधिक समय के बाद दाँत सड़कर गिरने लगते हैं। देश के विभिन्न 15 राज्यों के, 150 जिलों के लगभग 2.50 करोड़ व्यक्ति फ्लोरोसिस रोग से ग्रस्त हैं। विश्व के कई देशों में फ्लोरोसिस से लाखों लोग प्रभावित हो चुके हैं।

6.13.2 अन्य प्रभाव

शरीर में जल द्वारा अधिक मात्रा में फ्लोराइड के प्रविष्ट करने से शरीर की हड्डियों की भंगुरता तथा भुरभुरापन बढ़ जाता है। शरीर के जोड़ों पर कैल्शियम फ्लोरोएपेटाइट की तह के जम जाने से वे सख्त हो जाते हैं जिसके कारण उठने-बैठने में कठिनाई महसूस होती है। जोड़ों के सख्त हो जाने से गर्दन घुमाने तथा चलने फिरने में असुविधा होती है। अधिक फ्लोराइड युक्त पदार्थों के सेवन से मनुष्यों में कुबड़ापन तथा विकलांगता भी पायी जाती है।

फ्लोराइड की अधिक मात्रा गर्भवती स्त्रियों को भी प्रभावित करती हैं। ऐसी माताओं के भ्रूणों को नष्ट कर देता है जो स्तनपान के दौरान फ्लोराइड के अधिक मात्रा वाले जल या भोजन का सेवन करती है।

रक्तवाहिकाओं में कैल्शियम के एकत्रित होने के कारण शिशुओं की मृत्यु तक हो जाती है। ऐसा भी पाया गया है कि फ्लोराइड की अधिक मात्रा होने से मनुष्यों की पौरुष शक्ति या स्त्रियों की प्रजनन शक्ति में कमी आ जाती है। यही नहीं फ्लोराइड की अधिकता से शरीर में घबराहट, उदासीनता तथा अधिक पेशाब की आशंका बढ़ जाती है। कभी-कभी पेट में अधिक दर्द, अतिसार, कब्ज, गैस बनाना तथा सिर दर्द, लकवा, रक्त-चाप तथा हृदय रोग हो जाते हैं।

6.13.3 फ्लोरोसिस का नियंत्रण

फ्लोरोसिस के दुष्प्रभावों को दूर करने के लिए विटामिन-सी का प्रयोग किया जाता है। भारत सरकार ने फ्लोरोसिस की समस्या के लिए राष्ट्रीय तकनीकी मिशन के अन्तर्गत एक फ्लोरोसिस नियंत्रण नामक उपमिशन की स्थापना की है। इस हेतु जो प्रक्रिया अपनाई जाती है जिसे डिफ्लोरिडेशन के नाम से जाना जाता है। इस प्रक्रिया में द्रुतगति से पानी में चूना, फिटकरी तथा ब्लीचिंग पाउडर मिलाया जाता है। इस प्रक्रिया के परिणामस्वरूप सतही जल को निथार कर पीने या भोजन बनाने योग्य काम में लाया जाता है। रासायनिक अभिक्रिया के फलस्वरूप फिटकरी को अधिक फ्लोराइड युक्त जल को मिलाने से बहुएल्यूमिनियम हाइड्राक्साइड तथा बहुएल्यूमिनियम ट्राई फ्लोराइड का अवक्षेप प्राप्त होता है। इस प्रकार से प्राप्त जल में चूने का घोल मिलाने से जल फ्लोराइड विहीन हो जाता है।

7

समुद्रीय प्रदूषण

समुद्र, पृथ्वी की अपेक्षा अधिक विचित्रमय तथा रहस्यमय है। इसमें जीवों की इतनी अधिकता है कि इनकी कल्पना करना भी कठिन है। समुद्र में सूक्ष्म जीव जैसे–बैक्टीरिया से लेकर 30 मीटर लम्बे और 135 टन से भी भारी जीव पाये जाते हैं। कुछ जीव ऐसे भी हैं जो सदैव तली में ही चिपके रहते हैं तो कुछ ऐसे हैं जो सदा तैरते ही रहते हैं, कुछ कभी भी सागर से बाहर नहीं निकलते हैं तथा कुछ को थोड़े–थोड़े समय के बाद साँस लेने के लिए वायु में आना पड़ता है। समुद्र में ऐसे फाइलम के जीव भी हैं जो थल पर पाये नहीं जाते हैं। जीवन के लिए समुद्र पृथ्वी से कहीं अधिक बेहतर माना जाता है क्योंकि यहाँ ताप में उतना परिवर्तन नहीं है, पानी की कमी नहीं है तथा आक्सीजन और कार्बन डाइआक्साइड पर्याप्त मात्रा में उपलब्ध हैं।

समुद्र में जीवन के दो महत्वपूर्ण लक्ष्य हैं। पहला तो यह कि अधिक तेजी से वंश की वृद्धि तथा दूसरा बड़े जीवों द्वारा छोटे जीवों का निर्ममता से भक्षण। यह भी सत्य है कि सागर के छोटे जीव इतनी तेजी से और इतनी अधिक संख्या में वंश में वृद्धि करते हैं कि यदि बड़े जीव उन्हें अत्यन्त निर्ममता से न खाये तो कुछ वर्षों में एक ही जाति के जीवों के वंशजों से सब सागर भर जाएगा।

समुद्र में कोई भी ऐसी जगह नहीं होती है जहाँ जीवन न हो। समुद्री जीवों को मुख्य रूप से तीन भागों में बाँटा जा सकता है। ये निम्नलिखित हैं:–

1. सतह के प्रवाहित क्षेत्रों में रहने वाले जीव जो प्राय: सूक्ष्म होते हैं।
2. तटों के निकट की उथली तली के जीव।
3. तट से दूर खुले, गहरे सागर के जीव।

समुद्र के सभी जीव प्रत्यक्ष या अप्रत्यक्ष रूप से केवल पौधों पर ही निर्भर होते हैं क्योंकि पौधे ही सौर ऊर्जा का उपयोग करने में सक्षम होते हैं। लगभग 99 प्रतिशत से भी अधिक समुद्री पौधे अत्यन्त सूक्ष्मधारी होते हैं। ये पौधे उस वर्ग के जीव है जिसे प्लांकटन कहते हैं। प्लांकटनों में पौधे तथा जीव दोनों सम्मिलित हैं। ये एक कोशिय जीव हैं और अपने से उच्च वर्ग के प्राणियों का भोजन बनते हैं। प्लांकटन अनेक किस्मों के होते हैं और हर किस्म के प्लांकटन एक विशेष ताप और लवणता वाले पानी में ही जीवित रह सकते हैं। पानी के ताप या लवणता में थोड़ा-सा भी अन्तर हो जाने पर उनकी मृत्यु हो जाती है।

समुद्र का दूसरा क्षेत्र जहाँ जीवन सर्वदा फलता-फूलता है वह है तटों के निकट का उथला भाग। यहाँ पर सूर्य का प्रकाश अधिक मात्रा में उपस्थित रहता है। उथले सागरों की तली पर भोजन इतनी प्रचुरता से उपलब्ध रहता है कि जीवों को अपना मुँह केवल खोलना पड़ता है। जीवों की संख्या बहुत ही अधिक होती है एक किलोमीटर क्षेत्र में एक ही प्रजाति के अरबों-खरबों जीव पाये जाते हैं इनमें जीवों की लाखों प्रजातियाँ भी पायी जाती हैं। इस क्षेत्र में सीपियाँ मसल, तारा मछली, कीड़े, केकड़े, झींगे, लोबस्टर, छोटी मछलियाँ, आक्टोपस आदि न जाने कितने जीव तथा प्रजातियाँ निवास करती है।

लगभग असंख्य किस्मों के जीवों का निवास स्थान होने के बाद भी सागर वास्तव में मछलियों का घर है। समुद्र में कुल ज्ञात मछलियों की प्रजातियाँ 20 हजार से अधिक हैं। वायु की तुलना में पानी लगभग 800 गुना अधिक सघन होता है इसलिए प्रकृति ने मछली को ऐसी आकृति प्रदान की है जो पानी को चीरने के लिए उपयुक्त है। इस कारण विभिन्न मछलियाँ विभिन्न रीति से तैरती हैं। सैलफिश की गति 80 कि.मी. प्रति घन्टा तथा ट्यूना की गति 15 कि.मी. प्रति घन्टा है।

महासागर विश्व की आक्सीजन आपूर्ति का 70 प्रतिशत सृजित करता है मानव की क्षुधा पूर्ति एवं मछलियों तथा अन्य जल जीवों के भोजन के प्रधान स्रोत हैं। इसके साथ ही साथ ये उपयुक्त शरण स्थली भी प्रमाणित हो रहे हैं।

भारत देश के शहरी कचरे से प्रदूषण तो होता ही है, समुद्र के एकदम किनारे स्थापित उद्योग बिना उपचारित किए अपना कचरा सीधे समुद्र में डाल देते हैं। चेन्नई के पास मनाली औद्योगिक क्षेत्र के कुछ उद्योग अनेक वर्षों से कचरा समुद्र में डालते हैं। बिजलीघर से निकला कूलिंगवाटर और कोयले की राख के कचरे के कारण समुद्र का नीला पानी दूर-दूर तक राख के रंग का हो जाता है। मुंबई, कोचीन, विशाखापत्तनम और मंगलोर के कई उद्योगों की भी यही स्थिति है।

कर्नाटक में समुद्र के किनारे स्थित उद्योगों से तीन लाख घनमीटर कचरा प्रतिदिन समुद्र में डाला जाता है। केरल में समुद्र तट से 5 किलोमीटर पहले तमाम बड़ी मिलों का कचरा परियार नदी में डाला जाता है जो अंततः समुद्र ही में गिरता है। इन मिलों के कचरे में रेडियो सक्रिय पदार्थ, भारी धातुओं, हानिकारक रसायनों और पोषक तत्व की भरमार होती है जिनसे समुद्र तट लगातार प्रदूषित हो रहा है। तमिलनाडू और पांडिचेरी के 1050 किलोमीटर लम्बे समुद्र तट पर प्रदूषण फैलाने में रसायन, उर्वरक, कागज, सीमेंट, चीनी, धातु और दवाओं के अनेक कारखाने स्थापित हैं।

तालिका 7.1 : तटवर्तीय क्षेत्रों में औद्योगिक एवं सीवेज का प्रभाव

क्र.सं.	राज्य/तटवर्तीय	औद्योगिक रिसाब (एम.एल.डी.)
1.	गुजरात	566
2.	महाराष्ट्र	80
3.	गोवा	12
4.	कर्नाटक	43
5.	केरला	151
6.	तमिलनाडू	378
7.	पांडेचरी	6
8.	आन्ध्र प्रदेश	2466*
9.	उड़ीसा	1
10.	वेस्ट बंगाल	22
	कुल	3725

स्रोत : केन्द्रीय प्रदूषण नियंत्रण बोर्ड।

शहरी और औद्योगिक कचरे के अतिरिक्त समुद्र को प्रदूषित करने में नौसैनिक अड्डे, बन्दरगाह, खनन, पर्यटन, जलपोत निर्माण एवं मरम्मत केन्द्र तथा बढ़ती जनसंख्या का भी विशेष योगदान है। मुंबई में बढ़ती जनसंख्या से उत्पन्न आवास की समस्या को हल करने के लिए एक बड़े क्षेत्र में ठोस कचरे से समुद्र का किनारा भरकर वहाँ इमारतें खड़ी की गई हैं। इससे भी प्रदूषण का स्तर लगातार बढ़ता जा रहा है। गोवा और केरल में खनन और पर्यटन ने सागर तट को प्रदूषित करने में योगदान दिया है। समुद्र तट पर बने बड़े होटलों का ढ़ेर, सारा ठोस कचरा और गंदा पानी सीधे समुद्र में मिलता है।

बढ़ते शहरीकरण, उद्योग धंधे, भूअपरदन, औद्योगिक कचरा, मलमूत्र, कीटनाशक दवाओं एवं उर्वरकों का कृषि क्षेत्रों में विक्षेपण, फासिल ईंधन का कचरा एवं अपशिष्ट पदार्थ तथा अन्य पदार्थ भूधरातलीय अपशिष्ट, प्रदूषित मलबा आदि सागरों में छोड़े जा रहे हैं। इस कारण समुद्र की विशुद्धता में ह्रास आ रहा है।

संयुक्त राज्य अमेरिका के मछुआरे 1.36 हजार टन प्लास्टिक जाल एवं मत्स्य उपकरण खोते रहते हैं जिससे सामुद्रिक जीवों को भयंकर खतरे का सामना करना पड़ता है। विश्व में 18 मार्च, 1967 से सामुद्रिक प्रदूषण को गम्भीरता से महसूस किया। जब ग्रेट ब्रिटेन के दक्षिणी-पश्चिमी तट पर मालवाहक जहाज ने 1,17,000 टन अपरिष्कृत तेल बिखेर दिया तथा 60,000 टन खनिज तेल समीपवर्ती समुद्र में आप्लावित कर दिया। परिणामस्वरूप असंख्य मछलियाँ तथा सामुद्रिक जीव, मृत्यु की गोद में आ गये। इसी तरह का कार्य संयुक्त राज्य अमेरिका में तेल के सागर में फैलाव से हुआ जिससे प्रशांत सागर में 1000 गैलन प्रति घन्टे की दर से अपरिष्कृत तेलों का फैलाव हुआ और समुद्र तट भयंकर रूप से क्षतिग्रस्त हो गया। विगत वर्षों में ईराक ने जब कुवैत को अनधिकृत रूप से अधीनस्थ किया था उस समय सद्दाम हुसैन ने प्रतिक्रिया के रूप में कुवैत के तेल कुँओं से खनिज तेल निकालकर अरब सागर में अप्लावित कर दिया जिससे समुद्री प्रदूषण की स्थिति अधिक चिंताजनक हो गयी।

आज इस अमूल्य सागर को कूड़े-कचरे फेंकने के लिए प्रयोग किया जाने लगा है। जनसंख्या के बढ़ने से पृथ्वी पर बोझ बढ़ गया है। जिससे लोग समुद्र को एक बड़ी खाली जगह मानकर इसका प्रयोग कूड़ा फेंकने के लिए कर रहे हैं। ज्ञातव्य है कि समुद्र के ज़ीव जन्तुओं की इकोलाजिक यूनिट को समुद्री समुदाय कहा जाता है। ये अवयव अधिक फाइटोप्लांकटन जैसी छोटी-छोटी वनस्पति का अपने भोजन के रूप में प्रयोग करते हैं। ये वनस्पति जल की सतह पर पहुँचने वाले सूर्य के प्रकाश में बहुतायत से बढ़ती रहती है और अनेक समुद्री जीवों के लिए चारे का काम करती है। वास्तविकता तो यह है कि यदि फाइटोप्लांकटन समुद्र में न हो तो समुद्र में पाया जाने वाला कोई भी जीव जीवित नहीं रह सकता। इस समुद्रीय वनस्पति के उत्पादन की मात्रा जमीन पर पैदा होने वाली वनस्पति की मात्रा से कहीं अधिक है।

समुद्र में प्रदूषकों के जाने से न केवल समुद्री परिस्थितिकी प्रभावित होती है बल्कि समुद्र के पानी के घुलनशील आक्सीजन की मात्रा भी घटती जाती है जिससे खाद्य श्रृंखला में असंतुलन पैदा होता है।

समुद्री प्रदूषण के अनेकों कारण हैं परन्तु तेल तथा हाइड्रोकार्बन से होने वाले प्रदूषण ने अधिक ध्यान आकर्षित किया है। जबसे समुद्री जहाजों में कोयले के बायलर के स्थान पर तेल बायलरों का प्रयोग होने लगा है तबसे इन जहाजों में तेल की खपत काफी बढ़ गयी है। अध्ययनों से ज्ञात हो सका है कि जलपोत परिवहन और आफशोर ड्रिलिंग के कारण बीस लाख टन से ज्यादा तेल समुद्र में गिर जाता है। वैसे तो यह तेल प्रत्यक्ष या अप्रत्यक्ष रूप से हानि तो पहुँचाता ही है सबसे ज्यादा समुद्री चिड़ियों के लिए आत्मघाती सिद्ध होता है।

सबसे पहले समुद्र में तेल प्रदूषण का सामना लोगों को 1967 में करना पड़ा जब 1,20,000 मैट्रिक टन तेल ले जा रहा ''टोरी कैम्पन'' नामक सुपर टैंकर इंग्लैण्ड के समुद्री तट पर उलट गया इससे सारा तेल समुद्र तल के ऊपर फैल गया जिससे 7000 समुद्री चिड़ियाँ प्रभावित हुईं। इस दुर्घटना पर काबू पाने के लिए सचल नेवी संस्था के हवाई जहाजों के माध्यम से विस्फोटक रसायन भारी मात्रा में डाला गया ताकि जहाज को तोड़ा जा सके एवं तेल को जला दिया जाए। समुद्री तट पर फैले हुए तेल पर काबू पाने के लिए हजारों टन डिटर्जेन्ट डाले गये, परन्तु दोनों उपाय इस दुर्घटना से ज्यादा घातक सिद्ध हुए। विस्फोटक रसायन के प्रयोग से वायु प्रदूषण की समस्या उत्पन्न हो गयी जो काबू के बाहर थी। तेल से तो समुद्री चिड़ियाँ ही प्रभावित हुई थीं। परन्तु डिटर्जेन्ट के प्रयोग से वनस्पति और समुद्र के सभी जीव-जन्तुओं को भी भारी नुकसान उठाना पड़ा।

वर्ष 1980 में सांताबारबरा, कैलीफोर्निया के तट पर एक आफशोर तेल कुआँ फट गया जिससे वहाँ के तट पर कच्चा तेल बिखर गया। पानी के ऊपर फैले हुए तेल ने न केवल समुद्री जल में घुलनशील आक्सीजन को समाप्त कर डाला बल्कि वायुमण्डल आक्सीजन को जल में घुलने से रोका। इससे मछली तथा अन्य समुद्री जीवों को भारी नुकसान हुआ। कुछ वर्ष पूर्व हुए खाड़ी के युद्ध में समुद्रीय तेल प्रदूषण का विभत्स रूप देखने को मिला।

इन सबके अतिरिक्त पोत यातायात के कारण प्रदूषण की समस्या सारे विश्व में बनी हुई है। यातायात के दौरान गिरने वाले तेल की मात्रा का सही अनुमान तो कभी नहीं लगाया जा सकता है। परन्तु तेल की टैंकर में लोडिंग-अनलोडिंग में औसतन एक मैट्रिक टन तेल प्रति जहाज का नुकसान होता है। जिस प्रकार विश्व में तेल की माँग बढ़ती जा रही है उसके आधार पर यह कहा जा सकता है कि समुद्र में तेल गिरने की मात्रा में 10 प्रतिशत प्रतिवर्ष की दर से वृद्धि होगी। पोत यातायात और तेल को पोत पर चढ़ाने और उतारने के अलावा तेल प्रदूषण का दूसरा बड़ा

कारण है समुद्र तट के पास से तेल निकालना (आफशोर ड्रिलिंग)। पिछले कुछ दशकों में समुद्री तट के पास तेल निकालने की यानी आयल एक्सप्लोरेसन में लोगों का झुकाव बढ़ा है और भारी संख्या में तेल कूप इन क्षेत्रों में खोदे जा रहे हैं।

तेल के अलावा समुद्री प्रदुषण का दूसरा मुख्य कारण है हाइड्रोकार्बन जो लोगों तथा खेत खलिहानों के प्रदूषित जल के समुद्र में मिलने से होता है। अनुमानित है कि प्रति वर्ष करीब 20 हजार टन हाइड्रोकार्बन समुद्र में जा मिलता है।

समुद्री प्रदूषण का एक अन्य कारण है समुद्र में नाभिकीय परीक्षण और रेडियोधर्मी अवशेषों को समुद्र में छोड़ना। इस कारण समुद्री जीवों को स्थायी हानि होती है।

पारे के कारण समुद्र में प्रदूषण होता है और सम्भवत: यह सभी प्रकार के प्रदूषण में सबसे ज्यादा हानिकारक हैं। साठ के दशक में जापान के मिमागेटा स्थान पर पारे द्वारा प्रदूषित मछली खाने से सैकड़ों व्यक्तियों की मृत्यु हो गयी थी। इसी प्रकार कास्टिक सोडा की फैक्टरी से बिना उपचारित किया हुआ जल समुद्र में डाला जाता रहा है। इस प्रदूषण की मात्रा का अनुमान इससे लगाया जा सकता है कि हर वर्ष समुद्र में 4000 से 5000 टन पारा जा मिलता है जो विश्व के उत्पादित पारे की सम्पूर्ण मात्रा का आधा है। कास्टिक सोडे की फैक्टीरियों ने ऐसी विधि को अपनाना प्रारम्भ किया है जिससे पारे का प्रयोग न हो। यह प्रक्रिया मेम्बरेनफिल्टरप्रोसेस तथा डायफ्राम विधि कहलाती है, इससे पारे का समुद्री प्रदूषण कम होगा।

समुद्री तटों पर पावर हाऊस के कारण समुद्र में तापीय (थर्मल) प्रदूषण का खतरा बन जाता है। इससे जल का तापमान बढ़ जाता है जिससे घुलनशील आक्सीजन की मात्रा में कमी आ जाती है और इस तरह जल का तापमान बढ़ने के कारण समुद्री जीव के लिए खतरा बढ़ गया है।

8
नदियों में प्रदूषण

ज्ञातव्य है कि विश्व की सभी बस्तियाँ नदियों के तट पर ही विकसित हुई हैं। सिंधु घाटी सभ्यता, दजला तथा फरात की सभ्यता, नील नदी की सभ्यता आदि इस बात के साक्षी है कि नदियों के तट पर ही मानव सभ्यताएँ फली एवं उनका विकास भी हुआ। हमारे पूर्वजों ने अनादिकाल से ही नदियों को पूज्य माना था। यही नहीं इसकी स्वच्छता और पवित्रता को बनाये रखना भी धर्म के अंतर्गत रखा जाता था। नदियों को प्रदूषित करना बुरी बात मानी जाती थी और इसे धर्म के नाम पर पाप कहा जाता था।

प्राचीन काल से ही नदियाँ मानव जाति का सहारा रही हैं। हमारे वेदों एवं शास्त्रों में जल को अमृत बताया गया है यह भी बताया गया है कि जल ही जीवन है। हमारे देश में नदियों का जाल बिछा हुआ है। भारत देश में 113 स्वतंत्र और हजारों की संख्या में सहायक नदियाँ हैं। इन नदियों के किनारे पर बड़े-बड़े शहर बसे हैं। विभिन्न पर्व-त्योहारों पर नदियों में स्नान करने की परम्परा हमारे देश की विशेषता है। आज भी नदियों को आदर और श्रद्धा की दृष्टि से देखा जाता है। दुर्भाग्यवश बढ़ते शहरीकरण, उद्योग-धन्धे,भू-अपदरन, नदी तट पर कृषि का विस्तार और नदियों में पानी की कमी के कारण अधिकतर नदियाँ अपने किसी न किसी भाग में प्रदूषित होती जा रही हैं।

8.1 भारत देश की प्रमुख नदियाँ

भारत देश में नदियों के बेसिन का कुल क्षेत्रफल 3 मिलियन वर्ग किलोमिटर है जबकि भारत का कुल क्षेत्रफल 3.28 मिलियन वर्ग किलोमिटर है। इस देश में वर्षा द्वारा 400 मिलियन हेक्टेयर मीटर पानी प्राप्त होता है जिसमें से 215 मिलियन

हेक्टेयर मीटर पानी भूमिगत जल में परिवर्तित हो जाता है जबकि 70 मिलियन हेक्टेयर मीटर पानी वाष्पीकृत हो जाता है।

देश की प्रमुख नदियों को निम्नलिखित सारणी में अंकित किया जा रहा है:-

सारणी 8.1 : देश की प्रमुख नदियाँ

	नदियाँ	लम्बाई (कि.मी.)	उद्गम	गंतव्य
1.	गंगा	2525	गंगोत्री, उत्तरकाशी (उत्तराखण्ड)	बंगाल की खाड़ी
2.	सिंधु	1270	मानसरोवर के पास की झील	अरब सागर
3.	गोदावरी	1465	नासिक, महाराष्ट्र	बंगाल की खाड़ी
4.	कृष्णा	1400	महाबलेश्वर, महाराष्ट्र	बंगाल की खाड़ी
5.	ब्रह्मपुत्र	720	कैलाश पर्वत श्रृंखला	बंगाल की खाड़ी
6.	महानदी	857	रायपुर, छत्तीसगढ़	बंगाल की खाड़ी
7.	नर्मदा	1312	अमर कटक, मध्य प्रदेश	अरब सागर
8.	कावेरी	800	कुर्ग, कर्नाटक	बंगाल की खाड़ी
9.	तापी	724	बतूल, मध्य प्रदेश	खमवात की खाड़ी
10.	पेन्नार	597	चेन्ना केशव पहाड़िया, कर्नाटक	बंगाल की खाड़ी
11.	ब्राह्मणी	800	रांची, झारखण्ड	बंगाल की खाड़ी
12.	माही	533	एतभाम, मध्य प्रदेश	खमवात की खाड़ी
13.	साबरमती	300	अरावली पहाड़ियाँ	खमवात की खाड़ी

भारत की जिन नदियों में कभी निर्मल जल धाराएँ बहती थीं, आज वहाँ दुर्गन्ध उठती हैं। कई शहरों की नदियों का जल पीने लायक नहीं रह गया है। इस प्रकार की समस्या कलकत्ता, दिल्ली, मुबंई, चेन्नई, कानपुर, लखनऊ तक ही नहीं है बल्कि सैकड़ों नगर जल प्रदूषण की चपेट में आ गए हैं। दशा इतनी खराब हो चुकी है कि जो नदियाँ देश में महत्त्वपूर्ण स्थान रखती हैं, आज उनका ही जीवन संकटमय हो गया है। क्या विडंबना है कि भागीरथ ने अपने पूर्वजों का उद्धार करने के लिये गंगा को पृथ्वी पर उतारकर न जाने कितना उपकार हमारे लिये किया। परन्तु दुर्भाग्य की बात यह है कि आज उसी गंगा को हम अपवित्र करते जा रहे हैं। इस बात से इन्कार नहीं किया जा सकता है कि जीवन का पर्याय समझा जाने वाला अमृत तुल्य जल प्रकृति की वह अमूल्य देन है जिसके बिना जीवन सम्भव नहीं है।

औद्योगिक क्षेत्रों वाले नगरों के किनारे से बहने वाली नदियों की हालत तो और भी दयनीय होती जा रही है। इन नदियों का स्वरूप गंदे नाले के रूप में परिवर्तित होता जा रहा है। बम्बई के सैकड़ों औद्योगिक इकाइयों में मात्र 50 इकाइयों से प्रति वर्ष 11 हजार किलो कापर, 7 हजार किलो सीसा (लेड), 4 लाख किलो जिंक, 7 हजार किलो पारा और 5 सौ किलो क्रोमियम धातु सहित पानी के उल्हास नदी में गिरने से उस नदी के जल प्रदूषण की स्थिति से सरलता से अनुमान लगाया जा सकता है। इसी प्रकार राजस्थान के बेड़चु नदी, मध्य प्रदेश की खारून नदी और उड़ीसा की ईव नदी में उद्योगों के कचरों द्वारा इतना प्रदूषित हो चुकी है कि उसका अनुमान लगाना कठिन हो गया है। भारत की सर्वाधिक प्रदूषित नदी झारखण्ड की दामोदर नदी का स्थान माना जाता है। दामोदर नदी में उर्वरक कारखानों से उत्सर्जित लगभग 40 लाख गैलन पानी तथा बोकारों इस्पात कारखाने की राख, वायु में कार्बन के कण आदि प्रदूषण उत्पन्न करने के लिये प्रमुख रूप से उत्तरदायी हैं। उर्वरक कारखाने के कचरे में क्रोमेट, अमोनिया, क्षारीय तत्व, साइनाइड, पैथेलीन तथा फिनाल की अधिकता के कारण नदी के जल का प्रदूषण गम्भीर रूप लेता जा रहा है।

चेन्नई से प्रतिदिन 2 करोड़ गैलन गंदा पानी आसपास की नदियों में गिरता है। इसमें कुअभ तथा आदभर नदियों के साथ-साथ बकिंघम नहर में इतनी अधिक कीचड़ की मात्रा बढ़ जाती है कि जल में मछलियाँ तथा अन्य जलीय जीव-जन्तु नष्ट होते जा रहे हैं। इसकी गंदगी इस स्तर की हो गयी है कि प्रदूषित जल में विशेष प्रजाति क्यूलेक्स मच्छर की वृद्धि तेजी से होती जा रही है। तमिलनाडू के कावेरी नदी में तटवर्ती कारखानों से निकलने वाले अपशिष्ट पदार्थ के कारण इस नदी का जल प्रदूषित हो गया है। कावेरी में चमड़े के कारखानों के व्यर्थ पदार्थों के मिलने के कारण इस नदी का जल क्षारीय होता जा रहा है। मैसूर के भद्रा नदी में इस्पात तथा कागज कारखानों के अपशिष्ट पदार्थों से नदी के जल का प्रदूषण स्तर बढ़ गया है। गुजरात के माही नदी में 160 कारखानों के कचरे समाहित होते हैं और इसी प्रकार इन्दौर के व्यास नदी का प्रदूषण सूती कपड़ा मिलों द्वारा, नेपा नगर का कागज कारखाना तथा नांलदा रेयन कारखानों से प्राप्त कचरा चम्बल को प्रदूषित करता रहता है।

लखनऊ में स्थित गोमती नदी में 199 लाख गैलन पानी प्रतिदिन कागज और लुग्दी फैक्टरी, शराब तथा मलजल के रूप में डालने से नदी का जल प्रदूषित होता जा रहा है। सिन्द बाँध में कैमिकल इण्डस्ट्री से निकलने वाली क्लोरीन की मात्रा

के अधिक होने के कारण नदी की मछलियाँ मरती जा रही हैं। कलकत्ता में हुगली नदी में कागज लुग्दी, शराब, चमड़ा, पेंट और वार्निश, पेट्रोलियम आयल, कीटनाशक और फफूँदीनाशक प्रदूषकों के कारण प्रदूषण का स्तर बढ़ता जा रहा है।

इसी प्रकार दक्षिण भारत की नदियाँ विभिन्न प्रकार के औद्योगिक कचरे से प्रदूषित होने के कारण समस्या उत्पन्न कर रही है। आन्ध्र प्रदेश की गोदावरी नदी, पेपर मिल के कचरे से प्रदूषित हो रही है। केरल के कालीकट में बलियार नदी में प्रदूषण गम्भीर रूप ले चुका है। तमिलनाडू की कूम नदी आटोमोबाइलस तथा अनेक फैक्ट्रीयों से प्राप्त कचरे के कारण प्रदूषित हो रही हैं।

कुछ विशेष नदियों में प्रदूषण स्थिति का वर्णन है। वैज्ञानिक स्तर के अध्ययनों पर आधारित निम्न प्रकार से है:-

गंगा नदी

गंगा-जमुना की प्रसिद्ध उपजाऊ क्षेत्र भी प्रदूषण से अछूता नहीं रहा। गंगोत्री से वाराणसी तक गंगा के सैकड़ों गंदे नाले गिरते हैं और वाराणसी के घाटों पर हजारों लाशो को जलाया या बहाया जाता है। गंगा उत्तर प्रदेश, बिहार और बंगाल से होकर बहती है। इसके तट पर लगभग 692 छोटे-बड़े शहर बसे हैं। अध्ययनों से पता चलता है कि गंगा नदी का तीन-चौथाई पानी इन नगरों की गंदगी के कारण प्रदूषित हुआ है। प्रदूषण के कारण हुगली नदी की मछलियों की संख्या में 70-80 प्रतिशत तक की कमी आ गयी है।

यमुना नदी

जीवनदायिनी यमुना आज विषैले नाले में परिवर्तित हो चुकी है। इस बात के पुख्ता प्रमाण मिले हैं कि घरेलू और औद्योगिक कचरे के कारण यमुना नदी बीमारियों और विष की वाहक बन चुकी है। दिल्ली की सीमा में बहने वाली यमुना के एक बड़े भाग में जलीय जीव-जंतुओं का अस्तित्व लगभग समाप्त हो चुका है। जीवन के लिये अनिवार्य तत्व आक्सीजन की वांछित मात्रा 5 मिलीग्राम प्रति लीटर या उससे अधिक होनी चाहिए। पर असलियत तो यह है कि निजामुद्दीन तथा ओखला के पास यमुना जल में आक्सीजन की मात्रा शून्य हो गयी है। इस कारण जीव-जन्तु जीवित नहीं हैं। इसके अतिरिक्त पानी में कोलीफार्म की मात्रा 500 तक सुरक्षित मानी जाती है। पर वास्तविकता यह है कि निजामुद्दीन के पास यमुना के जल में कोलीफार्म की मात्रा बढ़कर 23 हजार तथा ओखला के पास 43

हजार तक पहुँच गई है। स्थिति यहाँ तक बिगड़ चुकी है कि पुराने पुल के पास यमुना जल में कोलीफार्म की मात्रा 1 लाख 40 हजार से अधिक तक पहुँच गयी है। इनके अतिरिक्त एक अन्य रासायनिक गुण है जिसके आधार पर जल के प्रदूषण की स्थिति का बोध होता है और वह है जैव रासायनिक आक्सीजन माँग का मान, जैव रासायनिक आक्सीजन माँग की वांछित मान तीन मिलीग्राम प्रतिलीटर या इससे कम होता है, तो जल शुद्ध तथा पेय के योग्य माना जाता है। लेकिन निजामुद्दीन के समीप इसकी माँग बढ़कर 64 ग्राम प्रतिलीटर प्राप्त की गयी। यमुना नदी का सर्वाधिक प्रदूषण दिल्ली के 19 नालों के मिश्रण से प्रदूषित हुआ है।

बेतवा नदी

ऐतिहासिक तथा सांस्कृतिक पहचान बनाने वाली बेतवा नदी वर्तमान में गन्दगी और प्रदूषण की स्थिति से अधिक मानी जाती है। इस नदी के सुन्दर घाट और स्वच्छ तथा निर्मल धाराओं ने कालिदास तथा बाणभट्ट के अतिरिक्त नागार्जुन और आधुनिक भारतीय साहित्य को वरीयता दी है। वही आज औद्योगिक प्रदूषण तथा गंदे नालों के विसर्जन स्थल बनता जा रहा है। पूरे विदिशा नगर की गंदगी बेतवा नदी में ही समाहित हो रही है।

8.2 नदियों के प्रदूषित होने के प्रमुख कारण

जल स्तर में कमी

विभिन्न नदियों के प्रदूषित होने का मुख्य कारण औद्योगिक अपशिष्ट पदार्थ ही नहीं है क्योंकि इस कारण प्रदूषण की मात्रा 20% तक ही सीमित है। वास्तविक रूप से घरेलू तथा नगर महापालिका कचरे से नदी का प्रदूषण 80% तक होता है। इसके अतिरिक्त यह बात भी सत्य से परे नहीं है कि नदियों में प्रदूषण की मात्रा इसलिये बढ़ रही है कि उसमें अधिक मात्रा में कूड़ा-कचरा डाला जा रहा है। असल कारण तो यह है कि प्रदूषण का कारण नदियों के जल स्तर में निरंतर कमी आती जा रही है। सिंचाई के लिये पानी के अधिक दोहन करने के कारण अनेक नदियों के जल स्तर में इतनी कमी आ गयी है कि उन नदियों के पानी चलते हुये दृष्टिगोचर ही नहीं होते हैं अपितु कूड़े-कचरे के ढ़ेर प्रतीत होते हैं। इस कारण पानी का बहाव नहीं होने के कारण प्रदूषण की मात्रा में वृद्धि हो जाती है।

गाद (Siltatun) का जमना

नदियों के प्रदूषित होने में घाटियों में गाद का जमाव भी एक समस्या है। इस गाद के बनने से तथा एकत्रित होने के कारण नदियों के पानी का बहाव कम होने

लगता है। जब अधिक मात्रा में गाद एकत्रित हो जाता है तो नदियों के बहाव की गति कम होने के कारण कूड़ा-कचरा भी बह नहीं पाता है। अनुमानित है कि भारत देश में नदियों द्वारा लगभग 135 हजार मिलियन मिट्रिक टन तलछट जमा होता है। इस तलछट का 10% भार प्रतिवर्ष समुद्रों में चला जाता है। यदि आँकड़ों की बात की जाए तो स्पष्ट होता है कि भारत में नदियों द्वारा बहने वाले पानी की मात्रा विश्वभर में नदियों द्वारा बहने वाली पानी की मात्रा का लगभग 5% है। जबकि तलछट की मात्रा विश्व में कुल तलछटों का 35% है। यही कारण है कि भारत की सभी प्रमुख नदियों में प्रदूषण विद्यमान है।

8.3 नदियों के प्रदूषण का प्रभाव

भारत देश के सभी महानगर किसी न किसी नदी के किनारे बसे हुए हैं। इन नगरों में छोटी से लेकर बड़ी-बड़ी औद्योगिक इकाइयाँ विद्यमान हैं। इन औद्योगिक इकाइयों द्वारा विभिन्न प्रकार के रसायन एवं उनके यौगिक, लवण एवं भारी धातुएँ आदि विभिन्न स्त्रोतों द्वारा नदियों में जाती रहती हैं। इनके अतिरिक्त कैल्शियम, सोडियम, पोटेशियम, क्लोराइड, सल्फेट, लेड, कैडमियम, फ्लोराइड, पारा, क्रोमियम आदि नदियों में जाते रहते हैं। ऐसे रसायन पेयजल एवं मछली उपभोग द्वारा मानव शरीर में पहुँचते रहते हैं। इस कारण मुनष्यों में हैजा, पीलिया, फ्लोरोसिस तथा कोलाइटिस जैसी घातक बिमारियों के होने का कारण बन जाती हैं। कारखानों द्वारा निष्कासित गंदा अम्लीय प्रकृति का पानी जब नदी में जाता है तो नदी में पाये जाने वाले शैवाल, सूक्ष्म बैक्टीरिया तथा अन्य जीवों के लिये आक्सीजन की आवश्यकता में बढ़ोतरी कर देती है। जिसके कारण पानी में घुलनशील आक्सीजन की अवशोषण में वृद्धि हो जाती है फलतः पानी में उपस्थित पानी की प्राकृतिक आक्सीजन की मात्रा में अप्रत्याशित कमी आ जाती है। जिसके कारण पानी में उपस्थित सूक्ष्म जीवों की मृत्यु हो जाती है। इस प्रकार का पानी जब सिंचाई हेतु खेतों में उपयोग किया जाता है तो यह पानी जमीन की उर्वरा शक्ति को क्षीण कर देता है।

प्रदूषित पानी में उपस्थित विषाक्त धातुओं या उनके आयनों का मानव शरीर पर अत्यंत घातक प्रभाव पड़ता है। सभी में नाइट्रेट आयन की अधिकता से मेथामोग्लोबिनोइमा नाइट्रेट को नाइट्राइट आयनों में परिवर्तित कर देते हैं। इस प्रकार से परिवर्तित नाइट्राइट आयन रक्त के हीमोग्लोबिन द्वारा अवशोषित उसे मैथामोग्लोबिन में परिवर्तित कर देता है। इस प्रकार से हीमोग्लोबिन के परिवर्तन होने से शरीर के विभिन्न अंगों तथा ऊतकों में आक्सीजन के प्रवाह में बाधा उत्पन्न होती है, फलतः शरीर नीला पड़ जाता है। इस कारण बच्चों की मृत्यु भी हो सकती है।

उपरोक्त तथ्यों से यह स्पष्ट होता है कि वर्तमान में प्रमुख जटिल समस्याओं में नदी प्रदूषण सर्वोपरि है। मनुष्यों सहित सभी जीवधारियों के लिये नदियाँ सबसे मूल्यवान संसाधन है। आज यह बहुत ही आवश्यक हो गया है कि किसी तरह से नदी को प्रदूषित होने से बचाया जाए।

8.4 नदियों के प्रदूषण को रोकने के उपाय

यह सत्य है कि यदि नदियों का प्रदूषण इसी रफ्तार से होता रहा तो पेय जल के लाले पड़ जायेंगे। प्राकृतिक संसाधनों को प्रदूषित होने से बचाने के लिए ठोस तथा कड़े कदम उठना आज की प्राथमिकता हो गयी है। इस तरह हम कह सकते है कि प्रकृति का पोषण करना जरूरी है और न कि शोषण। इस हेतु निम्न उपायों का पालन यदि किया जाए तो नदी प्रदूषण को रोकने में सहायता मिल सकती है:

1. नदियों के घाटों पर आधुनिक शौचालयों की व्यवस्था की जाए।
2. नदियों के किनारे लगभग नगरों में विद्युत शवदाह बनवाया जाए।
3. नदियों के बेसिनों पर व्यापक वृक्षारोपण किया जाए।
4. तटवर्ती क्षेत्रों में रहने वालों को विभिन्न प्रकार के कार्यक्रमों द्वारा शिक्षित किया जाए जिससे वे संसाधनों का उचित दोहन करें तथा अपने जीवन को संयमित रखें।
5. भोगवाद सभ्यता तथा बढ़ती जनसंख्या को नियंत्रित किया जाए।
6. औद्योगिक इकाइयों से निकलने वाले गंदे पानी को शोधन करने के बाद ही नदियों में मिलाया जाए।
7. यह भी आवश्यक है कि आणविक संयंत्रों द्वारा निष्कासित अणु पदार्थों को जहाँ तक हो सके नदियों में जाने से रोक दिया जाए।
8. कृषि क्षेत्रों में मेड़ों को बनाकर उस पर फलदार वृक्षों को लगाया जाए जिससे खेतों की उपजाऊ मिट्टी को नदियों में जाने से रोका जाए।
9. जल प्रदूषण अधिनियमों का सख्ती से पालन किया जाए और इन नियमों का उल्लंघन करने वाले को दण्डित किया जाए।

9

वायु प्रदूषण

जिस गति से हम ऊर्जा कि खपत करते जा रहे हैं और जिस प्रकार से हम पेट्रोल तथा कोयले पर आश्रित हैं, और यदि यही गति अधिक समय तक चलती रही तो शीघ्र ही वायुमण्डल में विभिन्न गैसों की मात्रा में इतनी बढ़ोतरी हो जायेगी कि मनुष्यों तथा अन्य जीवधारियों को विभिन्न प्रकार की कठिनाइयों का सामना करना पड़ेगा। मानव जाति के जीवित रहने के लिये जिस तरह भूमि, वनस्पतियाँ और अन्य प्राणी भी आवश्यक हैं उसी तरह जल एवं वायु भी आवश्यक है। वायुमण्डल में पाई जाने वाली समस्त गैसें एक निश्चित अनुपात में होती है। कुछ अवांछनीय तत्वों के प्रवेश से इस अनुपात में असंतुलन आ जाता है और जो जीवधारियों के लिये घातक हो जाती हैं।

9.1 शुद्ध वायु में मिश्रित गैसों की मात्रा

शुद्ध वायु में मिश्रित गैसों की मात्रा को निम्नलिखित तालिका में दिया गया है:-

तालिका 9.1 : शुद्ध वायु की रचना

वायु में मिश्रित विभिन्न गैसें	मात्रा (प्रतिशत में)
नाइट्रोजन	78.09
आक्सीजन	20.94
आर्गन	0.93
कार्बन डाईआक्साइड	0.03
नियोन	0.018
हीलियम	0.00052

...क्रमश:

वायु में मिश्रित विभिन्न गैसें	मात्रा (प्रतिशत में)
क्रिप्टस	0.00010
मीथेन	0.00015
हाइड्रोजन	0.0005
नाइट्रस आक्साइड	0.00025
कार्बन मोनोआक्साइड	0.00010
ओजोन	0.000002
अमोनिया	0.000001
नाईट्रोजन डाईआक्साइड	0.0000001
सल्फर डाईआक्साइड	0.00000002

वायुमण्डल में जलवाष्प के साथ नाइट्रोजन, आक्सीजन तथा कार्बनडाईआक्साइड ऐसी गैसें हैं जो जीवन प्रक्रिया से जुड़ी हुयी हैं। इन गैसों में नाइट्रोजन गैस रासायनिक दृष्टिकोण से अमिश्रित रूप से अधिक क्रियाशील होती हैं। इसकी प्राप्ति जीवों, प्राणी तथा वनस्पति में अमीनो अम्ल तथा प्रोटीन के रूप में तथा मिट्टी में नाइट्रोजन, नाइट्रेट तथा अमोनिया यौगिक के रूप में होती है। जीवित प्राणियों द्वारा नाइट्रेट तथा अमोनिया लवण को ग्रहण करने की प्रक्रिया के फलस्वरूप जीवित प्राणियों में अकार्बनिक नाइट्रोजन की प्राप्ति होती है। अकार्बनिक नाइट्रोजन की उपस्थिति से नाइट्रोजन चक्र की क्रिया सम्पादित होती है।

नाइट्रोजन की तुलना में आक्सीजन अत्यंत ही अभिक्रियाशील पदार्थ है। आक्सीजन की आवश्यकता पेड़-पौधों तथा जीव-जंतुओं को जीवित रहने के लिये पड़ती है। जीव-जन्तु तथा पेड़-पौधे श्वसन क्रिया द्वारा आक्सीजन ग्रहण कर कार्बनडाईआक्साइड एवं जल वाष्प को बाहर निकालते है। एक मनुष्य प्रतिदिन 22 हजार बार साँस लेता है जिसके फलस्वरूप 16 किलोग्राम आक्सीजन ग्रहण करता है।

नाइट्रोजन तथा आक्सीजन की अपेक्षा कार्बनडाईआक्साइड बहुत ही कम मात्रा में पायी जाती है। कार्बनडाईआक्साइड जीवन के लिये महत्त्वपूर्ण तो हैं ही, वायुमण्डल के तापमान को भी नियंत्रित करने में विशेष भूमिका निभाती है। यही नहीं खाद्य शृंखला का प्रारम्भ प्रकाश संश्लेषण से होता है, जिसमें कार्बनडाईआक्साइड तथा जल का प्रयोग कर आक्सीजन तथा ऊर्जा की प्राप्ति होती है।

विभिन्न गैसों के अतिरिक्त वायुमण्डल में जलवाष्प भी पायी जाती है जिसकी सान्द्रता तापमान पर आधारित होती है। जलवाष्प के अतिरिक्त वायुमण्डल में ठोस कण भी उपस्थित रहते हैं जो धुल कण के रूप में दिखायी देते हैं।

9.2 वायु प्रदूषण की परिभाषा

जब वायु के भौतिक, रासायनिक या जैविक गुणों में अवांछनीय परिवर्तन होता है जिससे मनुष्य, जीव या प्रकृति को हानि पहुँचती है तो उसे वायु प्रदूषण कहते हैं। वायु प्रदूषण अनादि काल से होता आ रहा है। जब आदि मानव ने प्रथम बार अग्नि प्रज्जवलित की तभी से वायु प्रदूषण का प्रारम्भ हुआ। समय के साथ-साथ स्थितियाँ तथा परिस्थितियाँ बदलती गयी और जनसंख्या में विस्फोटक वृद्धि तथा औद्योगिक क्रांति ने तो वायु प्रदूषण को गंभीर रूप दिया है। औद्योगिक क्रांति की तीव्र गति, मानव की बढ़ती भोग-विलास की आकांक्षा तथा आणविक शक्ति के बढ़ते प्रयोग के कारण वर्तमान समय में वायु प्रदूषण भयंकर रूप से बढ़ता जा रहा है। वर्तमान समय में वायु प्रदूषण के मुख्य स्रोत हैं औद्योगिक इकाइयों की चिमनी से निकलने वाला धुआँ, घरेलू ईंधन के प्रयोग से उत्पन्न धुआँ, कल-कारखानों से निकले अन्य पदार्थ तथा सल्फर डाईआक्साइड, कार्बन डाईआक्साइड, हाइड्रोजन सल्फाइड, कार्बन मोनोआक्साइड, नाइट्रोजन के आक्साइड, रेडियोएक्टिव पदार्थ आदि। ये सभी गैसें न केवल शुद्ध वायु को दूषित करती हैं अपितु वायुमण्डल में उपस्थित आक्सीजन को भी दहन प्रक्रिया के अन्तर्गत समाप्त कर देती है।

वर्तमान समय में जनसंख्या में वृद्धि के साथ उनसे संबंधित समस्याओं की पूर्ति के लिए औद्योगिकीकरण, शहरीकरण तथा वाहनों की संख्या में उत्तरोत्तर वृद्धि के कारण ऊर्जा को माँग बढ़ती जा रही है। उत्तरी अमेरिका, यूरोप तथा स्वतंत्र राष्ट्रकुल देशों की संयुक्त आबादी पूरे विश्व की आबादी का लगभग 20 प्रतिशत है। फिर भी ये देश संपूर्ण ऊर्जा का 68 प्रतिशत अपने विभिन्न प्रकार के कार्यों के संपादन के प्रयोग में लाते हैं। भारत सहित विकसित तथा औद्योगीकृत देशों में बिजली का उत्पादन, औद्योगिक प्रणाली तथा यातायात आदि आवश्यकताओं की पूर्ति के लिए उपरोक्त स्रोतों से प्राप्त ऊर्जा का प्रयोग किया जाता है।

वायुमण्डल में प्रतिवर्ष 2600×10^{12} ग्राम कार्बन मोनोआक्साइड का उत्सर्जन होता है जिसके लगभग एक तिहाई भाग का उत्सर्जन मनुष्यों द्वारा होता है। यह 82 प्रतिशत पेट्रोलियम तथा 47 प्रतिशत मोटर वाहनों द्वारा प्राप्त होता है। मोटर वाहनों की संख्या में निरंतर वृद्धि के साथ वायुमण्डल में कार्बन मोनोआक्साइड की मात्रा

बढ़ती जा रही है। इसके अतिरिक्त वनों के जलने तथा मीथेन आक्सीजन से भी कार्बन मोनोआक्साइड वायुमण्डल को प्राप्त होती है।

9.3 वायु प्रदूषकों के भौतिक रूप तथा प्रकार

वायुमण्डल में प्रदूषकों की प्राप्ति ठोस, द्रव तथा गैस तीनों अवस्थाओं में होती हैं। परन्तु मुख्य रूप से वायु प्रदूषक भौतिक रूप में गैसीय तथा कणाकार पदार्थ के रूप में महत्त्वपूर्ण होते हैं।

सल्फर डाईआक्साइड

सल्फर डाईआक्साइड रंगहीन तथा तीक्ष्ण गंध वाली गैस है जो स्वयं ही पेड़-पौधों तथा जीव-जंतुओं के लिए हानिकारक है। यह गैस सबसे अधिक मात्रा में तेल तथा कोयले के दहन से उत्पन्न होती है। कोयला खानों तथा बिजली घरों में कोयले के जलने से 60 प्रतिशत, पेट्रोलियम पदार्थ के दहन से 21 प्रतिशत तथा कापर, जिंक, लेड, निकिल तथा आयरन के कारखानों से 7 प्रतिशत की मात्रा में सल्फर डाईआक्साइड प्राप्त होती है। सल्फर डाईआक्साइड की अधिकतम सीमा 5 पी पी एम है।

सभी प्रकार के अम्लों में सल्फर डाईआक्साइड सबसे तेज अम्ल है। यह चूना, जल तथा धातुओं को प्रभावित करता है व कपड़ों को भी नष्ट कर देता है तथा इसका प्रभाव श्वसन ऊतकों पर भी पड़ता है।

नाइट्रोजन आक्साइड

नाइट्रोजन आक्साइड की प्राप्ति मुख्यत: वाहनों के धुएँ, विद्युत संयंत्रों, औद्योगिक संस्थानों, वाणिज्यिक संस्थाओं आदि से प्राप्त होता है। मोटर वाहनों द्वारा उत्सर्जित धुएँ नाइट्रोजन आक्साइड की मात्रा लगभग 50 प्रतिशत होती है। पर डीजल से चलने वाले वाहनों से लगभग 90 प्रतिशत नाइट्रोजन आक्साइड वायुमण्डल में उत्सर्जित होती है। इनके अतिरिक्त सान्द्रता में उपस्थित होने के कारण ये मसूड़ों में सूजन, रक्तस्त्राव, निमोनिया तथा फेफड़े का कैंसर आदि बीमारियों को बढ़ावा देते हैं। फासिल ईंधनों के जलने से 90 प्रतिशत की मात्रा में सल्फर डाईआक्साइड गैस प्राप्त होती है। इस गैस के उत्सर्जन की मात्रा ($150-120\times10^{12}$) ग्राम है। यह ऊष्मीय क्षेत्रों में प्रकृतिक स्रोतों से मृदा, पौधों, ज्वालामुखी के फटने तथा बायोमास के जलने से भी प्राप्त होती है।

कार्बन मोनोआक्साइड

कार्बन मोनोआक्साइड सबसे अधिक अफ्रीका देश में पायी जाती है जहाँ पर मुख्य रूप से ईंधन के रूप में लकड़ी का उपयोग किया जाता है। प्राकृतिक अवस्था में इसकी सान्द्रता 0.1 से 0.3 मिलीग्राम घन मीटर पायी जाती है।

वायुमण्डल में कार्बन मोनोआक्साइड की प्राप्ति प्राकृतिक स्रोतों जैसे जंगल में आग, ज्वालामुखी विस्फोटों से तो कम मात्रा में पर अधिकतम मात्रा में वाहनों द्वारा प्राप्त होती है। इसकी प्राप्ति विभिन्न स्रोतों से निम्न प्रकार है-

तालिका 9.2 : कार्बन मोनोआक्साइड

1.	यातायात	–	64 प्रतिशत
2.	मोटर वाहन	–	60 प्रतिशत
3.	हवाई जहाज	–	2.5 प्रतिशत
4.	रेल यात्रा	–	0.1 प्रतिशत
5.	आग लगने से	–	6.4 प्रतिशत
6.	कृषि कार्यों से प्राप्त अवशेषों को जलाने से	–	8.3 प्रतिशत

कार्बन मोनोआक्साइड गैस प्राणघातक होती है। इस गैस का न तो कोई रंग होता है, न गंध होती है और न ही कोई स्वाद होता है। इन गुणों के कारण इस गैस की उपस्थिति का किसी को भी आभास नहीं हो पाता।

कार्बन मोनोआक्साइड के हानिकारक प्रभाव के बारे में रोम के लोगों को बहुत पहले से ही अनुमान हो गया था। इसीलिए वे इसका उपयोग अपराधियों को मारने या आत्महत्या के लिए करते थे। वर्ष 1895 में किए गए प्रयोग के बाद कार्बन मोनोआक्साइड की भयानकता की बात प्रकाश में आयी। वास्तव में यह जहर नहीं किन्तु दमघोंटू है जो व्यक्ति का दम घोंट सकती है। शरीर के अन्दर लाल रक्त कणों में हीमोग्लोबिन नामक तत्व होता है। आक्सीजन से मिलकर यह आक्सी हीमोग्लोबिन बनाता है जो शरीर के विभिन्न तन्तुओं में आक्सीजन पहुँचाने का कार्य करता है। लेकिन जब कार्बन मोनोआक्साइड को लगभग 300 गुना अधिक शीघ्रता से ग्रहण करता है। इस प्रकार शरीर के तन्तुओं को आक्सीजन की प्राप्ति नहीं हो पाती है। यही कारण है कि कार्बन मोनोआक्साइड की उपस्थिति से दम घुटने की प्रक्रिया शुरू होती है। इसका सबसे पहला प्रभाव मस्तिष्क तथा नाड़ियों पर पड़ता है। यही नहीं आक्सीजन के अभाव में पोषक पदार्थों का आक्सीकरण न होने से

शरीर को आवश्यक मात्रा में ऊर्जा नहीं मिल पाती है। यदि यह स्थिति लम्बे समय तक बनी रहे तो मनुष्य बेहोश हो जाता है।

वायु को दूषित करने के लिए 200 पी पी एम कार्बन मोनोआक्साइड अधिक है। यदि वायु में केवल एक प्रतिशत मोनोआक्साइड की मात्रा हो तो व्यक्ति मात्र 3 मिनट में ही मर जाएगा। शरीर में कार्बन मोनोआक्साइड के प्रविष्ट होने से कई लक्षण जैसे हल्का सिरदर्द, मूर्च्छा, उल्टी, कमजोरी, चक्कर आना, चिड़चिड़ापन, साँस में परेशानी, हृदयगति में कमी आदि दिखाई देती हैं।

सामान्यतः अल्पमात्रा में कार्बन मोनोआक्साइड की उपस्थिति से कोई विशेष हानि नहीं पहुँचती है पर अधिक मात्रा की उपस्थिति से विशेष परेशानियाँ सामने आती हैं। बुढ़ापे, युवावस्था, गर्भावस्था, हृदय रोग, खून की कमी, थायराइड, मद्यपान के कारण शरीर में कार्बन मोनोआक्साइड को बर्दाश्त करने की क्षमता में कमी हो जाती है।

तेज धूप में नाइट्रस आक्साइड, आक्सीजन, ओजोन तथा हाइड्रोकार्बन के बीच परस्पर क्रिया से पैदा होने वाले रासायनिक कुहरे और इस कुहरे में सल्फर डाईआक्साइड की उपस्थिति अम्लीय बरसात जैसी खतरनाक स्थिति को जन्म देती है। यदि अम्लीय बरसात ना भी हो तो इस कुहरे में उपस्थित यौगिकों से श्वसन, फेफड़ों और आँखों पर काफी घातक प्रभाव पड़ता है।

मनुष्य के साथ-साथ पेड़-पौधे भी वाहन जनित प्रदूषकों का शिकार होते हैं। इन प्रदूषकों से पौधों की प्रकाश संश्लेषण क्रिया पर बुरा प्रभाव पड़ता है। इसके साथ ही प्रकाश रासायनिक प्रतिक्रियाओं के दौरान उत्पन्न ओजोन गैस पत्तियों के ऊतकों को हानि पहुँचाती है। इन प्रदूषकों का अधिक प्रभाव तम्बाकू, सेम, मूली, टमाटर, गेहूँ, आलू, कपास आदि पर अधिक पड़ता है। पर आक्सीएसाइल नाइट्रेट नई कोपलों को नष्ट कर देता है। नाइट्रोजन आक्साइड, हाइड्रोकार्बन, कार्बन मोनोआक्साइड आदि पौधों की विभिन्न जैविक प्रक्रियाओं को भी प्रभावित करते हैं। इन प्रक्रियाओं में प्रमुख है उनकी बढ़वार, फलों का पकना तथा ऊतकों की आंतरिक संरचना।

मोटर वाहनों द्वारा वायु प्रदूषण का प्रभाव मनुष्य के साथ-साथ जानवरों, पेड़-पौधों, भूमि-भवनों पर पड़ता है। सल्फर डाइआक्साइड, हाइड्रोकार्बन तथा स्माग से पेड़-पौधों की पत्तियाँ पीली पड़ जाती हैं, अधिक धुएँ से भवन तथा कपड़ों पर कालिख एकत्रित हो जाती है। विभिन्न प्रकार के उत्सर्जित गैसों के अम्लीय तथा क्षारीय प्रभाव के कारण ये भवनों को तो हानि पहुँचाती ही हैं, कपड़ों,

बिजली के उपकरणों को भी नष्ट करने में सक्षम होती हैं।

हाइड्रोकार्बन

प्राकृतिक रूप में हाइड्रोकार्बन की अधिक मात्रा में प्राप्ति वृक्षों द्वारा होती है। हाइड्रोकार्बन हाइड्रोजन और कार्बन के यौगिक होते हैं। विभिन्न प्रकार के हाइड्रोकार्बन जैसे मीथेन, इथाइलीन, एसेटिलीन, प्रोपेन, ब्यूटेन तथा आइसोपेन्टेन की प्राप्ति निम्नलिखित स्त्रोतों द्वारा विभिन्न मात्राओं में होती है। इसे तालिका 9.3 में अंकित किया गया है:-

तालिका 9.3 : हाइड्रोकार्बन के विभिन्न स्त्रोत

	स्त्रोत	उत्सर्जित मात्रा (प्रतिशत)
1.	पेट्रोल	55
2.	गैसोलीन	38.5
3.	तेल	0.4
4.	कोयला	3.3
5.	लकड़ी (ईंधन और जंगल में आग लगने से)	2.2
6.	औद्योगिक उपयोग	0.8
7.	कार्बनिक विलायक	11.3
8.	कूड़े-कचरे से दहन क्रिया	28.3

कुछ ऐसे हाइड्रोकार्बन भी होते हैं जो मनुष्यों को प्रभावित करते हैं। इनकी प्राप्ति कोक के उत्पादन तथा कोयले की खानों के निकट कूड़े-करकट के ढ़ेर के अन्दर ही अन्दर सुलग कर जलने से अथवा कोयले के अनुचित रूप से जलने के दौरान उत्पन्न होती है। लेड अथवा सीसा एक रासायनिक प्रदूषक है जो मोटर वाहनों से निकलने वाले धुएँ द्वारा वायुमण्डल में प्रवेश करता है। सीसे का एक यौगिक है टेट्राइथाइल लेड जिसका उपयोग मोटर वाहनों के सुचारू रूप से चलने के लिए पेट्रोल या गैसोलीन में अपस्फटोरोधी के रूप में किया जाता है। सीसा युक्त गैसोलीन के उपयोग से मिश्रित वायु साँस द्वारा अन्दर जाती है जिसके कारण गुर्दे, रक्त तथा जिगर पर विनाशकारी प्रभाव पड़ता है। बच्चों के शरीर के अन्दर सीसे का स्तर बढ़ जाने से उनकी बुद्धि मन्द पड़ जाती है।

हाइड्रोकार्बन की अधिक मात्रा से फेफड़े में कैंसर होने का खतरा होता है। मनुष्यों के स्वास्थ्य पर कुप्रभाव के अतिरिक्त पौधों पर भी हानिकारक प्रभाव डालती है।

कणाकार पदार्थ

वायु प्रदूषण का सबसे बड़ा कारण कणाकार पदार्थों को माना गया है। इसकी प्राप्ति प्राकृतिक स्रोतों जैसे वायु द्वारा उड़ायी गयी धूल, जंगल में आग लगने, ज्वालामुखी के फूटने तथा कोयले को ईंधन के रूप में प्रयोग करने से होती है। वायुमण्डल में निलम्बित रहने के कारण अपने आकार तथा भार के अनुसार सेकेण्ड से लेकर महीनों तक इनकी प्राप्ति होती हैं। ये एयरोसोल के रूप में जाने जाते हैं जो मुख्य रूप से दो भागों में विभक्त किए गए है। पहला है प्राकृतिक स्रोतों से प्राप्त जैसे कुहासा, बैक्टीरिया, पौधों के बीजाणु तथा परागकण आदि जो पर्यावरण को प्रदूषित नहीं करते हैं। इनका दूसरा रूप है सीमेन्ट का पाउडर, कोयले के जलने से उत्पन्न राख, चिमनी की राख, क्वार्अज् और एस्बेस्टस का पाउडर, तेल का धुआँ, तम्बाकू का धुआँ जो वायु प्रदूषक के रूप में क्षति पहुँचाते हैं।

वायुमण्डल में तैरते हुए छोटे-छोटे कण तथा द्रव की बूँदें कणाकार पदार्थ के रूप में पायी जाती हैं। ऐसे कणाकार पदार्थ अधिक मात्रा में उन स्थानों पर पाए जाते हैं जहाँ पर कोयले का इस्तेमाल ईंधन के रूप में किया जाता है। ऐसे प्रदूषक एयरोसाल के नाम से जाने जाते हैं।

कणाकार पदार्थ में कार्बनिक, अकार्बनिक पदार्थ, नाइट्रोजन यौगिक, सल्फर यौगिक, धातुएँ तथा पाली साइक्लिक एरोमैटिक हाइड्रोकार्बन होते हैं जो मनुष्यों पर कुप्रभाव डालते हैं।

तैरता हुआ कणाकार पदार्थ (एस पी एम)

कणाकर पदार्थ के छोटे आकार का कण जो 100 एमएम से कम आकार का होता है उसे एस.पी.एम. के नाम से जाना जाता है। छोटे कण के आकार का होने के कारण यह अधिक समय तक वायुमण्डल में तैरता रहता है। कणाकार पदार्थ श्वसन क्रिया द्वारा शरीर के अन्दर प्रविष्ट करता है। वायुमण्डल में उपस्थित बड़े आकार के कण 10 एमएम से कम तो श्वासनली में पहुँच जाते हैं और उनमें उपस्थित 1 एमएम के आकार के कण फेफड़े तक पहुँच जाते हैं।

ऐसे कणाकार पदार्थों का स्वास्थ्य पर कुप्रभाव पड़ता है जो अधिकतर ब्रांकाइटिस को बढ़ा देते हैं।

9.4 प्रदूषकों का उत्सर्जन एवं प्रदूषण

सामान्य रूप से प्रदूषकों का उत्सर्जन दहन तथा ईंधन के प्रकार पर निर्भर करता है। वर्तमान समय में दहन टेक्नोलाजी के आधार पर यह माना गया है कि

सभी ईंधनों में कोयला सबसे अधिक प्रदूषण का स्रोत है। ईंधन के रूप में कोयले का प्रयोग विभिन्न देशों में अलग-अलग स्तर पर किया जाता है। चीन एक ऐसा देश है जहाँ पूरी प्राथमिक ऊर्जा का 80 प्रतिशत भाग कोयले से प्राप्त किया जाता है। विश्व स्तर पर उत्पादित कोयलों का लगभग 23 प्रतिशत उपयोग केवल चीन अकेले करता है। कोयले के पूरी तरह दहन के कारण विभिन्न प्रकार की गैसें जैसे कार्बन डाईआक्साइड, नाइट्रोजन आक्साइड, जलवाष्प, वाष्पीकृत तथा अवाष्पीकृत धातुएँ जैसे आर्सेनिक, कैडमियम, लेड तथा मरकरी प्राप्त होती हैं। इनके अतिरिक्त कार्बन मोनोआक्साइड, कार्बनिक तथा अकार्बनिक कणाकार पदार्थ तथा एरोमैटिक हाइड्रोकार्बन भी प्रदूषक के रूप में प्राप्त होते हैं। इनमें कुछ ऐसे भी प्राथमिक प्रदूषक प्राप्त होते हैं जो वायुमण्डल में हो रहे परिवर्तन के कारण द्वितीयक प्रदूषक में परिवर्तित हो जाते हैं। इनमें मुख्य हैं नाइट्रोजन डाईआक्साइड, ओजोन, परआक्सिक नाइट्रेट तथा अक्लीय एयरोसोल। इसके अतिरिक्त कुछ ऐसे भी प्राथमिक प्रदूषक हैं जो वायुमण्डल में हो रहे आक्सीकरण तथा जल अपघटन क्रियाओं द्वारा अम्लीय अवक्षेपण क्रियाओं में योगदान देते है।

वायुमण्डल में कार्बन मोनोआक्साइड का विशेष योगदान होता है। इसका लगभग एक-तिहाई भाग मनुष्यों द्वारा उत्सर्जित होता है जो 82 प्रतिशत पेट्रोलियम तथा 47 प्रतिशत मोटर-वाहनों द्वारा प्राप्त किया जाता है। आँकड़े बताते हैं कि मोटर-वाहनों की संख्या में निरन्तर वृद्धि के साथ वायुमण्डल में कार्बन मोनोआक्साइड की मात्रा सतत बढ़ती जा रही है। इसके अतिरिक्त वायुमण्डल में कार्बन मोनोआक्साइड की मात्रा में वृद्धि सबसे अधिक अफ्रीका देश में पायी जाती है जहाँ पर ईंधन के रूप में लकड़ी का उपयोग मुख्य रूप से किया जाता है।

फासिल ईंधनों के जलने से 90 प्रतिशत सल्फर डाईअक्साइड गैस प्राप्त होती है। वायुमण्डल में उपस्थित विभिन्न प्रकार की गैसों में नाइट्रोजन, आक्सीजन, कार्बन डाईआक्साइड तथा जलवाष्प जीवन की विभिन्न प्रक्रियाओं से जुड़े हुए हैं। कार्बन डाईआक्साइड की मात्रा यद्यपि नाइट्रोजन तथा आक्सीजन की अपेक्षा बहुत कम है फिर भी यह जीवन के लिए बहुत ही महत्त्वपूर्ण समझी जाती है। हालांकि वैज्ञानिकों के अनुसार कार्बन डाईआक्साइड वायु प्रदूषक नहीं है। यह तो वायुमण्डल का एक प्रकार से प्राकृतिक घटक है जो प्रकाश संश्लेषण की प्राथमिक आवश्यकता समझी जाती है। औद्योगिक क्रांति के पूर्व इसकी मात्रा 280 पीपीएम थी जो बढ़कर 355 पीपीएम हो गयी है और ऐसा अनुमानित है कि इसकी मात्रा सन् 2075 तक बढ़कर 600 पीपीएम हो जाएगी। इसकी वृद्धि से वायुमण्डल का तापक्रम बढ़

जाएगा।

वायुमण्डल प्रदूषकों का प्रभाव मनुष्य के स्वास्थ्य पर अधिक पड़ता है। इस प्रकार का प्रभाव कई बातों पर निर्भर करता है जैसे प्रदूषकों की सान्द्रता, सम्पर्क समय तथा स्थिति। उदाहरण के लिए वायु प्रदूषकों का प्रभाव वाहन के समीप या वाहन के अन्दर बैठे हुए लोगों पर अधिक पड़ेगा न कि वाहन से बहुत दूर रहने वाले मनुष्यों पर। आँकड़ों द्वारा इस बात का भी बोध होता है कि घर के अन्दर पायी जाने वाली वायु अधिक प्रभावशाली प्रदूषक मानी गयी है न कि घर के बाहर उपस्थित वाय1। विकसित देशों में मनुष्य औसत रूप से अपने समय का 90 प्रतिशत भाग घरों के अन्दर व्यतीत करता है और इस कारण घरों के अन्दर की वायु प्रदूषित होने की संभावना अधिक बढ़ जाती है।

आंकड़े बताते हैं कि जितना ही अधिक धुएँ वाले ईंधनों का उपयोग घरों के अन्दर किया जाएगा उतना ही अधिक श्वास की बीमारी से लोग ग्रसित होते जाएंगे। नेपाल में घरों में होने वाले धुएँ के कारण वहाँ के बच्चों में श्वास संबंधी बीमारी अधिक पायी जाती हैं, जिसके कारण उन बच्चों की मृत्यु भी अधिक संख्या में होती है। चीन में कोयले में अधिक मात्रा में फ्लोराइड की उपस्थिति के कारण वहाँ के लोगों में कंकाल फ्लोरिसिल की बीमारी पायी जाती है। भारत तथा नेपाल में ठोस द्रव्युक्त स्टोव से भोजन पकाने के कारण स्त्रियाँ कार्बन मोनोआक्साइड तथा बेंजोपाइरिन प्रदूषण से प्रभावित होती हैं।

9.5 वायु प्रदूषण का प्रभाव

विश्व की तुलना में भारत में वायु प्रदूषण की समस्या कम गम्भीर है। भारत में वायुमण्डल की समस्या ने गत तीन दशकों से ही अपने पाँव फैलाने शुरू कर दिये हैं। भारत में हो रहे विनाश एवं वायु प्रदूषण का ही परिणाम था कि वर्ष 1987 में देश के करीब दो-तिहाई भाग में अकाल की काली छाया मंडराती रही। वायु प्रदूषण के अनेक कारणों में सर्वाधिक महत्त्वपूर्ण घटक वन का विनाश होना है। हम प्रतिवर्ष 13 लाख हेक्टेयर भूमि से वनों का विनाश करते जा रहे हैं जो वायुमण्डल में वायु असंतुलन का मुख्य कारण है।

वायुमण्डल में मिश्रित गैसों के अनुपात में परिवर्तन होने से हानिकारक गैसें अधिक मात्रा में शरीर में पहुंचती हैं, जिसके फलस्वरूप विभिन्न प्रकार के प्रभाव पड़ते है। वायु प्रदूषकों का मनुष्य पर प्रभाव तालिका 9.4 में अंकित किया गया है:-

तालिका 9.4 : वायु प्रदूषकों का मनुष्यों पर प्रभाव

प्रदूषक अवयव	स्त्रोत	प्रभाव
फार्मल्डिहाइड	वाहनों का धुआँ, ईंधन के दहन, प्रकाश, रासायनिक	आँखों, त्वचा एवं श्वसन तंत्र पर उत्तेजन
आर्सेनिक	धातु स्मेल्टर्स, आर्सेनिकयुक्त पेस्टीसाइड, उर्वरक	त्वचा रोग, कैंसर रोगजनक
अमोनिया	रासायनिक उद्योग, ईंधन के दहन	आँख तथा श्वसन तंत्र की हानि
बेरिलियम	फ्लोरेसेन्ट लैम्प	फुफ्फुस क्षति
कैडमियम	धातु उद्योग, पेस्टिसाइड उर्वरक, निकिल बैट्री	गुर्दा, जिगर तथा हृदय की क्षति मस्तिष्क रोग
क्रोमियम	धातु उद्योग, सीमेन्ट एसबेस्टस	त्वचा, अल्सर, कैंसर का प्रभाव
हाइड्रोक्लोरिक अम्ल	कोयला, दहन, क्लोरीन युक्त	खाँसी तथा कार्निया का प्रभाव
हाइड्रोजन सल्फाइड	एकत्रित जल में प्रोटीन युक्त पदार्थों का जैविक क्षय, औद्योगिक अपशिष्ट	सिरदर्द, नींद न आना, आँख में दर्द
आयरन स्टील संयंत्र	कोयला तथा ईंधन के पत्ते की राख, नगरमहापालिका के अपशिष्ट पदार्थों का निर्वहन	फेफड़े पर प्रभाव
सीसा	वाहन, कोयला तथा ईंधन तेल का जलना	नाक, गला तथा जिगर पर प्रभाव
मरकरी	मरकरी युक्त पेस्टीसाइड	नशा
निकिल	कोयला तथा तेल का दहन निकिलयुक्त यौगिकों का इंजन में जलना	त्वचा रोग, जिगर कैंसर
फास्फोरस	फास्फेट उर्वरक द्वारा उत्सर्जन	तंत्रिका प्रभावित
सिलेनियम	औद्योगिक ईंधनों के दहन	आँख, कान, गला तथा श्वसनतंत्र प्रभावित
जिंक	जिंक परिष्करणशाला ताँबे का उत्पादन	त्वचा तथा झिल्ली का क्षेत्र

वायु प्रदूषकों का पदार्थों पर भी प्रभाव पड़ता है। इस प्रभाव को तालिका 9.5 में अंकित किया गया है-

तालिका 9.5 : वायु प्रदूषकों का पदार्थों पर प्रभाव

प्रदूषक	किस प्रकार का प्रभाव	कौन सा पदार्थ प्रभावित
अमोनिया	सल्फर डाईआक्साइड तथा हवा की नमी	वार्निश, पेन्ट
कार्बन डाईआक्साइड	कार्बन डाईआक्साइड तथा नमी से संयोग कर कार्बनिक पदार्थों का बनना	इमारती पत्थर
क्लोरीन	संरक्षण उपवर्णता	धातु तथा मिश्र धातु
हाइड्रोक्लोरिक अम्ल	संरक्षण उपवर्णता	धातु तथा मिश्र धातु
क्रोमियम	क्रोमिक अम्ल के रूप में	धातु, पेन्ट तथा इमारती पदार्थों का रंगहीन होना
हाइड्रोजन सल्फाइड	रंग का उड़ना	पेन्ट
आयरन	आयरन आक्साइड के रूप में	पेन्ट तथा वस्त्र
नाइट्रोजन आक्साइड	रंजक का बदरंग होना	वस्त्र
ओजोन	रंजक का बदरंग होना	वस्त्र तथा रबड़
फास्फोरस	गैसीय पदार्थों से संयोग कर फास्फोरस	धातु, पेन्ट तथा वस्त्र
सल्फर डाईआक्साइड	संरक्षण अपवर्तता	चमड़ा, पेपर, वस्त्र

9.6 वायु प्रदूषणों का स्वास्थ्य पर प्रभाव

गैसीय प्रदूषकों के स्वास्थ्य पर प्रभाव को तालिका 9.6 में अंकित किया गया है:-

तालिका 9.6 : वायु प्रदूषण का स्वास्थ्य पर प्रभाव

प्रदूषण	स्वास्थ्य पर प्रभाव
सल्फर डाईआक्साइड	साँस की गति बढ़ जाती है, दमे का आक्रमण, फुफ्फुस की कार्य क्षमता में कमी। सल्फर डाईआक्साइड की मात्रा जो आक्सीकृत होकर सल्फर ट्राईआक्साइड द्रव में परिवर्तित हो जाती है, वह शरीर के द्रव में घुलित होकर सल्फ्यूरिक अम्ल बनाती है जिसका दुष्प्रभाव स्वास्थ्य पर पड़ता है।

...क्रमशः

तालिका 9.6

प्रदूषण	स्वास्थ्य पर प्रभाव
कार्बन मोनोआक्साइड	रक्त के हीमोग्लोबिन से संयोग कर कार्बाक्सी हीमोग्लोबिन बनाती है। फलतः आक्सीजन को रक्त में ले जाने की क्षमता में कमी आ जाती है। केन्द्रीय तंत्रिका प्रणाली प्रभावित, दृष्टि शक्ति का क्षीण होना, फुफ्फुस के कार्य में परिवर्तित।
नाइट्रोजन के आक्साइड	श्वास संबंधी रोग, फुफ्फुस की दीवार की कोशिकाओं में परिवर्तन, सिरदर्द, भूख का न लगना, दाँत पर प्रभाव।
ओजोन	दमा रोग की वृद्धि, आँखों पर प्रभाव। यह विषैला है।

10

वाहन प्रदूषण

भारतवर्ष में पिछले दो दशकों में शहरी आबादी लगभग दो गुनी बढ़ी है। जनसंख्या में विस्फोटक वृद्धि, औद्योगीकरण तथा अपनी सुविधा के लिए वाहनों की संख्या बढ़ती जा रही है। सड़कों पर चलने वाली मोटर गाड़ियाँ अपने आसपास के वायुमण्डल को प्रभावित करती हैं।

शहरों में व्यापार, वाणिज्य और उद्योगों के फैलने, शहरों के अनियोजित विस्तार तथा विभिन्न प्रकार के सरकारी वाहनों के आसानी से उपलब्ध होने के कारण पिछले कुछ वर्षों में महानगरों में वाहनों की संख्या में काफी वृद्धि हुई है। सामूहिक यातायात व्यवस्था की बढ़ती हुई जनसंख्या की आवश्यकताओं को पूरा करने में असमर्थ होने के कारण व्यक्तिगत वाहनो की संख्या में बहुत तेजी से वृद्धि हुई है। देश की कुल जनसंख्या का 6 प्रतिशत और कुल पंजीकृत वाहनों का 35 प्रतिशत महानगरों में विद्यमान है। महानगरों में उत्पन्न कुल वायु प्रदूषण का 50-65 प्रतिशत तक मोटर वाहनों द्वारा होता है।

भारत देश में वाहनों के विषय में एक विशेषता यह है कि लगभग 70 प्रतिशत दुपहिये या तीन पहिये वाले वाहन मुख्य रूप से दो स्ट्रोक इंजन पर आधारित हैं। चार स्ट्रोक वाले पेट्रोल पर आधारित वाहनों की संख्या 14 प्रतिशत है तथा डीजल पर आधारित वाहनों की संख्या 8 प्रतिशत है। इन वाहनों द्वारा मुख्य रूप से कार्बन मोनोआक्साइड तथा आक्सीकृत हाइड्रोकार्बन, नाइट्रोजन के आक्साइड, कणाकार पदार्थ सल्फर डाइआक्साइड, कार्बन मोनोआक्साइड तथा सीसा उत्सर्जित होता है। इनमें पेट्रोलियम पर आधारित वाहनों द्वारा अल्प मात्रा में पॉली न्यूक्लियर हाइड्रोकार्बन, एल्डिहाइड उत्सर्जित होते हैं। डीजल पर आधारित वाहनों में नाइट्रोजन आक्साइड, कार्बन मोनोआक्साइड कणाकार पदार्थ तथा हाइड्रोकार्बन प्राप्त होते हैं।

विश्व स्वास्थ्य संगठन ने वर्ष 1963 में सर्वप्रथम मोटर वाहनों से होने वाले प्रदूषण की तरफ ध्यान आकर्षित किया था। उस समय डोनोरा, लंदन और लास ऐंजेल्स में एक विशेष प्रकार के कुहरे के दुष्प्रभावों पर अध्ययनों द्वारा ज्ञात हुआ कि इस कुहरे में अधिकतर भाग कार्बन मोनोआक्साइड, लेड, सल्फर के आक्साइड तथा कार्बन के अणुओं का था। यहीं से प्रारम्भ होती है वाहन प्रदूषण की समस्या।

शहरों में सबसे अधिक पर्यावरण प्रदूषण (60 प्रतिशत) वाहनों से निकलने वाले धुएँ से होता है। इसके बाद उद्योगों (20-30 प्रतिशत) और जीवाश्म ईंधनों (तेल, कोयला, लकड़ी आदि) का स्थान है।

भारत में कुल वाहनों का पाँचवाँ हिस्सा प्रमुख महानगरों में केन्द्रित है। इनमें प्रदूषण की दृष्टि से विश्व का चौथा और भारत में दिल्ली पहले स्थान पर है जहाँ प्रतिदिन 200 मीट्रिक टन प्रदूषण सामग्री वातावरण में छोड़ी जा रही है।

वाहनों द्वारा छोड़े जाने वाले प्रमुख प्रदूषकों में कार्बन मोनोआक्साइड, हाइड्रोकार्बन, नाइट्रोजन आक्साइड और अस्थगित विरिक्त सामग्री सम्मिलित है। दिल्ली में लगभग 70 प्रतिशत नाइट्रोजन आक्साइड वाहनों द्वारा छोड़ी जाती है और इस क्षेत्र में कुल प्रदूषण का लगभग 98 प्रतिशत इसी के कारण होता है।

10.1 पेट्रोल पर आधारित वाहन

मोटर वाहनों के लिए आइसो आक्टेन (C_8H_{18}) एक प्रकार का आदर्श ईंधन है जो अधिक मात्रा में उपलब्ध नहीं होता है। आदर्श रासायनिक क्रिया में तो यह हाइड्रोकार्बन के आक्सीजन की उपस्थिति में पूरी तरह जलने से इसका परिवर्तन जल वाष्प तथा कार्बन डाईआक्साइड में हो जाता है।

$$2C_8H_{18} + 2SO_2 \rightarrow 16CO_2 + 18H_2O$$

उपरोक्त अभिक्रिया से प्राप्त कार्बन मोनोआक्साइड बहुत ही हानिकारक गैस है।

वायु में आक्सीजन के साथ-साथ 78 प्रतिशत नाइट्रोजन गैस भी होती है। नाइट्रोजन गैस रासायनिक अभिक्रिया में तो भाग नहीं लेती परन्तु इंजन के भीतर उत्पन्न होने से अधिक तापमान के कारण उपस्थित आक्सीजन अणुओं से क्रिया कर नाइट्रोजन आक्साइड का निर्माण करती है जो वातावरण में प्रदूषण का कार्य करती है।

$N_2 + 2O_2 \rightarrow 2NO_2$ (नाइट्रोजन डाईआक्साइड)

$2N + O_2 \rightarrow 2NO$ (नाइट्रिक ऑक्साइड)

इंजन के अन्दर अधिकतर नाइट्रोजन डाईआक्साइड का निर्माण होता है जो नाइट्रिक आक्साइड की अपेक्षा कम हानिकारक होती है। नाइट्रिक आक्साइड वातावरण में उपस्थित आक्सीजन तथा ओजोन के परमाणुओं से संयोग कर नाइट्रोजन डाइआक्साइड में परिवर्तित हो जाता है। सूर्य के प्रकाश में सभी गैसें तथा हाइड्रोकार्बन विभिन्न प्रकार की जटिल रासायनिक क्रियाओं के फलस्वरूप अनेक यौगिकों को जन्म देते हैं इनमें मुख्य हैं फार्मल्डिहाइड परआक्सीएसाइल नाइट्रेट, एक्रोलीन तथा ओजोन। इस प्रकार हम यह पाते हैं कि हानि रहित नाइट्रोजन डाईआक्सइड अति हानिकारक यौगिकों में परिवर्तित हो जाता है। विशेष मौसम की परिस्थितियों में सभी यौगिक एक धुंध के रूप में वातावरण में दिखाई देते हैं।

उपरोक्त समस्याओं को दृष्टिगत रखते हुए पेट्रोल में ऐसे रसायन मिलाए जाते हैं जिनकी परमाणु संरचना अधिक से अधिक प्रज्वलन की क्षमता रखती है। इस कारण गैसोलीन में टेट्राइथाइल लेड मिलाया जाता है। यह ऐसा रसायन है जिसके मिलने से ईंजन के विभिन्न भागों के बीच अतिरिक्त चिकनाई के रूप में कुछ लाभ प्राप्त होता है। बाद में कुछ लेड तथा लेड आक्साइड तलछट के रूप में एकत्रित हो जाता है। इससे छुटकारा प्राप्त करने के लिए ईंधन में इथाइलीन डाइब्रोमाइड को मिलाया जाता है जो लेड को लेड ब्रोमाइड गैस में परिवर्तित कर देता है। वर्तमान समय में गैसोलीन में अनेकों अतिरिक्त रसायन जैसे आक्सीकरण विरोधी, धातु निष्क्रियकारक तथा जंग विरोधी पदार्थ मिलाये जाते है। ये सभी पदार्श मोटर वाहन से होने वाले प्रदूषण में योगदान देते हैं। इनके अतिरिक्त मोटर वाहनों के धुएँ में लेड के अन्य हानिकारक यौगिक भी पाये जाते हैं। इनमें प्रमुख हैं लेड क्लोराइड, लेड ब्रोमाइड, लेड सल्फेट तथा लेड आक्साइड।

10.2 डीजल पर आधारित वाहन

पेट्रोल वाहनों की अपेक्षाकृत डीजल वाहनों द्वारा प्रदूषण की मात्रा कम होती है। इसका कारण है डीजल वाहनों के धुएँ में कार्बन मोनोआक्साइड की अपेक्षाकृत बहुत कम मात्रा में उपस्थिति और लेड की अनुपस्थिति। डीजल में हाइड्रोकार्बन और नाइट्रोजन आक्साइडों की मात्रा पेट्रोल चलित वाहनों के बराबर ही होती है। लेकिन डीजल के काले धुएँ में पॉली एरोमैटिक हाइड्रोकार्बन अणुओं की अधिक मात्रा मनुष्यों के लिए बहुत हानिकारक होती है। डीजल वाहनों के धुएँ में विभिन्न प्रकार के प्रदूषण होते हैं।

कभी-कभी डीजल में पेट्रोल की अपेक्षा सल्फर की मात्रा अधिक पायी जाती है। इस कारण इन वाहनों में सल्फर डाईआक्साइड गैस की उत्पत्ति होती है जो हानिकारक प्रभाव डालते हैं।

10.3 वाहन प्रदूषण का स्वास्थ्य पर प्रभाव

मोटर वाहनों के कुछ प्रदूषकों का प्रभाव तात्कालिक होता है पर कुछ प्रदूषक ऐसे भी हैं जो रासायनिक प्रतिक्रिया के बाद ही अपना प्रभाव प्रकट करते हैं। ज्ञातव्य है कि तात्कालिक प्रभाव वाले प्रदूषकों का प्रभाव दीर्घकालीन होता है। वाहनों से निकलने वाले लेड के विभिन्न यौगिकों के अणुओं का आकार एक माइक्रोमीटर (एक मिली मीटर के एक हजारवें भाग) से भी कम होता है। इन यौगिकों से दूषित हवा में साँस लेने से इनकी 25-50 प्रतिशत मात्रा शरीर में अवशोषित होती है। शरीर के अन्दर प्रविष्ट करने वाले लेड का 60 प्रतिशत स्थायी तौर पर शरीर के भीतर ही रह जाता है। लेड की इतनी अधिक मात्रा त्वचा के कैंसर को तो जन्म दे सकती है तथा साथ ही साथ शरीर की अनुवांशिक संरचना में भी परिवर्तन ला सकती है तथा लेड यकृत, गुर्दे और बच्चों के मस्तिष्क को भी हानि पहुँचाता है। यह मनुष्य की प्रजनन क्रिया को भी प्रभावित कर सकता है।

डीजल और पेट्रोल वाहनों से निकलने वाले पॉली साइक्लिक हाइड्रोकार्बन भी त्वचा के कैंसर को जन्म देते हैं। वैज्ञानिकों का मत है कि हाइड्रोकार्बनों की अधिक मात्रा से फेफड़े का कैंसर भी हो सकता है। इन प्रदूषकों की लम्बी अवधि के प्रभाव से दमा हो जाने का खतरा बना रहता है।

10.4 सीसा प्रदूषण

प्रतिवर्ष मोटर वाहन अपने भार का लगभग चार गुना कार्बन डाइआक्साइड का उत्सर्जन करता है। इसके अतिरिक्त वाहनों से निकलने वाले धुएँ में एक पदार्थ होता है सीसा, जिसकी मात्रा दिनोंदिन बढ़ती जा रही है। हवा में उपस्थित सीसा, साँस के जरिए हमारे शरीर में पहुँचकर दमा और अन्य श्वास सम्बन्धी रोगों को तो जन्म देता ही है साथ ही स्नायु तन्त्र को क्षति पहुँचाकर दिमागी बिमारियों का कारण बनता है। सीसे की अधिक मात्रा सुनने की शक्ति को भी प्रभावित करता है इससे आनुवांशिक दोष भी उत्पन्न हो सकते हैं।

ज्ञातव्य है कि जिस सीसे रहित पेट्रोल को स्वच्छ हरित मानते हुए पश्चिम में सराहा जा रहा है, उसमें बेंजीन जैसे एरोमैटिक पदार्थ होते हैं जो कैंसर और दमा जैसे रोग पैदा कर सकते हैं। बेंजीन के अतिरिक्त पेट्रोल में टाल्वीन और जाइलीन जैसे रसायन होते हैं, उनसे रक्त कैंसर होने, यकृत, गुर्दे तथा अस्थि मज्जा को क्षति पहुँचने के अलावा हानिकारक वंशाणु परिवर्तन होता है।

वायु में उत्सर्जित होने वाले सीसे के कण पृथ्वी पर आने के पूर्व काफी देर तक हवा में रहते हैं। ये कण श्वास तथा फसल के माध्यम से शरीर में पहुँचकर

अनेकों प्रकार के हानिकारक प्रभाव डालते हैं जिनमें मुख्य रूप से उल्लेखनीय हैं बच्चों के मस्तिष्क पर कुप्रभाव, उच्च रक्तचाप, हृदय गति में अवरोध, कार्यक्षमता में कमी, स्मरणशक्ति में ह्रास तथा स्वास्थ्य में गिरावट आदि।

सीसे का अधिक उपयोग छपाई कार्य, पेन्ट निर्माण, बैटरी उत्पादन, मिट्टी के बर्तनों को रंगने में डिब्बों को बन्द करने हेतु, टीका लगाने में, पेंसिल आदि में किया जाता है। प्राप्त रिपोर्ट के अनुसार लखनऊ के जलस्त्रोतों में सीसे की मात्रा 1-5 माइक्रोग्राम प्रति लीटर तक पायी गयी जिसके कारण जलस्त्रोतों के पी-एच. का मान 6.8-8.4 तक प्राप्त हुआ। उत्तर प्रदेश में सीसे से संबंधित उद्योगों में कार्यरत कर्मियों को सीसे के सीधे सम्पर्क में आने पर उनके स्वास्थ्य में गिरावट तथा खून में कमी पायी गयी। बिहार में प्रिंटिंग प्रेस में कार्यरत कर्मियों से प्राप्त आंकड़ों से ज्ञात होता है कि उनमें 26 प्रतिशत सीसा विष से प्रभावित हैं जो 74 प्रतिशत लोगों के पेशाब में प्राप्त हुई है।

मानव शरीर में सीसे के प्रवेश का प्रमुख स्रोत भोजन और पानी है। अनाज, सब्जियों तथा पानी में प्राकृतिक तौर पर सीसा मौजूद होता है। शरीर में मौजूद 40-45 प्रतिशत सीसा भोजन के द्वारा और 40-45 प्रतिशत सीसा पानी के माध्यम से पहुंचता है। मनुष्य के खून में मौजूद सीसे में से मात्र 20 प्रतिशत या उससे भी कम सीसे का स्रोत हवा है। हवा में सीसे की मौजूदगी का कारण निस्संदेह सीसायुक्त पेट्रोल से चलने वाले वाहनों से निकलने वाला धुआँ है।

निस्सन्देह हवा में सीसे की बढ़ती मात्रा घातक है। परन्तु प्रश्न यह है कि क्या सीसा रहित पेट्रोल स्वास्थ्य की दृष्टि से सुरक्षित है? केन्द्रीय प्रदूषण नियंत्रण बोर्ड के अनुसार आमतौर पर हवा साँस के लिए तब तक ही सुरक्षित है जब तक कि उसमें एक घन सेण्टीमीटर में एक ग्राम के एक लाखवें हिस्से से ज्यादा सीसा न हो। हवा में सीसे का स्तर बढ़ जाने से मनुष्य के रक्त में भी सीसे का स्तर बढ़ जाता है। अनुसंधानों से पता चला है कि यदि 100 ग्राम रक्त में सीसे की मात्रा 80 माइक्रोग्राम से अधिक हो जाये तो यकृत, गुर्दे, रक्त प्रवाह, माँसपेशियों, मस्तिष्क और प्रजनन क्षमता पर इसका घातक प्रभाव पड़ता है।

सीसा रहित पेट्रोल में सीसे के अतिरिक्त बेंजीन, टाल्वीन और जाइलीन जैसे तेज गंध वाले विषाक्त एरोमैटिक यौगिक मिलाये जाते हैं। बेंजीन कैंसर का जनक है और वह सीसायुक्त और सीसारहित दोनों तरह के पेट्रोलों में उपस्थित रहता है। लेकिन सीसारहित पेट्रोल में उसका स्तर अधिक होता है।

टाल्वीन वह पदार्थ है जो हमारी ज्ञान तन्तुप्रणाली को प्रभावित करता है तथा उससे दौरे आ सकते हैं एवं व्यक्ति मूर्छित हो सकता है। इससे यकृत तथा गुर्दे क्षतिग्रस्त हो जाते हैं और यह वंशाणु परिवर्तन का कारण भी बन सकता है।

जाइलीन से अस्थि मज्जा को हानि होती है और रक्त कणों में भी आ जाती है। यह व्यक्ति की याददाश्त तथा एकाग्रता को प्रभावित करती है। सीसायुक्त पेट्रोल में सीसा उत्प्रेरक के रूप में कार्य करता है तथा वह आधुनिक उच्चदाब इंजनों में पेट्रोल में से सीसा निकाल देने से उसका आक्टेन गुण समाप्त हो जाता है। सीसारहित पेट्रोल में इस कमी की पूर्ति के लिए गंधयुक्त हाइड्रोकार्बन का उपयोग किया जाता है।

सीसायुक्त पेट्रोल में उपयोग किए जाने वाले गंधयुक्त रसायनों में सबसे अधिक खतरनाक बेंजीन है। हम जितनी बार अपनी कार या वाहन में पेट्रोल भरवाते हैं उतनी बार उसके सम्पर्क में आते हैं। क्योंकि बेंजीन टंकी में से वाष्पित होकर बाहर आती है। अनुमानतः वायुमण्डल में उपस्थित बेंजीन का 20 प्रतिशत ईंधन के वाष्पन के होने से ही आता है। यद्यपि हवा में बेंजीन की कुछ मात्रा तो हमेशा ही रहती है। विशेषज्ञों के अनुसार पेट्रोल पम्पों के आसपास बेंजीन का स्तर उस स्तर से पाँच गुना ज्यादा तक भी हो सकता है।

बेंजीन का खतरा हमें केवल पेट्रोल भरवाते समय ही नहीं होता बल्कि पम्प के पास गुजरते हुए भी होता है। विशेषज्ञों के अनुसार सड़कों की अपेक्षा पेट्रोल पम्प पर बेंजीन प्रदूषण दस गुना अधिक होता है। इसीलिए यह कोई आश्चर्य की बात नहीं है कि इन पम्पों पर काम करने वालों को रक्त कैंसर की शिकायत हो जाती है।

विशेषज्ञों के अनुसार बेंजीन का 80 प्रतिशत प्रदूषण ट्राफिक जामों के समय होता है। भूमिगत पार्किंग क्षेत्रों में बेंजीन वाष्प का स्तर बहुत ज्यादा रहता है। कार चलते समय साँस के जरिये तो बेंजीन लगातार फेफड़ों में पहुँचती रहती है।

सीसारहित पेट्रोल के उपयोग को उन देशों में तो प्रतिबंधित किया ही जाना चाहिए जहाँ कारों के धुआँ निकलने वाले पाइप में कैंटेलिटिक कनवर्टर नाम का उपकरण नहीं लगा होता हैं। इस उपकरण द्वारा हानिकारक गैसों का उत्सर्जन कम हो जाता है।

सम्पन्न देशों का अनुभव बताता है कि वाहनों की संख्या कम होने से प्रदूषण अपने आप घटता है। यूरोप के जिन 25 नगरों ने अपने यहाँ कार मुक्त नगर क्लब गठित किए हैं वहाँ बेंजीन की मात्रा में 50 प्रतिशत तथा कार्बन मोनोआक्साइड और नाइट्रिक आक्साइड की मात्रा में क्रमशः 40 तथा 50 प्रतिशत की कमी आयी है।

11
ओजोन और पर्यावरण

11.1 परिचय

मनुष्य जाति ने विकास के नाम पर प्राकृतिक संसाधनों का अति दोहन किया है। इनके परिणामस्वरूप अनेक समस्यायें उत्पन्न होती जा रही है। औद्योगिकीकरण और शहरीकरण के प्रयासों, आधुनिक कृषि प्रणालियों तथा विभिन्न प्रकार के यातायात के कारण ऊर्जा की माँग निरंतर बढ़ते रहने के कारण पर्यावरण असंतुलित होता जा रहा है। धीरे-धीरे पर्यावरण की क्षमता कम होती जा रही है। इन कारणों ने वायु, जल, मृदा तथा आकाश को प्रदूषित कर दिया है। प्रदूषण की मात्रा इतनी बढ़ गयी है कि जीवों को भौतिक, रासायनिक तथा जैविक प्रदूषणों से उत्पन्न अनेकों समस्याओं का सामना करना पड़ रहा है।

औद्योगिकरण तथा मनुष्यों के कारगुजारी के कारण सूर्य की पराबैंगनी किरणों के घातक दुष्परिणामों से जीवों का अस्तित्व खतरे में पड़ता जा रहा है। पृथ्वी के ऊपर ओजोन की एक पतली परत है जो सूर्य के सक्रिय पराबैंगनी विकिरण से पृथ्वी को सुरक्षा प्रदान करती है। विभिन्न रासायनिक यौगिकों द्वारा इस ओजोन परत में क्षति होती जा रही है जिसके फलस्वरूप सूर्य में उपस्थित पराबैंगनी किरणें पृथ्वी पर पहुँचकर मनुष्य, पौधों तथा जीव-जन्तुओं पर घातक प्रभाव डाल रही हैं। ओजोन परत की क्षति पिछले दो दशक से चिन्ता एवं चर्चा का विषय बना हुआ है। इसके कुप्रभाव एवं खतरे से मानव काफी चिंतित एवं आतंकित है। ओजोन परत की क्षति क्यों हो रही है तथा उसे किस प्रकार रोका जाये, इसके लिये कुछ महत्त्वपूर्ण तथ्यों की जानकारी आवश्यक है।

11.2 ओजोन

प्राचीन समय में पृथ्वी पर कोई वायुमण्डल उपस्थित नहीं थी। पृथ्वी पर वायुमण्डल की रचना तो वास्तव में ज्वालामुखी विस्फोटों द्वारा हुयी है। इन विस्फोटों द्वारा नाइट्रोजन आक्साइड, कार्बन डाईआक्साइड, हाइड्रोजन, क्लोरीन तथा अन्य अल्पतम गैसों की प्राप्ति हुयी पर आक्सीजन तथा ओजोन गैसों की प्राप्ति नहीं हुयी। धीरे-धीरे समय व्यतीत होने के साथ-साथ तथा पृथ्वी पर उपस्थित विभिन्न पौधों द्वारा आक्सीजन की प्राप्ति वायुमण्डल में हुयी। इस प्रकार से आक्सीजन गैस की प्राप्ति से जीवित प्राणियों के अपापचय क्रियाओं में परिवर्तन हुये।

11.3 वायुमण्डल

वायुमण्डल पृथ्वी के तल से लगभग 1600 किलोमीटर की ऊँचाई तक स्थित है। वायुमण्डल का 99 प्रतिशत भाग 55 किलोमीटर की ऊँचाई तक सीमिंत है जिनमें विभिन्न गैसों का मिश्रण विद्यमान है। इस वायुमण्डल को निम्नलिखित तीन भागों में विभक्त किया गया है:-

1. पृथ्वी से निकटतम क्षेत्र लगभग 20 किलोमीटर की ऊँचाई तक है, इसे क्षोभमण्डल (टोपोस्फीयर) के नाम से जाना जाता है।
2. 20 से 50 किलोमीटर तक के व्याप्त वायुमण्डल के भाग को समतापमण्डल (स्ट्रैटोस्फीयर) कहते हैं।
3. 80 किलोमीटर तक व्याप्त वायुमंडल के भाग को मीसोस्फीयर कहते है।

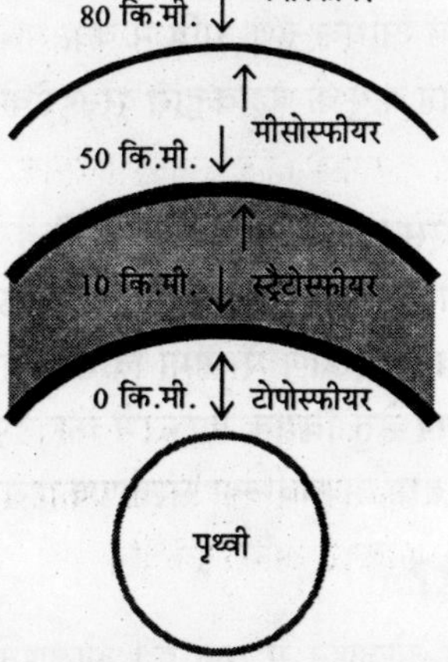

चित्र 11.1 : पृथ्वी के साथ वायुमण्डल की संरचना

इस प्रकार वायुमण्डल के विभिन्न भागों को चित्र 11.1 में दर्शाया गया है।

प्रारम्भिक वर्षों में वायुमण्डल में ओजोन की उपस्थिति नहीं होने के कारण सूर्य के प्रकाश में उपस्थित पराबैंगनी किरणें पृथ्वी की सतह पर पहुँचकर जीवों की संरचना में अभूतपूर्व भूमिका निभाने में सक्षम हो सकी । वायुमण्डल में ओजोन की प्राप्ति पराबैंगनी किरणों द्वारा निम्न प्रकार हुयी:-

1. (अ) आक्सीजन अणु+पराबैंगनी किरणें ⟶ आक्सीजन परमाणु+आक्सीजन अणु

$$2O_2 + \text{UV rays} \longrightarrow 2O + O_2$$

(ब) आक्सीजन अणु + आक्सीजन परमाणु ⟶ ओजोन

$$O_2 + O \longrightarrow O_3$$

2. पेट्रोल या कोयला की दहन क्रियाओं द्वारा प्राप्त प्राथमिक प्रदूषकों जैसे नाइट्रोजन डाईआक्साइड द्वारा भी ओजोन की प्राप्ति होती है।

(अ) नाइट्रोजन डाईआक्साइड $\xrightarrow[\text{प्रकाश}]{\text{सूर्य}}$ नाइट्रोजन मोनोआक्साइड+आक्सीजन परमाणु

$$2NO_2 \xrightarrow[\text{प्रकाश}]{\text{सूर्य}} 2NO + O_2$$

(ब) आक्सीजन अणु + आक्सीजन परमाणु ⟶ ओजोन

$$O_2 + O \longrightarrow O_3$$

वायुमण्डल में ओजोन की मात्रा समय के साथ-साथ परिवर्तित होती रहती है। इसकी मात्रा दोपहर में अधिक तथा रात्रि में कम पायी जाती है। इस प्रकार से प्राप्त वायुमण्डलीय ओजोन वायु के बहाव द्वारा दूर-दूर के स्थानों तक प्रसारित होती रहती है।

ओजोन की मात्रा ऐसे स्थानों पर अधिक होती है जहाँ पर पेट्रोल आधारित ऊर्जा की प्राप्ति की जाती है, तथा मनुष्यों द्वारा विभिन्न प्रदूषकों का उत्पादन होता है। ओजोन की प्राप्ति खाद्य संरक्षण में गामा किरणों द्वारा कीटाणु हनन के लिये पराबैंगनी लैम्प, उच्च ताप हेतु विद्युत उपकरण का उपयोग, फोटोकापी मशीन, जल शुद्धीकरण संयन्त्रों तथा अकार्बनिक संश्लेषण द्वारा भी होता है।

11.4 ओजोन क्या है?

ओजोन ग्रीक शब्द ओजाइन से बना है। ओजाइन का अर्थ है महकना जो ओजोन के गुण से मिलता है। इसकी गंध तीखी होती है।

ओजोन एक प्रकार की गहरी नीली गैस है जो आक्सीजन के तीन परमाणुओं से संयुक्त होने पर प्राप्त होती है। ओजोन एक प्रदूषक गैस है जिसकी अधिक मात्रा सभी जीवों के लिये जानलेवा है। यह गैस पौधों के कोशिका झिल्ली की पारगम्यता और अक्रिय किण्वन को बढ़ावा देती है। ओजोन इथिलीन उत्पादन को भी उत्तेजित करती है जिसके कारण पौधों की पत्तियों और अन्य भागों की वृद्धि कम हो जाती हैं। इस गैस का प्रतिकूल प्रभाव फलों और फसलों के उत्पादन तथा गुण नियन्त्रण पर पड़ता है। ओजोन शक्तिशाली आक्सीकारक है। इस गुण के कारण ओजोन दूसरे अणुओं से इलेक्ट्रॉन निष्क्रमण की क्षमता रखता है।

11.5 वायुमण्डल में ओजोन की सान्द्रता

वायुमण्डल में ओजोन गैस आक्सीजन के 21 प्रतिशत की तुलना में बहुत ही कम मात्रा में पायी जाती है। पृथ्वी की सतह पर ओजोन की मात्रा 0.1 पीपीएम होती है। प्रदूषित क्षेत्रों में ओजोन की मात्रा बढ़कर 0.7 पीपीएम तक पहुँच जाती है। ऐसा पाया गया है कि पृथ्वी की सतह से लगभग 15 किलोमीटर की ऊँचाई तक ओजोन की सान्द्रता घटती जाती है पर इस ऊँचाई से लगभग 35 किलोमीटर की ऊँचाई तक ओजोन की सांद्रता बढ़ती जाती है। इस क्षेत्र में ओजोन की सान्द्रता 0.5 पीपीएम तक पायी जाती है। इस ऊँचाई पर स्थित ओजोन की एक सतह होती है जिसे ओजोन परत कहते हैं। ऐसा अनुमानित है कि यदि वायुमण्डल में उपस्थित सभी ओजोन को एकत्रित कर पृथ्वी पर प्रसारित कर दिया जाये तो सामान्य वायुमण्डलीय दबाव पर यह 3 मिली की परत बना सकेगी।

11.6 ओजोन परत

वायुमण्डल में ओजोन दो विभिन्न परतों में पाया जाता है। ये परत पृथ्वी की सतह से 15 तथा 50 किमी. की ऊँचाई पर स्थित है जिन्हें क्रमशः क्षोभमण्डल (टोपोस्फीयर) तथा समतापमण्डल (स्ट्रैटोस्फीयर) के नाम से जाना जाता है। वायुमण्डल में उपस्थित सभी ओजोन की मात्रा का 90 प्रतिशत भाग समताप मण्डल में तथा 10 प्रतिशत भाग क्षोभमण्डल में पायी जाती है। इस प्रकार पृथ्वी के चारों ओर ओजोन की एक पतली परत पायी जाती है।

11.7 ओजोन परत के गुण

ओजोन परत दो प्रकार का कार्य करता है एक तरफ तो पृथ्वी की सतह पर प्राप्त ओजोन श्वास द्वारा शरीर के अन्दर प्रविष्ट कर विषैला प्रभाव डालता है जिसका प्रभाव सबसे पहले फेफड़े पर पड़ता है। अधिक समय तक शरीर के अन्दर

ओजोन के रहने से विभिन्न प्रकार का घातक प्रभाव पड़ता है। दूसरी तरफ समताप मण्डल में उपस्थित ओजोन परत सूर्य की किरणों में उपस्थित पराबैंगनी किरणों को अवशोषित कर शेष किरणों को पृथ्वी पर आने देता है। इस प्रकार पराबैंगनी किरणों को अवशोषित कर ओजोन परत मनुष्यों तथा पौधों को क्षतिग्रस्त होने से सुरक्षा प्रदान करता है। ज्ञातव्य है कि पराबैंगनी किरणें अदृश्य ऊर्जाकण हैं जो प्राणी कोशिकाओं की रचना को बदल देने में समर्थ होते हैं।

11.8 ओजोन परत के क्षति की जानकारी

सन् 1970 में स्टाकहोम विश्वविद्यालय में कार्य करते हुये नीदरलैण्ड के वैज्ञानिक मासेबिन्द क्रुटजन ने सर्वप्रथम ओजोन परत के क्षति के बारे में रासायनिक तथ्य प्रस्तुत किया। उन्होंने बताया कि नाइट्रोजन आक्साइड तथा नाइट्रोजन डाईआक्साइड ही ओजोन परत के क्षय में मुख्य रूप से उत्प्रेरक का कार्य करते हैं। इन गैसों का निर्माण पृथ्वी पर पाये जाने वाले सूक्ष्म जीवाणु द्वारा वायुमण्डल में युक्त किये जाने वाले नाइट्रस आक्साइड द्वारा होता है। इस तरह सर्वप्रथम प्राकृतिक रूप से ओजोन परत के क्षति का रासायनिक तथ्य प्रकाश में आया। तदोपरान्त कैलीफोर्निया विश्वविद्यालय के होरोल्ड जोन्सटन ने बताया कि सुपरसोनिक वायुयान द्वारा उत्सर्जित होने वाले नाइट्रोजन युक्त धूम्र वायुमण्डल की स्ट्रैटोस्फीयर परत के ओजोन के विनाश का उत्तरदायी है।

वर्ष 1973 में मैक्सिको निवासी मोलिना ने इरविन में रोलेन्ड से मुलाकात की और फिर दोनों ने संयुक्त रूप से ओजोन परत के क्षय के कारणों पर अनुसंधान प्रारम्भ किया। वर्ष 1972 में लवलोक द्वारा आविष्कृत "इलेक्ट्रोन कैप्चर डिटेक्टर" नामक यंत्र ने दोनों वैज्ञनिकों के अनुसंधान में अहम् भूमिका निभाई। वर्ष 1974 में रोलेन्ड व मोलिना के संयुक्त प्रयासों से स्ट्रेटोस्फीयर में उपस्थित ओजोन के क्षय के कुछ और नये कारण प्रकाश में आये। उन्होंने बताया कि औद्योगिक क्षेत्र में शीतक के रूप में प्रचुर मात्रा में होने वाला क्लोरो फ्लोरो कार्बन वायुमण्डल में विसर्जित होकर मुक्त क्लोरीन रेडिकल में अपघटित हो जाता है। यह मुक्त क्लोरिन रेडिकल ही ओजोन के क्षय की क्रिया में उत्प्रेरक का कार्य करता है। क्लोरो फ्लोरो कार्बन (सी.एफ.सी.) रासायनिक रूप से आदर्श गैस की भाँति व्यवहार करते हुये काफी समय तक वायुमण्डल में व्याप्त रहती है।

वर्ष 1985 में जोसेफ फोरमैन के नेतृत्व में अंटार्कटिका के एक अनुसंधान दल ने पाया कि अंटार्कटिका पर ओजोन परत की क्षति हो रही है। इस प्रकार का

अवलोकन आश्चर्यजनक था। ऐसा आश्चर्य इसलिये हुआ क्योंकि पूर्व अनुसंधानों के अनुसार ओजोन की क्षति उन स्थानों पर अधिक होनी चाहिये जहाँ पर सूर्य की प्रकाश की तीव्रता अधिक होती है। इन परिणामों से प्रेरित होकर तीनों वैज्ञानिकों ने ध्रुव पर ओजोन परत के शीघ्रता से क्षति होने के कारणों का पता लगाने के लिये सक्रिय प्रयास प्रारम्भ कर दिया। सन् 1990 तक ध्रुवों के निम्न ताप क्रम पर ओजोन परत के विनाश के कारण स्पष्ट रूप से प्रकाश में आया।

इस सफलता के कारण सन् 1995 में रसायन क्षेत्र में प्लांक इंस्टीट्यूट फार केमिस्ट जर्मनी के क्रुटजन, कैलिफोर्निया विश्वविद्यालय इरविन के सीखुड रोलैण्ड तथा मस्कट्स इंस्टीट्यूट आफ टेक्नोलाजी के मेरियो मोलिना को नोबेल पुरस्कार से पुरस्कृत किया गया। उल्लेखनीय है कि यह पहला अवसर है जब पर्यावरण वैज्ञानिकों के कार्य तथा प्रयासों पर नोबेल पुरस्कार से पुरस्कृत किया गया है।

वर्तमान समय में मनुष्यों के विभिन्न क्रिया-कलापों द्वारा समतापमण्डल में उपस्थित ओजोन परत की क्षति होती जा रही है अपनी इच्छाओं की पूर्ति हेतु मनुष्य ऐसे रासायनिक यौगिकों को उपयोग में लाता जा रहा है जो ओजोन परत को प्रभावित करते हैं। ओजोन परत को प्रभावित करने में वायुमण्डल में पायी जाने वाली मुख्य गैसें हैं नाइट्रिक आक्साइड, क्लोरीन तथा ब्रोमीन। ये सभी गैसें ओजोन अणु को आक्सीजन अणु में विखण्डित करने की क्षमता रखती हैं। उन सभी गैसों में क्लोरीन सबसे प्रभावशाली है।

जिन गैसों का ओजोन परत पर सबसे अधिक प्रभाव पड़ता है, वह है क्लोरो फ्लोरो कार्बन जिसे सी.एफ.सी. के नाम से जाना जाता है। ये गैसें हैलोकार्बन नामक वर्ग से सम्बन्धित हैं। इसमें कार्बन तथा हैलोजन (फ्लोरीन, क्लोरीन तथा ब्रोमीन) परमाणुओं की शृंखला सम्मिलित है। इस कड़ी की पहली गैस को वर्ष 1926 में मनुष्यों द्वारा बनाया गया था। इसके बाद इन गैसों की संख्या में अधिक तेजी से वृद्धि हुयी है। हैलोकार्बन गैसें निष्क्रिय, विषरहित, अज्वलनशील, गंधहीन तथा रंगहीन होती हैं।

इस प्रकार जैवमण्डल के लगातार विकृत होने से मानवीय पर्यावरण को हो रही क्षति आज हमारी प्रमुख समस्याओं में से एक है। पर्यावरण की क्षमता कम होती जा रही है। यदि वायुमण्डल से ओजोन अलग कर दिया जाये तो मात्र 50 वर्षों के भीतर ही सूर्य की किरणों के घातक प्रभाव से पृथ्वी पर जीवन नष्ट हो जायेगा। इस प्रकार मनुष्य का अस्तित्व खतरे में पड़ता जा रहा है। अब तक प्राप्त तथ्यों के अनुसार ओजोन परत के नष्ट होने से जलवायु परिवर्तन, रेगिस्तानी विस्तार, भीषण

गर्मी, सूखा वातावरण एवं जल प्रदूषण की समस्या दिन–प्रतिदिन गम्भीर होती जा रही हैं।

11.9 क्लोरो फ्लोरो कार्बन (सी.एफ.सी.) द्वारा ओजोन परत की क्षति

क्लोरो फ्लोरो कार्बन यौगिक का प्रथम बार उपयोग वर्ष 1930 में किया गया था। अज्वलनशील अक्रिय तथा विषैलारहित होने के कारण इस यौगिक का व्यापक उपयोग वायुशीतक तथा प्लास्टिक में फोम उत्पन्न करने के लिये किया गया। इस यौगिक की प्राप्ति सस्ता होने के कारण इसका उपयोग बढ़ता गया और विभिन्न क्षेत्रों जैसे विलायक, इलेक्ट्रानिक उद्योग में उपकरणों की सफाई करने तथा स्प्रे कार्यों इत्यादि में उपयोग होने लगा। इसका उपयोग एयरोसाल, प्रशीतन (रेफ्रीजरेशन), वातानुकूलन (एयरकंडीशनिंग) तथा मृदु और कठोर फोमों में निर्माण जैसे विभिन्न कार्यों के लिये होने लगा। सी.एफ.सी.–11 तथा सी.एफ.सी.–12, दो हैलोकार्बन ऐसे हैं जो विश्व भर में बड़े पैमाने पर प्रयोग में लाये जा रहे हैं।

यह रहस्य अधिक समय तक बना रहा कि उपरोक्त गैसें ओजोन परत तक किस प्रकार पहुँचती हैं। वास्तव में अमेरिका, कनाडा तथा यूरोपीय देशों में धातुओं के पुनर्चक्रण करने के लिये अधिक संख्या में पुराने रेफ्रीजरेटरों, एयरकंडीशनरों, वातानुकूलित कारों तथा अन्य वाहनों को तोड़ा जाता है। इसके फलस्वरूप वायुमण्डल में अधिक मात्रा में क्लोरो फ्लोरो कार्बन गैस का उत्सर्जन होता है। क्लोरो फ्लोरो कार्बन युक्त उपकरणों का उपयोग धातुओं के पुनर्चक्रण के बाद इस्तेमाल में न लाने के कारण ये गैसें वायुमण्डल में चली जाती हैं। इस क्रिया विधि द्वारा इस गैस की मात्रा वायुमण्डल में बढ़ती जाती है। धीरे–धीरे इनकी मात्रा इतनी अधिक बढ़ चुकी है कि इसके दुष्परिणाम समक्ष आने लगे हैं।

इन सभी विधियों द्वारा मुक्त क्लोरो फ्लोरो कार्बन वायुमण्डल में स्थित ओजोन परत तक पहुँचकर इसे क्षति करने में समर्थ होती है। ओजोन परत सूर्य की पराबैंगनी भाग को अपने में समेटने के लिए जानी जाती है। पर यदि ओजोन परत क्षतिग्रस्त हो जायेगी तो अधिक मात्रा में पराबैंगनी किरणें पृथ्वी पर बिना किसी प्रकार के रूकावट के पहुँच जायेंगी।

विभिन्न प्रकार के कार्यों में सी.एफ.सी. का उपयोग निम्नलिखित तालिका में अंकित किया गया है:–

तालिका 11.1 : सी.एफ.सी. का उपयोग

कार्य	सी.एफ.सी. की मात्रा प्रतिशत
भोजन प्रक्रिया	34
वायुशीतक	6
घरेलूशीतक	5
औद्योगिकशीतक	1
मोटर वाहन तथा वायुयान में शीतक के रूप में	54

सी.एफ.सी. का उपयोग दिन-प्रतिदिन बढ़ता जा रहा है। वर्तमान समय में इसका उपयोग प्रयोगशालाओं, व्यवसायिक भवनों, कार्यालयों, सिनेमाघरों, पुस्तकालयों, संग्रहालयों, ट्रेनों, जलपोतों, बसों और कारों में हो रहा है। सी.एफ.सी. का उपयोग कम्प्यूटर के लिये माइक्रो चिप्स के निर्माण में होता है। दुर्गन्धनाशकों, सौंदर्य प्रसाधनों आदि में उपयोग हेतु शीशियों में बटन दबाकर फुहारे की तरह जिस द्रव को उपयोग करते हैं उसमें सी.एफ.सी. होता है।

इन सभी को निम्नलिखित तालिका में अंकित किया गया है:-

तालिका 11.2 : विभिन्न सी.एफ.सी. (फ्रियान) यौगिकों का उपयोग

क्लोरो फ्लोरो कार्बन	सूत्र	उपयोग
मीथेन पर आधारित		
ट्राई क्लोरो फ्लोरो मीथेन सी.एफ.सी.-11	$CFCl_3$	एयर कण्डीशनर, रेफ्रीजरेशन, एयरोसाल फोम
डाइ क्लोरो फ्लोरो मीथेन सी.एफ.सी.-12	$CFCl_2$	एयरोसाल, फोम, रेफ्रीजरेशन, एयरकण्डीशनर
ईथेन पर आधारित		
फ्रियान - 113	CCl_2FCClF_2	रेफ्रीजरेशन, फोम की सफाई
फ्रियान - 114	$CClF_2CClF_2$	एयरोसाल, रेफ्रीजरेशन, फोम की सफाई
फ्रियान - 115	$CClF_2CF_3$	एयरकण्डीशनर, रेफ्रीजरेशन, फोम
हैलोन		
हैलोन - 1211	CF_2BrCl	आग बुझाने में
हैलोन - 1301	CF_2Br	आग बुझाने में
हैलोन - 2402	C_2F_4Br	आग बुझाने में

कुछ सी.एफ.सी. तथा हैलोन यौगिकों के वायुमण्डल में उपस्थित रहने की अवधि तथा ओजोन परत के क्षति में योगदान को तालिका-11.3 में अंकित किया गया है:-

तालिका 11.3

यौगिक	कार्य	वायुमण्डल में उपस्थित होने की औसत आयु	ओजोन परत के क्षति में योगदान (प्रतिशत)
सी.एफ.सी.-11	रेफ्रिजरेटर, फोम, फर्नीचर, एरोसाल, कम्प्यूटर कैबिनेट	74 वर्ष	26
सी.एफ.सी.-12	रेफ्रिजरेटर, फोम वायुशीतक, वाहन बम्पर	74 वर्ष	45
सी.एफ.सी.-13	विलायक, एरोसाल	90 वर्ष	12
हैलोन-130	आग बुझाने में	110 वर्ष	4
मिथाइल क्लोरोफार्म	विलायक, खाद्य पदार्थों के सरंक्षण में	90 वर्ष	5

ओजोन परत में सी.एफ.सी. द्वारा किस प्रकार क्षति होती है?

सी.एफ.सी. एक अत्यंत ही स्थिर यौगिक है। स्थिरता के कारण सी.एफ.सी. क्षोभमण्डल में विखण्डित नहीं हो पाती और फलतः अपने मूल अवस्था में यह यौगिक धीरे-धीरे वायुमण्डल में ऊपरी उठती जाती है। सी.एफ.सी.का इस प्रकार से ऊपर जाना गैसीय प्रभाव के कारण होता है। इस प्रकार जब सी.एफ.सी. वायुमण्डल के ऊपरी भाग में पहुँचकर ओजोन परत से मिलती है तो वहाँ सूर्य की किरणों से विखण्डित होकर क्लोरीन परमाणु मुक्त होती है। मुक्त हुआ क्लोरीन परमाणु ओजोन से क्रिया करके क्लोरोमोनो आक्सी रेडिकल तथा आक्सीजन अणु बनाता है। इस प्रकार ओजोन आक्सीजन अणु में बदल जाता है। इस प्रकार ओजोन का एक अणु बनाता है।

क्लोरोमोनो आक्सी रैडिकल पुनः अनेक क्रियाओं की श्रृंखला से होता हुआ अनेक स्वतंत्र क्लोरीन परमाणुओं को मुक्त कर देता है जो अलग-अलग प्रक्रियाओं द्वारा ओजोन परत का विनाश करने में समर्थ होती है। इस क्लोरीन परमाणु की क्षमता इतनी अधिक होती है कि इसका परमाणु ओजोन के एक लाख अणुओं को नष्ट कर देता है।

ओजोन परत को क्षति पहुँचाने वाला दूसरा मुख्य कारक है विभिन्न स्रोतों द्वारा प्राप्त नाइट्रिक आक्साइड जिसका सबसे बड़ा स्रोत है परमाणु बम। परमाणु बम विस्फोट से भीषण ताप उत्पन्न होती है जिसके फलस्वरूप वायुमण्डल में अधिक मात्रा में नाइट्रिक आक्साइड उत्सर्जित होता है। नाइट्रिक आक्साइड के वायुमण्डल में अनेकों माह तक रहने के कारण यह ओजोन से क्रिया करता है। क्रिया के फलस्वरूप ओजोन का परिवर्तन आक्सीजन में हो जाता है। 1970 के दशक में पहली बार यह एहसास किया जाने लगा कि बहुत तेज चलने वाले वायुयान द्वारा उत्सर्जित गैस में पायी जाने वाली नाइट्रोजन और छिड़काव वाले डिब्बों में प्रयोग होने वाले सी.एफ.सी. से ओजोन परत की क्षति का खतरा बना रहता है। अनुमानित है कि एक मेगाटन बम के विस्फोट से पाँच हजार टन नाइट्रिक आक्साइड गैस बनती है जो 50 लाख टन ओजोन गैस को नष्ट करने में सक्षम होती है।

ओजोन परत को क्षति पहुँचाने वाला तीसरा मुख्य कारक है वनों की अन्धाधुन्ध कटान। वनों के कटान से आक्सीजन गैस के निर्माण में सतत कमी होती है। फलस्वरूप कम मात्रा में ही ओजोन का निर्माण हो पाता है।

11.10 ओजोन परत में क्षति की स्थिति

ऐसा अनुमानित है कि ओजोन परत में क्षति होने वाली प्रक्रिया वर्ष 1931 के बाद से प्रारम्भ हुई। ऐसी धारणा इस बात पर आधारित है क्योंकि इसके पूर्व वायुमण्डल में सी.एफ.सी. की मात्रा नहीं के बराबर थी। इसके बाद ही इसकी मात्रा वायुमण्डल में निरन्तर बढ़ती गयी। वर्ष 1974 में कैलीफोर्निया के वैज्ञानिक एस. रोलैण्ड तथा एम. मोलिना ने प्रस्तावित किया कि मानव निर्मित सी.एफ.सी. यौगिकों के कारण ओजोन परत में क्षति होती जा रही है। वर्ष 1930 के पश्चात् सी.एफ.सी. के अतिरिक्त अमोनिया तथा सल्फर डाईआक्साइड को प्राथमिक रूप से शीतक हेतु उपयोग में लाया गया।

अंटार्कटिका तथा आर्कटिका में ओजोन परत की क्षति

ओजोन परत की क्षति अंटार्कटिका में 1975 में ही प्रारम्भ हो गयी थी पर इस तथ्य की जानकारी एक दशक तक नहीं हो पायी। 1970 के दशक में पहली बार यह एहसास किया जाने लगा कि बहुत तेज चलने वाले वायुयान द्वारा उत्सर्जित गैस में पायी जाने वाली नाइट्रोजन और छिड़काव वाले डिब्बों में प्रयोग होने वाले सी.एफ.सी. से ओजोन परत की क्षति का खतरा बना रहता है। विश्व स्तर पर प्रथम

बार ओजोन परत में छिद्र की प्राप्ति वर्ष 1985 में अंटार्कटिका क्षेत्र में पायी गयी। ज्ञातव्य है कि अंटार्कटिका में जितनी मात्रा में क्लोरीन अणुओं की प्राप्ति होती है वह ओजोन के परत में 5-10 प्रतिशत तक की क्षति करने में समर्थ होती है। समय के साथ-साथ ओजोन परत में क्षति का आकार बढ़ता गया और यह ज्ञात हुआ कि प्रत्येक वर्षा ऋतु में अंटार्कटिका में 50 प्रतिशत ओजोन की क्षति होती है। इस प्रकार के तथ्यों की जानकारी के लगभग 4 वर्ष बाद वर्ष 1989 में ओजोन परत में क्षति की प्राप्ति आर्कटिका क्षेत्र में भी पायी गई। इस क्षेत्र में 38 से 43 किलोमीटर की ऊँचाई पर 5 से 12 प्रतिशत ओजोन परत में क्षति हुई। अब तक इस बात की पुष्टि हो चुकी है कि आर्कटिका क्षेत्र के ओजोन परत में क्षति उतना गहरा नहीं है जितना कि अंटार्कटिका क्षेत्र में पाया जाता है।

प्राप्त आंकड़ों से यह ज्ञात होता है कि वर्तमान समय में वायुमण्डल में क्लोरीन की मात्रा में लगभग 10 गुना वृद्धि हो चुकी है। क्लोरीन युक्त यौगिकों की उपस्थिति एक गम्भीर समस्या है। इनकी अधिकता से ओजोन परत में क्षति बढ़ती जायेगी। सैटेलाइट परीक्षण द्वारा यह स्पष्ट हो चुका है कि ओजोन परत में इतनी अधिक क्षति हो चुकी है जो लगभग उत्तरी अमेरिका के क्षेत्रफल के बराबर है।

11.11 ओजोन परत में क्षति का प्रभाव

ओजोन परत की क्षति से पृथ्वी पर स्थित मनुष्य, जीव-जन्तु तथा पेड़-पौधे सूर्य की पराबैंगनी किरणों से प्रभावित होंगे। ऐसा इसलिये है कि पराबैंगनी किरणों के दुष्प्रभाव से बचने के लिये ओजोन परत एक प्रकार से छतरी का कार्य करती है। ऊर्जा के आधार पर पराबैंगनी किरणों को तीन भागों में विभाजित किया गया है। पराबैंगनी A अल्पतम ऊर्जा वाला किरण है जो ओजोन की क्षति से प्रभावित नहीं होता है इस प्रकार यह हानिकारक नहीं होता है। पराबैंगनी B मध्य ऊर्जा वाला होता है जो वायुमण्डलीय ओजोन की क्षति से प्रभावित होता है। यह किरणें पौधे तथा जीवों को अधिक हानि पहुँचाती हैं। तीसरा भाग पराबैंगनी C है जो सबसे अधिक ऊर्जा वाला होता है। यह हानि इसलिये नहीं पहुँचा पाता है क्योंकि वायुमण्डलीय ओजोन तथा आक्सीजन द्वारा इसका पूर्णतया अवशोषण हो जाता है।

पराबैंगनी किरणों द्वारा जीन संरचना में परिवर्तन प्रतिरक्षक प्रणाली में बदलाव, खेतों की उपज में भारी क्षति, समुद्री भोज्य पदार्थों में क्षति, चर्म कैंसर में वृद्धि, आँखों की दृष्टि पर हानिकारक प्रभाव तथा पौधों की वृद्धि में रूकावट आदि मुख्य हैं। अनुमानित है कि ओजोन परत में 10 प्रतिशत की कमी होने से पराबैंगनी की मात्रा में 20 प्रतिशत की वृद्धि होगी।

ओजोन परत में क्षति से होने वाले हानिकारक प्रभाव निम्न प्रकार हैं:-

ग्रीन हाउस प्रभाव में वृद्धि

औद्योगीकरण क्रांति के पूर्व के स्तर के मुकाबले आज वातावरण में कार्बन डाईआक्साइड के स्तर में 26 प्रतिशत बढ़ोत्तरी हो चुकी है। अनुमानित है कि 25 वर्ष में धरती के तापमान में एक से दो डिग्री तक औसत बढ़ोत्तरी होगी। अब तक ओजोन की परत को कुल 8-10 प्रतिशत क्षति पहुँचने का अनुमान है। धरती की जलवायु में परिवर्तन का कारण सिर्फ ओजोन को क्षति पहुँचाना ही नहीं है अधिक गर्मी पैदा करने वाला हरित ग्रह की गैसों का भी योगदान है। इनमें कार्बन डाईआक्साइड मुख्य है।

ओजोन परत की क्षति से समुद्री कार्बन डाईआक्साइड के प्रभाव में कमी होने के कारण ग्रीन हाउस प्रभाव द्वारा तापक्रम में वृद्धि की गति बढ़ जायेगी। इसका कारण है कि समुद्रों में उपस्थित फाइटो प्लैकटन वातावरण के कार्बन डाईआक्साइड की आधी मात्रा को अवशोषित कर लेते हैं। इस प्रकार के फाइटो प्लैकटन द्वारा कार्बन डाईआक्साइड के अवशोषित करने की क्षमता सूर्य में उपस्थित पराबैंगनो किरणों के सम्पर्क में आने से प्रभावित हो जाती है। इस प्रकार वातावरण में कार्बन डाईआक्साइड की अधिक उपस्थिति से तापक्रम में वृद्धि हो जाती है।

चर्म कैंसर

ओजोन परत की क्षति से पराबैंगनी विकिरण में वृद्धि होगी। पराबैंगनी किरणों का सबसे घातक प्रभाव मनुष्य में कैंसर उत्पादन से सम्बन्धित है जिसे मेलानोमा कहते हैं। यह किरणें विशेषकर युवा वर्ग तथा सफेद चमड़ी वाले लोगों को प्रभावित करती हैं। अमेरिका में इस प्रकार के कैंसर की बीमारी से प्रतिवर्ष कई हजार मनुष्य मर जाते हैं। गणना के आधार पर यह पाया गया कि ओजोन परत में 5 प्रतिशत की क्षति होने से चर्म कैंसर से प्रभावित होने वाले लोगों की संख्या में लगभग 25 प्रतिशत की वृद्धि होती है। इस प्रकार से अमेरिका में 50 हजार से अधिक लोग चर्म कैंसर के शिकार होंगे।

प्रतिरक्षक प्रणाली प्रभावित

पराबैंगनी विकिरण रोग प्रतिरक्षक प्रणाली को प्रभावित कर सकती है। इस प्रकार की क्षति से अनेक प्रकार की बीमारियों से प्रभावित होने की सम्भावनाएँ बढ़ जायेगी। ग्रीन हाउस प्रभाव में वृद्धि से छूत की बीमारियों से प्रभावित होने की

सम्भावनाएँ और भी बढ़ जायेगी। प्रतिरक्षक प्रणाली के प्रभावित होने से ट्यूमर तथा एड्स जैसी बीमारियाँ पनप सकती हैं तथा मनुष्यों के गुर्दों को भी क्षति पहुँच सकती हैं। सम्भवत: खेती की प्रणालियों पर भी दुष्प्रभाव पड़ सकता है।

आँखों की दृष्टिहीनता पर प्रभाव

ओजोन परत में क्षति होने से मनुष्यों में अंधापन तथा मोतियाबिन्द बीमारी में वृद्धि होगी। परीक्षणों द्वारा ज्ञात हो सका है कि पराबैंगनी किरणों से संवेदनशील होने के कारण आँखों की कार्निया तथा लेंस बुरी तरह से प्रभावित होती हैं। अनुमानित है कि ओजोन परत की एक प्रतिशत की क्षति से लगभग एक लाख लोग मोतियाबिन्द से प्रभावित होंगे। इस प्रकार का प्रभाव विश्व में सबसे अधिक दक्षिणी आस्ट्रेलिया में पाया गया है। यहाँ पर 5 प्रतिशत की क्षति से त्वचा कैंसर तथा मोतियाबिन्द से प्रभावित मनुष्यों की संख्या विश्व में सबसे अधिक पायी गयी है। ऐसा अनुमानित है कि 70 वर्ष तक जीवित रहने वाले प्रत्येक तीन मनुष्यों में कम से कम एक मनुष्य तो मोतियाबिन्द से अवश्य प्रभावित होगा। इस स्थान पर त्वचा कैंसर से मरने वालों की संख्या प्रतिवर्ष लगभग 15 लाख हैं। अनुमानित है कि ओजोन परत की एक प्रतिशत की क्षति से त्वचा कैंसर से प्रभावित मनुष्यों की संख्या में 5 प्रतिशत की वृद्धि होगी और यदि ओजोन परत की क्षति में 2-4 प्रतिशत तक वृद्धि हो तो त्वचा कैंसर से प्रभावित मनुष्यों की संख्या 12-20 प्रतिशत से बढ़ जायेंगी।

समुद्री जीवों पर प्रभाव

पराबैंगनी किरणों के कारण जलीय तथा समुद्री भोजन शृंखला को क्षति पहुँच रही हैं। इस प्रकार मछलियों की संख्या में कमी पायी जा रही है। जिसमें प्राणी झींगा या श्रिम्प और तरूण मछलियों के विकास एवं उत्पादन पर दुष्प्रभाव पड़ रहा है जो बड़े समुद्री जीवों के भोजन के काम में आती है। अत: इन जीवों और समुद्री सम्पदा का विनाश होने से बड़े जलीय जीव भुखमरी के शिकार हो जायेंगें। समुद्री जीवों के विनाश में वृद्धि के दो प्रमुख कारण हैं। इनमें पहला यह है कि वर्ष 1991 में फिलीपीन्स तथा चिली के पर्वतों पर ज्वालामुखी फटने के कारण अधिक मात्रा में प्रदूषक तत्व उत्सर्जित हुये। दूसरा कारण है मानव जाति द्वारा क्लोरो फ्लोरो कार्बन जैसी हानिकारक गैसों का निर्माण होना। ज्ञातव्य है कि ज्वालामुखी के फटने से समतापमण्डल में अधिक मात्रा में सल्फर फैलती है। इसके बनने से सल्फेट एयरोसाल के कण वातावरण में उपस्थित होकर कुप्रभाव डालते हैं जिसका प्रभाव

जलवायु पर पड़ता है। यही नहीं ज्वालामुखी के फटने से तापमान बढ़ जाता है। विश्व के कई क्षेत्रों में 50 प्रतिशत अधिक प्रोटीन की मात्रा समुद्र से ही प्राप्त होती है और इस प्रकार समुद्री खाद्य पदार्थों को गम्भीर खतरा पैदा हो रहा है। अनुमानित है कि उत्तरी अमेरिका के समुद्री स्थानों पर ओजोन परत की 16 प्रतिशत क्षति से 2,4 तथा 12 दिनों में क्रमशः 50,82 तथा 90 प्रतिशत समुद्री जीवों की हानि हो सकती है।

पौधों पर प्रभाव

पराबैंगनी किरणों के प्रभाव से पौधों में प्रकाश संश्लेषण की गति में कमी आ जाती है। इस प्रकार पौधों की वृद्धि में रूकावट होती है। इस प्रकार का प्रभाव तालिका 11.4 से स्पष्ट हो जाता है। धीरे-धीरे ऐसे पौधे नष्ट भी होने लगते हैं। ओजोन की क्षति में 25 प्रतिशत की कमी से फसलों की उपज में 25 प्रतिशत की कमी आ जायेगी। यदि वर्तमान गति से पृथ्वी पर पहुँचने वाली पराबैंगनी किरणों की प्रतिशत मात्रा में वृद्धि होती रही तो भविष्य में विश्वव्यापी भुखमरी का भी सामना करना पड़ सकता है।

ओजोन के पौधों पर कुप्रभाव को तालिका 11.4 में दर्शाया गया है:-

तालिका 11.4 : ओजोन का पौधों पर प्रभाव

पौधा	ओजोन की मात्रा पी.पी.एम.	सम्पर्क समय	प्रभाव
मूली	0.50	20 दिन	उत्पादकता में 50 प्रतिशत की कमी
तम्बाकू	0.01	6 घण्टा	बीज की अंकुरित होने की क्षमता में 50 प्रतिशत की कमी

वायु प्रदूषण में वृद्धि

ओजोन हानिकारक गैस है। वायुमण्डल के निचले भाग में इसकी अधिकता से वायु प्रदूषण बढ़ेगा। पराबैंगनी किरणों के क्षोभमण्डल में पहुँचने से रासायनिक सक्रियता बढ़ेगी, जिससे शहरी तथा ग्रामीण क्षेत्रों के नाइट्रोजन आक्साइड के अधिक स्तर के क्षेत्रों में प्रदूषण की संभावना बढ़ेगी। अनुमानित है कि शहरी क्षेत्रों में ओजोन परत की 10 प्रतिशत क्षति से क्षोभमण्डल में 10-25 प्रतिशत ओजोन में

वृद्धि होगी। ग्रामीण क्षेत्रों में अधिक स्माग तथा अम्लीय वर्षा की सम्भावना बढ़ेगी। यही नहीं इसके कारण हाइड्रोजन पराक्साइड की सान्द्रता बढ़ेगी। ज्ञातव्य है कि हाइड्रोजन पराक्साइड, सल्फर डाईआक्साइड को आक्सीकृत कर सल्फ्यूरिक अम्ल में परिवर्तित कर देता है जिसके कारण अम्लीय वर्षा की सम्भावना बढ़ जाती है।

पदार्थों की क्षति

ओजोन परत की क्षति से अधिकांश पदार्थों पर प्रभाव पड़ेगा। प्लास्टिक युक्त दरवाजों की आयु कम हो जायेगी। इस प्रकार का प्रभाव पॉली विनाइल क्लोराइड से बनी खिड़की, दरवाजों के फ्रेम तथा पाइप पर अधिक पड़ेगा। पॉली यूरेथेन तथा पॉली प्रोपाइलिन से बने मोटर वाहन के बम्पर भी कमजोर हो जायेंगे। समुद्र में मछलियों का पकड़ने हेतु प्रयोग में लायी जाने वाली जाली तथा रस्सी की मजबूती पर प्रभाव पड़ेगा। पदार्थों की क्षति की सबसे बड़ी हानि विकासशील देशों में होगी क्योंकि इन देशों में प्लास्टिक सस्ती होने के कारण इनका उपयोग अधिक किया जाता है। अधिक तापक्रम तथा सूर्य की रोशनी के होने के कारण विषवत रेखा के समीपवर्ती क्षेत्रों में व्यापक प्रभाव पड़ेगा।

11.12 ओजोन परत की सुरक्षा के उपाय

ओजोन परत में क्षति से पृथ्वी को अधिक हानि हो रही है। विशेषज्ञों का सुझाव है कि ओजोन परत को वर्तमान स्तर तक बनाये रखने के लिये प्रदूषण के स्तर में 60 प्रतिशत से अधिक कमी लानी होगी। यदि इस तथ्य पर ध्यान नहीं दिया गया तो अगली शताब्दी के अंत तक पृथ्वी के औसत तापमान में 3^0 सेल्सियस की वृद्धि होगी। इतने अधिक तापक्रम की वृद्धि से विभिन्न क्षेत्रों में विपत्तिजनक परिवर्तन होंगें। इनमें मुख्य हैं भोजन श्रृंखला सम्बन्धी प्रभावों से अनेकों विशेषकर पौधों और पशुओं की प्रजातियाँ विलुप्त हो जायेंगी, समुद्र का जल स्तर बढ़ जायेगा, पेयजल का संकट पैदा होगा, रेगिस्तान तथा भूमि कटाव क्षेत्रों में वृद्धि होगी और मौसम सम्बन्धी विषमताएँ पैदा होंगी। वृक्षों की कटान से भूमि कटान और आनुवांशिक संसाधनों का ह्रास होगा। इस तथ्य को गम्भीरता से विभिन्न देशों ने लिया और बियेना में मार्च 20, 1985 को ओजोन परत की सुरक्षा हेतु 20 देशों ने आयोजित बैठक में यह निर्णय लिया कि ओजोन परत की क्षति एक अन्तर्राष्ट्रीय समस्या है। ओजोन परत की क्षति क्लोरो फ्लोरो कार्बन के उत्सर्जन से होती हैं। इस सम्मेलन में किसी नियम के कार्यप्रणाली की बात नहीं की गयी।

11.13 मांट्रियल प्रोटोकाल

ओजोन परत की क्षति से संभावित दुष्परिणामों से निदान हेतु कनाडा के माट्रियल शहर में 16 सितम्बर, 1987 को एक बैठक आयोजित की गयी जिसमें 47 राष्ट्रों ने भाग लिया। इस बैठक में मांट्रियल प्रोटोकाल नामक एक समझौते पर सहमति प्रकट की गयी। मुख्य रूप से इस सहमति के अनुसार एक निश्चित समय के अन्दर ओजोन को क्षति पहुँचाने वाले रसायनों के इस्तेमाल पर रोक लगाने की बात कही गयी।

उपरोक्त तथ्यों को दृष्टिगत रखते हुये इस प्रकार समस्या के समाधान के लिये दो विकल्प समक्ष आते हैं- प्रथम तो यह कि सी.एफ.सी. के उपयोग पर प्रतिबन्ध लगा दिया जाये। यदि ऐसा किया जाता है तो ज्ञातव्य है कि इन यौगिकों द्वारा ओजोन परत में इतनी क्षति हो चुकी है कि इसकी पूर्ति में कम से कम 80 वर्ष के लगभग तो लग ही जायेगा। दूसरा विकल्प यह है कि शीतलक के रूप में सी.एफ.सी. के स्थान पर अन्य यौगिकों को उपयोग में लाया जाये।

दुर्भाग्य है कि वर्ष 1974 में वैज्ञानिकों द्वारा ओजोन परत में क्षति होने की बात को गम्भीरता से नहीं लिया गया। इसके 7 वर्षों के बाद तकनीकी विशेषज्ञों ने यूनाइटेड नेशन्स इन्वायरनमेटल प्रोग्राम (यू.एन.ई.पी.)की सहायता से एक कार्य प्रणाली बनाई जिसे विश्व के 21 देशों ने स्वीकार किया। उक्त प्रोटोकाल में उन सभी तथ्यों को उल्लेखित किया गया है जिसके फलस्वरूप सी.एफ.सी. के उत्पादन तथा उस पर नियन्त्रण रखा गया है। इस प्रोटोकाल को विश्व के 36 देशों ने प्रारम्भ में स्वीकार किया, जिसके अर्न्तगत 80 प्रतिशत सी.एफ.सी के उपयोग पर कम करने का प्रस्ताव है तथा पाँच सी.एफ.सी. तथा हैलोजन के यौगिकों को उपयोग में लाने पर प्रतिबंध लगाया गया है। इस प्रोटोकाल का उद्देश्य यह भी था कि वर्ष 1989 तक सी.एफ.सी. के नियंत्रित उपयोग के फलस्वरूप ओजोन परत में प्राप्त 1986 तक की क्षति को प्राप्त किया जाये। यह भी प्रस्तावित है कि जुलाई 1998 तक वर्ष 1980 का 50 प्रतिशत जुलाई 1993 का 80 प्रतिशत भाग सी.एफ. सी. उपयोग में कमी लायी जाये। मांट्रियल प्रोटोकाल के सभी राष्ट्रों ने वर्ष 1992 के बाद हैलोन को उपयोग में लाने में नियन्त्रण लगाने पर अपनी सहमति प्रकट की है जिससे वर्ष 1986 तक उपयोग में लाये गये मात्रा की स्थिति में पहुँच सकने में समर्थ हो सकें। सभी ने इस बात पर भी अपनी सहमति प्रकट की कि 1992 के बाद हैलोन के नियति पर प्रतिबन्ध लगा दिया जाये।

मांट्रियल प्रोटोकाल की दूसरी बैठक जुलाई 1990 में लंदन में आयोजित की गई। जिसमें विश्व के 100 देशों ने भाग लिया। इस बैठक में इस बात पर सहमति प्रकट की गयी कि योजनाबद्ध तरीके से ओजोन परत में क्षति पहुँचाने वाले पदार्थों को विभिन्न कार्यों हेतु उपयोग में नहीं लाया जाये तथा उनके स्थान पर ऐसे यौगिकों के उत्पादन पर बल दिया जाये जो सी.एफ.सी. तथा हैलोन को स्थानापन्न कर सकें।

मांट्रियल प्रोटोकाल के अनुसार जो निर्णय लिये गये उनको तालिका 11.5 में अंकित किया गया है:-

तालिका 11.5 : ओजोन परत को क्षति पहुँचाने वाले रसायन

नाम	सूत्र	ओजोन परत में क्षति पहुँचाने की क्षमता	उत्पादन/उपभोग में कमी
सी.एफ.सी.-11	$CFCl_3$	1.0	1906 की स्थिति के तुल्य
सी.एफ.सी.-12	CF_2Cl_2	1.0	1986 की स्थिति के तुल्य
सी.एफ.सी.-113	$C_2F_3Cl_3$	0.8	1995 की 50 प्रतिशत
सी.एफ.सी.-114	$C_2F_4Cl_2$	1.0	1997 की 85 प्रतिशत
सी.एफ.सी.-115	C_2F_3Cl	0.6	2000 की 100 प्रतिशत
हैलोन-1211	$CBrClF_2$	3.0	1986 की स्थिति के तुल्य
हैलोन-1301	$CBrF_3$	10.0	1995 की 50 प्रतिशत
हैलोन-2402	$C_2Br_2F_4$	6.0	1997 की 89 प्रतिशत
कार्बन टेट्राक्लोराइड	CCl_4	1.1	1989 की स्थिति के तुल्य 1995 की 85 प्रतिशत 2000 की 100 प्रतिशत
मिथाइल क्लोरोफार्म	CH_3CCl_3	0.1	1989 की स्थिति के तुल्य 1995 की 30 प्रतिशत 2000 की 70 प्रतिशत 2005 की 100 प्रतिशत

11.14 सी.एफ.सी. यौगिकों का विकल्प-विशेषतायें

जहाँ तक सी.एफ.सी. के स्थान पर अन्य यौगिकों को उपयोग में लाने का प्रश्न है इस सम्बन्ध में यह ध्यान देने की बात है कि ऐसे यौगिकों की कुछ वांछित

विशेषतायें होनी आवश्यक हैं। ऐसे यौगिकों में ओजोन परत में क्षति पहुँचाने की तथा ग्रीन हाउस प्रभाव की क्षमता दोनों कम होनी चाहिए। ऐसे यौगिक स्थायी, अक्रियाशील, अज्वलनशील, विषरहित और सस्ती भी हो जिन्हें शीतक के कार्यों में उपयोग किया जा सके।

उपरोक्त तथ्यों को ध्यान में रखते हुये अनेकों ऐसे यौगिकों का निर्माण किया जा रहा है। ऐसा पाया गया है कि ऐसे सी.एफ.सी. यौगिक जिनमें केवल एक क्लोरीन, फ्लोरीन या कार्बन हो तो वे ओजोन परत को क्षतिग्रस्त करने में अधिक क्षमता रखते हैं। परन्तु ऐसे यौगिक जो पूरी तरह से हैलोजनकृत नहीं होते हैं और जिनमें हाइड्रोजन परमाणु भी उपस्थित हो उनमें ओजोन परत को क्षति पहुँचाने की क्षमता में कमी हो जाती है। ऐसे यौगिक को हाइड्रोफ्लोरो कार्बन कहते हैं। जिनमें फ्लोरीन, कार्बन तथा हाइड्रोजन है पर क्लोरीन न रहे। ऐसा समझा जाता है कि हाइड्रोफ्लोरो कार्बन यौगिक सी.एफ.सी. का अच्छा विकल्प है क्योंकि यह ओजोन परत को क्षति नहीं पहुँचा सकता पर इनमें एक दुर्गुण यह है कि ऐसे यौगिक ग्रीन हाउस गैस की तरह कार्य करते हैं।

वर्तमान समय में रेफ्रीजरेटर तथा एयर कंडीशनर उपकरणों में सी.एफ.सी. रहित शीतकों का प्रयोग किया जा रहा है। इसमें एच.सी.एफ.सी.–22 सबसे अधिक उपयोग में लाया जा रहा है। चूँकि एच.सी.एफ. सी. ग्रीन हाउस गैसों की भांति कार्य करती है भविष्य में इनके उत्पादन पर प्रतिबन्ध लगा दिया जायेगा। इनके स्थान पर दीर्घकालीन समय तक चलने वाले प्रभावीत रूप से कार्य करने वाले सी.एफ.सी.–12 के विकल्प के रूप में एच.एफ.सी.–134 तथा एच.सी.एफ.सी.–152 यौगिकों को उपयोग में लाया जायेगा।

एच.सी.एफ.सी. यौगिक भी पूरी तरह से सुरक्षित नहीं है। वर्ष 1992 में मांट्रियल समझौते के अनुसार कोपेनहेगन में आयोजित बैठक में एच.सी.एफ.सी. पर भी रोक लगाने का प्रस्ताव किया गया जिसमें इसे पाँच चरणों का निर्धारण किया गया। इस पर पूरी तरह से रोक लगाने का समय 2030 निर्धारित किया गया।

सी.एफ.सी. के विकल्प के रूप में यौगिकों को उपयोग में लाने में कुछ कठिनाइयों का अनुभव प्रतीत हो रहा है। सी.एफ.सी. आधारित कुछ ऐसे उपकरण हैं जिनमें ऐसे यौगिकों को शीतक के रूप में उपयोग में लाने पर कठिनाई प्रतीत हो रही है। इस तथ्य के कारण सी.एफ.सी. का उत्पादन तुरन्त बंद नहीं किया जा सकता है। ऐसे उपकरणों के विकल्प यौगिकों के उपयोग करने में समय लगेगा।

ऐसा विश्वास किया जाता है कि अगली शताब्दी के प्रारम्भ तक इस समस्या का समाधान पाना सम्भव हो जायेगा। अनेकों औद्योगिक संस्थान सी.एफ.सी. के पुनर्चक्रीकरण कार्यक्रम पर आधारित कार्य कर रहे हैं जिससे सी.एफ.सी. की माँग को कुछ हद तक पूरा किया जा सके।

ऐसा विश्वास किया जाता है कि उपरोक्त विधियों द्वारा सी.एफ.सी. की माँग वर्ष 1991-1995 के अंतराल में 60 प्रतिशत तथा 1995-97 के अंतराल में 30 प्रतिशत की कमी आ जायेगी। दूसरी तरफ 1991-95 के अंतराल में एच.सी.एफ.सी.-22 की माँग में लगभग 5 प्रतिशत की बढ़ोत्तरी होगी और एच.एफ.सी. की माँग में वर्ष 1995-2005 के अंतराल में 10 प्रतिशत की बढ़ोत्तरी होगी। उपरोक्त प्रयास के कारण विश्व स्तर पर शीतक के रूप में सी.एफ.सी. के उत्पादन करने वाले औद्योगिक संस्थानों में 60 प्रतिशत की कमी वर्ष 1991-1995 के अंतराल में तथा 30 प्रतिशत की कमी 1995-1997 तक सी.एफ.सी. की माँग में वर्ष 1991 की तुलना में 15 प्रतिशत की कमी होगी। सी.एफ.सी. का अधिकांश उपयोग मोटर वाहनों में शीतक के रूप में किया जाता है। अत: जब तक नये उपकरणों का उत्पादन नहीं कर लिया जाता है तब तक सी.एफ.सी. की माँग बरकरार रहेगी।

सी.एफ.सी. की माँग को कम करने के लिये यह आवश्यक है कि वाहनों में शीतक के रूप में सी.एफ.सी.-12 के स्थान पर एच.एफ.सी.-134 का उपयोग किया जाये। पर यदि ऐसा कर भी लिया जाता है तब भी पुराने वाहनो की माँग को पूरा करने के लिये 70 हजार टन सी.एफ.सी.-12 की आवश्यकता पड़ेगी।

मांट्रियल प्रोटोकाल के अनुसार 20 की संख्या में ऐसे सी.एफ.सी. रसायन हैं जिन पर प्रतिबंध लगाया गया है। भारत वर्ष इनमें से सात रसायनो का उत्पादन तथा प्रयोग करता है। भारत में पूना तथा हैदराबाद स्थित प्रयोगशालाओं में एच.सी.एफ.सी.-22 तथा एच.सी.एफ.सी. -134, दो विकल्प यौगिकों का निर्माण किया जा रहा है।

शीतक के रूप में एच.सी.एफ.सी.-22 को भी प्रयोग में लिया जाता है पर वर्ष 1991-1997 के अन्तराल में इनकी माँग में मात्र 5 प्रतिशत की बढ़ोत्तरी होगी। इसका मुख्य कारण है कि अधिकांश रूप से एच.सी.एफ.सी. को पुनर्चक्रीकरण द्वारा प्राप्त कर लिया जाता है। इसकी माँग वर्ष 1997 के बाद 4 प्रतिशत प्रतिवर्ष की दर से घटेगी।

विकल्प यौगिकों को तालिका 11.6 में अंकित किया गया है:

तालिका 11.6 : विकल्प यौगिक

वर्तमान यौगिक	विकल्प यौगिक	उपयोग
सी.एफ.सी.-11	एच.एफ.सी.-134a	रेफ्रिजेरेटर
सी.एफ.सी.-12	एच.एफ.सी.-152a एच.एफ.सी.-22a हाइड्रोजन कार्बन	रेफ्रिजेरेटर
सी.एफ.सी.-11 सी.एफ.सी.-12	एच.सी.एफ.सी.-22 एच.सी.एफ.सी.-141a एच.सी.एफ.सी.-123	फोम ब्लोइंग
हैलोन	सूखा रासायनिक पाउडर कार्बन डाईआक्साइड	आग बुझाने में
सी.एफ.सी.-113 सी.टी.सी.	कार्बनिक विलायक	विलायक
एम.सी.एफ. सी.एफ.सी.-12	वाष्प द्वारा स्टेरिलाइजेशन	स्टेरिलाइजेशन
सी.एफ.सी.-11 हाइड्रोकार्बन सी.एफ.सी.-12 डाई इथाइल ईथर	एयरोसाल	

11.15 भारत की स्थिति

विश्व स्तर पर 20 यौगिकों को ओजोन परत के क्षति पहुँचाने के लिये जिम्मेदार माना गया है। इनमें 7 ऐसे यौगिक हैं जो भारत देश में प्रयोग में लाये जाते है। जो निम्नलिखित हैं:-

1. ट्राइ क्लारो फ्लोरो मीथेन — सी.एफ.सी.-11
2. डाई क्लोरो फ्लोरो मीथेन — सी.एफ.सी.-12
3. 1,1,2, ट्राई क्लोरो 1,1,2, ट्राई फ्लोरो मीथेन — सी.एफ.सी.-13
4. ब्रोमो क्लोरो डाई फ्लोरो मीथेन — हैलोन-1211
5. ब्रोमो ट्राई फ्लोरो मीथेन — हैलोन-1301
6. कार्बन टेट्रा क्लोराइड — CCl_4
7. मिथाइल क्लोरो फार्म — CH_3CCl_3

11.16 विश्वस्तरीय सहयोग की आवश्यकता

ओजोन परत को क्षति बहुत पहले से हो रही है पर इस सम्बन्ध में ठोस कदम वर्ष 1987 में उठाये गये जब कुछ वैज्ञानिकों के प्रयासों द्वारा यह तथ्य समक्ष आया कि अंटार्कटिका के ऊपर ओजोन की परत को सर्वाधिक क्षति हो गयी है। विश्व मौसम विज्ञान संगठन के अनुसार ओजोन परत की क्षति लगातार बढ़ती जा रही है। अनुमानित है कि पिछले कुछ वर्षों में ओजोन परत की मोटाई में लगभग 8 प्रतिशत की कमी आयी है। यह तथ्य भी समक्ष आया है कि ओजोन परत की क्षति सबसे अधिक क्लोरो फ्लोरो कार्बन यौगिक समूह द्वारा हुयी है। अनुमानित है कि क्लोरो फ्लोरो कार्बन के उत्पादन शुरू होने के बाद से अब तक लगभग दो करोड़ टन क्लोरो फ्लोरो कार्बन यौगिक वायुमण्डल में छोड़े जा चुके हैं। यह भी अनुमानित है कि वर्ष 1950 से 1980 के अंतराल में क्लोरो फ्लोरो कार्बन के निर्माण में लगभग 70 गुना वृद्धि हुयी है। इनके अतिरिक्त मीथेन, मिथाइल क्लोरो फार्म और नाइट्रस आक्साइड के लगातार जमाव से वायुमण्डल विषाक्त होता जा रहा है।

प्राप्त रिपोर्ट के अनुसार ओजोन परत की क्षति जारी है। रिपोर्ट के अनुसार पर्यावरण में क्लोरीन गैस के स्तर का निरंतर बढ़ना जारी है। ओजोन परत में निरंतर कमी आने के कारण अंतर्राष्ट्रीय दबाव बढ़ रहा है। यह समस्या मांट्रियल समझौते के बावजूद बनी हुयी है क्योंकि औद्योगिक क्षेत्र में क्लोरीन गैस की प्रचुरता वर्ष 1996 तक अत्यधिक होने की आशंका उत्पन्न की गयी है और उसके बाद स्थिति के पूर्ववत होने में लगभग 50 वर्ष तक लग जायेंगें। यदि यही स्थिति रही और मांट्रियल समझौते का व्यवहारिक कार्यान्वयन नहीं किया गया तो समताप मण्डल में अगले 50 वर्षों में दस प्रतिशत तक क्षति बढ़ जायेगी।

एक आंकलन के अनुसार ओजोन परत में 1.3 प्रतिशत क्षति से पृथ्वी पर हानिकारक पराबैंगनी विकिरणों में 1.8 प्रतिशत की वृद्धि होगी। विशेषज्ञों के अनुसार वर्ष 1998 के आसपास पृथ्वी के उत्तरी मध्य अक्षांश पर गर्मी के मौसम में ओजोन परत की क्षति 1.5 प्रतिशत तथा जाड़े में 2.5 प्रतिशत तक होने की आशंका है जबकि दक्षिणी गोलार्द्ध में पूरे वर्ष में 2.5 प्रतिशत तक क्षति होने की आशंका है।

वर्तमान स्थिति को दृष्टिगत रखते हुये यह आवश्यक समझा जा रहा है कि यदि विश्व को जीवित रखना है तो यह आवश्यक है कि धरती के बढ़ते तापमान, ओजोन परत की क्षति तथा वनों के ह्रास की चुनौतियों का सामना करें और तभी

आर्थिक विकास और पर्यावरण संरक्षण के माध्यम से स्थायी विकास की कल्पना की जा सकती है। यह इस बात पर निर्भर करता है कि मानवीय आवश्यकताओं की प्राप्ति हेतु पर्यावरण पर दुष्प्रभाव न पड़े। इस प्रकार के उद्देश्यों की प्राप्ति हेतु समुचित उपायों को ढूंढ़ना होगा और उनका अनुसरण भी करना पड़ेगा। कई विकासशील देश ऐसे हैं जो अपने हितों हेतु पर्यावरण सम्बन्धी मानदण्डों की अनदेखी कर रहे हैं। अधिकतर परियोजनाओं में हाइड्रो क्लोरो फ्लोरो कार्बन और हाइड्रो फ्लोरो कार्बन यौगिकों को चरणबद्ध रूप में प्रयोग में लाना होगा। रेफ्रीजरेटर में विकल्प यौगिक के रूप में इन्हीं यौगिकों को प्रयोग लाने की आवश्यकता पर जोर देना होगा।

इस प्रकार परिस्थिति के अनुकूल नई प्रौद्योगिकी का विकास करना होगा तथा ऐसी प्रौद्योगिकी को जनसामान्य तक पहुँचाने, प्रदूषण से निपटने तथा पर्यावरण संरक्षण के लिये उपायों की आवश्यकता है। इस प्रकार के उपायों से स्वस्थ और विक्षिप्त पर्यावरण सुनिश्चित हो सकेगा।

12

अम्ल वर्षा

प्रदूषण एक बहुआयामी समस्या है। प्रदूषण के नये-नये आयामों ने अधिक चिंता उत्पन्न की है। इन नये आयामों में प्रमुख रूप से चिंता का विषय है अम्ल वर्षा या तेजाबी वर्षा। अम्ल वर्षा के कारण वायु प्रदूषित करता है और जो प्राकृतिक पर्यावरण को नष्ट करने में प्रमुख भूमिका निभाता है। भारत देश में तो कम पर स्वीडन, कनाडा, इटली, ब्रिटेन, ग्रीस, फ्रांस, जर्मनी, चेकोस्लोवीया, स्केडोवीया तथा अमेरीका जैसे देशों में गम्भीर रूप से पर्यावरणीय समस्या बनी हुई है। धीरेधीरे विकासशील देशो में भी अम्ल वर्षा का प्रभाव पाया जा रहा है।

औद्योगिक कल कारखानों, ताप बिजली घरों, प्रगालको (Smellors), वाहनों, घरों तथा भट्टियों से जीवाश्म ईंधन (Fossil Fuel) के जलने से हाइड्रोकार्बनो एवं अन्य रसायनों के अतिरिक्त सल्फर तथा नाइट्रोजन के आक्साइड भी मुक्त हाते हैं। विद्युत शक्ति के उत्पादन हेतु जलाये जाने वाले जीवाश्म ईंधनों से जितने सल्फर डाईआक्साइड का उत्सर्जन होता है वह विश्व भर के कुल सल्फर डाईआक्साइड उत्सर्जन का लगभग 60-70 प्रतिशत होता है। इस प्रकार प्राप्त आंकड़ों द्वारा ज्ञात हुआ है कि विश्व भर में लगभग 11 करोड़ टन सल्फर डाईआक्साइड तथा 6 करोड़ टन नाइट्रोजन के आक्साइड एक वर्ष में वातावरण में मुक्त हो रहे हैं। केवल अमेरिका जैसे देश में 3 करोड़ टन सल्फर डाई आक्साइड का उत्सर्जन होता है।

भारत जैसे देश में ईंधन के जलने से सल्फर डाईआक्साइड गैस के उत्सर्जन में अधिक वृद्धि हुई है। स्पष्ट है कि वर्ष 1950 में तीन लाख टन कोयले के उत्पादन के मुकाबले में वर्ष 1980 में कोयले का उत्पादन बढ़कर 15 लाख टन तक पहुँच गया। अनुमानित है कि वर्तमान समय में कोयले का उत्पादन 25 लाख टन तक हो

जाने की उम्मीद है।

ज्ञातव्य है कि जीवाश्म ईंधनों के जलने से उत्सर्जित होने वाली सल्फर डाईआक्साइड की मात्रा भारत में 1980 के दशक तक 34 लाख टन तक हो गई थी। इस प्रकार वातावरण में मुक्त होने वाली सल्फर डाईआक्साइड की मात्रा में तेजी से वृद्धि भारत देश मे होती है। यह घोर चिंता का विषय है। सल्फर डाई आक्साइड की बढ़ती हुई मात्रा में अधिक जिम्मेदार है मुम्बई, दिल्ली, कलकत्ता तथा मद्रास।

12.1 अम्ल वर्षा क्या है

वातावरण में उपस्थित सल्फर डाईआक्साइड तथा नाइट्रोजन आक्साइड गैस मिलकर वातावरण में विद्यमान वाष्प के साथ क्रिया करके क्रमशः सल्फ्यूरिक अम्ल तथा नाइट्रिक अम्ल की रचना करती है। इस प्रकार से प्राप्त अम्ल वर्षा के पानी के साथ क्रिया कर जब पृथ्वी पर पहुँचता है तो उसे अम्ल वर्षा कहते हैं। इसे एसिड रेन या तेजाबी वर्षा अथवा अम्ल वर्षा से भी जाना जाता है।

12.2 अम्ल वर्षा से पी-एच. का सम्बन्ध

अम्ल वर्षा को समझने के लिए पी–एच. मान का सहारा लेना पड़ता है जो किसी भी विलयन के अम्लीय या क्षारीय होने का अनुमान उस विलयम के पी–एच. मान से होता है। पी–एच. का मान जब 7 पी–एच. से कम होता है तो उसे अम्लीय विलयन कहते हैं और 7 से अधिक पी–एच के मान वाले विलयन को क्षारीय विलयन कहते हैं। ज्ञातव्य है की पी–एच का मान 7 पी–एच की तुलना में जितना अधिक कम होता जायेगा, वह विलयन उतना ही अधिक अम्लीय होता जायेगा।

सामान्य वर्षा के पी–एच का मान लगभग 5.6 होता है। कहने का तात्पर्य यह है कि वर्षा अम्लीयता के स्वभाव की होती है। इस प्रकार हल्की अम्लयुक्त वर्षा सूक्ष्म जीवों तथा घास की कुछ प्रजातियों के लिये लाभकारी होती हैं। पर यदि वर्षा के पी–एच का मान 5.6 से कम हो जाता है तो अधिक अम्लीयता के कारण वर्षा अम्ल वर्षा पेड़–पौधो तथा जीवों के लिये हानिकारक होती है।

12.3 विभिन्न स्थानों में अम्ल वर्षा में पी-एच. का मान

विश्व स्तर पर पिछले कुछ वर्षों में अम्ल वर्षा के पी–एच मान में अधिक वृद्धि होती पायी गयी है। दक्षिण–उत्तरी अमेरिका में अम्ल वर्षा के पी–एच का मान 5 से अधिक नीचे जा पहुँचा है। वर्ष 1980 में तो औसत पी–एच का मान 4.2 तक

पहुँच चुका था। अमेरिका के लॉस ऐंजिल्स शहर में तो अम्ल वर्षा की पी-एच का मान लगभग 3.0 हो गया था। वर्जीनिया शहर में अम्ल वर्षा ने सभी अनुमानों के विपरीत पी. एच के मान में इतनी कमी पायी कि उसका मान नीबू के रस के पी-एच मान (2.2) से भी कम पाया गया।

अम्ल बादलों के साथ मिल कर उन्हें भी अम्लीय बनाते हैं। इस प्रकार से अम्ल युक्त बादल जब बरसते हैं तो पानी में अम्लीयता आ जाती है। सल्फर तथा नाइट्रोजन के आक्साइड तथा अम्लीय बादल, वायु की धाराओं द्वारा हजारों किलो मीटर तक की दूरी तय करने में समर्थ होते हैं। इस कारण ऐसा पाया गया है कि सल्फर या नाइट्रोजन के आक्साइड एक देश की वायु सीमा पार कर दूसरे देश में प्रवेश कर अम्ल वर्षा करने में जिम्मेदार होते हैं।

12.4 अम्ल वर्षा से प्रयुक्त रासायनिक अभिक्रियाएँ

सल्फ्यूरिक अम्ल तथा नाइट्रिक अम्लों के निर्माण से होने वाली रासायनिक अभिक्रियायें निम्न प्रकार की होती हैं।

(1) (क) सल्फर + आक्सीजन → सल्फर डाईआक्साइड

(ख) सल्फर डाईआक्साइड + आक्सीजन → सल्फर ट्राईआक्साइड

(ग) सल्फर ट्राईआक्साइड + पानी → सल्फ्यूरिक अम्ल (अम्ल वर्षा के रूप में)

(2) (क) नाइट्रिक आक्साइड+ओजोन → नाइट्रोजन डाईआक्साइड + आक्सीजन

(ख) नाइट्रोजन डाईआक्साइड+आक्सीजन → नाइट्रोजन ट्राईआक्साइड + आक्सीजन

(ग) नाइट्रोजन ट्राईआक्साइड+नाइट्रोजन डाईआक्साइड → नाइट्रोजन पेण्टा आक्साइड

(घ) नाइट्रोजन पेण्टाक्साइड+जल → नाइट्रिक अम्ल (अम्ल वर्षा के रूप में)

उपरोक्त अभिक्रियाओं से यह स्पष्ट है कि सर्वप्रथम सल्फर की क्रिया आक्सीजन से होती है जिसके फलस्वरूप सल्फर डाईआक्साइड गैस बनती है यह

गैस आक्सीजन की उपस्थिति में सल्फर ट्राईआक्साइड बनाती है जो जल से अभिक्रिया कर सल्फ्यूरिक अम्ल बनाती है जो अम्ल वर्षा के रूप में पृथ्वी पर गिरती है।

नाइट्रोजन विभिन्न रूपों में वायुमण्डल में पाया जाता है। ये हैं: नाइट्रोजन डाईआक्साइड, नाइट्रिक आक्साइड, नाइट्रोजन टेट्राक्साइड, नाइट्रस आक्साइड तथा नाइट्रोजन पेण्टाक्साइड। इनके प्रमुख स्रोत हैं: ऑटोमोबाइल्स, औद्योगिक ईकाइयाँ, विद्युत गृह तथा कोयले की खानें। आंकड़ें बताते हैं कि नैसर्गिक जैविक क्रियाओं में नाइट्रोजन आक्साइड का कुल उत्पादन प्रतिवर्ष एक मिलियन मीट्रिक टन होता है। दहन क्रियाओं में 40 मिलियन टन नाइट्रोजन आक्साइड की प्राप्ति होती है। इस प्रकार से प्राप्त नाइट्रिक आक्साइड ओजोन से क्रिया कर नाइट्रोजन ट्राईआक्साइड तथा आक्सीजन बनाता है। ये दोनों आपस में मिलकर नाइट्रोजन ट्राईआक्साइड से क्रिया कर नाइट्रोजन पेन्टाक्साइड बनाते हैं जो जल से क्रिया कर नाइट्रिक अम्ल बनाता है। यह अम्लीय वर्षा के रूप में पृथ्वी पर गिरता है।

12.5 अम्ल वर्षा का पर्यावरणीय प्रभाव

अम्ल वर्षा पेड़-पौधों तथा फसलों को हानि पहुँचाती है। यह पत्तियों के किनारों को झुलसा देती है। पत्तियों में स्थित पर्णहरित (क्लोरोफिल) व हरित लवक (क्लोरोप्लास्ट) को भी नुकसान पहुँचाती है। इस कारण पौधों के प्रकाश सश्लेषण की दर तथा उसकी वृद्धि भी प्रभावित होती है। विशेष रूप से मटर, फ्रेंचबीन, मूली, आलू, पालक तथा राजमा की फसलों पर अम्ल वर्षा अपना घातक प्रभाव डालती है। उतरी अमेरिका, यूरोप तथा कनाडा में अम्ल वर्षा के कारण फसल तथा पेड़-पौधों को बहुत हानि पहुंच रही है जिसके कारण वहाँ पर कृषि उत्पादकता में बहुत अधिक गिरावट हो रही है। अम्ल वर्षा पौधों की कीट संक्रमण प्रतिरोधिता तथा बाह्य जलवायु परिवर्तन आदि की स्थिति को सहन करने की क्षमता में कमी आती जा रही है।

अम्ल वर्षा से मृदा के जैविक एवं रासायनिक गुणों पर प्रत्यक्ष रूप से प्रभाव पड़ता है। मृदा की अम्लीयता में वृद्धि होने के कारण पेड़-पौधों द्वारा आवश्यक पोषक तत्व जैसे फॉस्फोरस, जिंक, जस्ता, कापर, तांबा, कैल्शियम, पोटैशियम, मैग्निशियम तथा लोहा आदि का शोषण कम हो जाता है। इन पोषक तत्वों के कम मात्रा में प्राप्त होने के कारण पौधों की स्वाभाविक वृद्धि और विकास बुरी तरह से प्रभावित होते हैं। मृदा की अम्लीयता के कारण पेड़-पौधे अपने तंत्र में कुछ घातक

धात्विक आयनो (Metalsalloy) जैसे कैडमियम, एल्यूमीनियम तथा क्रोमियम का अवशोषण करने लगते हैं। ऐसे घातक आयन खाद्य श्रृंखला के द्वारा मनुष्यों तथा जीव जंतुओं में विषाक्त प्रभाव उत्पन्न कर सकते हैं। अम्ल वर्षा मृदा की उर्वरा शक्ति को प्रत्यक्ष रूप से तो हानि पहुँचाती ही है पृथ्वी में उपस्थित गुणकारी सूक्ष्म जीवाणुओं को नष्ट कर हानिकारक कवक आदि के पनपने के लिये भी अनुकूल परिस्थिति प्रदान करती है। पृथ्वी की उपजाऊपन को बढ़ाने में सहायक केंचुए आदि जीव भी मर जाते हैं। यही नहीं अपितु नाइट्रोजन स्थिरीकरण के लिये जिम्मेदार बैक्टीरिया की क्रियाशीलता पर भी अम्ल वर्षा के कारण प्रभाव पड़ता है जिसके कारण नाइट्रोजन स्थिरीकरण की प्रक्रिया धीमी पड़कर मृदा की उर्वरा शक्ति पर घातक प्रभाव पड़ता है।

पर्यावरण की रक्षा में वन अपनी महत्त्वपूर्ण भूमिका निभाते हैं। अम्ल वर्षा में पर्यावरण की शुद्धिकरण में फेफड़ो की भूमिका निभाने वाले इन वनों को भी प्रभावित किया है। विशेषकर उत्तरी अमेरिका तथा यूरोप के वन क्षेत्र खतरनाक प्रकोप के शिकार हुये हैं। कनाडा, स्विटजरलैण्ड, स्वीडन, नीदरलैण्ड, चेकोस्लोवाकिया जर्मनी तथा जापान के वन क्षेत्र भी बुरी तरह क्षतिग्रस्त हो गए हैं। स्वीडन में बुरी तरह से नष्ट होते जंगलों के लिये अम्ल वर्षा मुख्य रूप से जिम्मेदार है। अनुमानित है कि अम्ल वर्षा के कारण पश्चिमी जर्मनी के वन क्षेत्र लगभग दस प्रतिशत की मात्रा से नष्ट हो चुके हैं। पश्चिमी यूरोप के अन्दर लगभग 60 लाख हेक्टेयर क्षेत्र में फैले वन क्षेत्र अम्ल वर्षा के कारण लगभग नष्ट हो चुके हैं। जापान के टोकियो शहर में स्थित कैटो नामक मैदानी क्षेत्र में लगभग 5 लाख हेक्टेयर क्षेत्रफल में उपस्थित चीड़ के जंगल को अम्ल वर्षा से अधिक हानि पहुँची है। वैज्ञानिकों के अनुसार चीड़ के अतिरिक्त जिन वृक्षों पर अम्ल वर्षा अपना घातक प्रभाव छोड़ती हैं, वे हैं: भोज वृक्ष, स्फूस तथा ऐस। इन वृक्षों को अम्ल वर्षा अधिक कमजोर बना देती है जिससे कीट पतंगों तथा सूखे आदि की स्थिति से निपटने की अपनी स्वाभाविक क्षमता पर बुरा प्रभाव पड़ता है।

अम्ल वर्षा का घातक प्रभाव झीलों, तालाबों, नदियों तथा अन्य जलीय तंत्रों पर भी पड़ता है। इन स्रोतों के जल या तो अम्लीय हो जाते हैं और या लवणयुक्त। जिन नदियों, झीलों आदि के तल मे कठोर शैल पाये जाते हैं उनका पानी तेजाबी अम्ल वर्षा के प्रभाव से अम्लीय हो जाता है। परन्तु जल के तल में अम्ल में घुलनशील शैल आदि होते हैं तो अम्ल वर्षा से अभिक्रिया के फलस्वरूप यही शैल

लवण्ये की उत्पत्ति में सहायक होते हैं और इस कारण जल लवणयुक्त हो जाता है। इस प्रकार से पानी में परिवर्तित गुणवत्ता के कारण जलीय जीवों तथा वनस्पतियों पर घातक प्रभाव पड़ता है। ज्ञातव्य है कि अम्लीय जल में जलीय पादप तथा नील हरित शैवाल पनप नहीं पाते हैं। इस कारण इन वनस्पतियों तथा शैवालों पर निर्भर रहने वाले बहुत से जलीय जीव प्रजातियों के आहर एवं प्रजनन पर दुष्प्रभाव पड़ता है।

अम्लीय जल का दुष्प्रभाव मछलियों के जीवन चक्र तथा उनकी प्रजनन क्षमता पर भी पड़ता है। इसका अधिक प्रभाव छोटी-छोटी मछलियों के जीवन पर भी पड़ता है। यहाँ तक कि घोंघे, सीपियों आदि के बाहरी कवच या खोल कैल्शियम कार्बोनेट के बने रहने के कारण अम्लीय जल में घुलने लगते हैं जिससे उनके जीवन को खतरा पड़ता है। यह स्पष्ट है कि झीलों, तालाबों आदि में उपस्थित पादप्लवक (Phytoplankton), कार्बन डाईआक्साइड को अवशोषित करने में अहम भूमिका निभाकर पर्यावरणीय समस्याओं को नियंत्रित करते रहते है। पर पादप्लवकों के इस प्रकार के गुण जल के अम्लीय हो जाने के कारण कार्बन डाईआक्साइड को अवशोषित करने की मात्रा में कमी आ जाने के कारण परिस्थिति तंत्र पर बुरा प्रभाव पड़ता है।

प्राप्त रिपोर्ट के आधार पर यह वर्णित है कि अम्ल वर्षा के प्रभाव के कारण स्वीडन की लगभग 15 हजार झीलें मत्स्यविहीन हो गयी हैं। यही स्थिति नार्वे की भी हो गई है जहाँ पर लगभग 5 हजार झीलें मतस्यविहीन हो गई है। जलस्रोतों के अम्लीय हो जाने के कारण मछलियां तो प्रभावित होती ही है, पक्षियों के आवागमन पर भी प्रभाव पड़ता दिखाई देता है। इस प्रकार का प्रभाव भारत में भरतपुर स्थित राष्ट्रीय उद्यान की हो गई है विभिन्न स्थानों से लगभग 80 साइवेरिया सारस वर्ष 1971 में आये थे पर इसकी तुलना में वर्ष 1980 में केवल 33 तथा 1994 में एक भी सारस नहीं आया। इसका मुख्य कारण यह था कि भरतपुर के आसपास के झीलों और जलाशयों के पानी का अम्लीय होना था।

भवनों पर प्रभाव

अम्ल वर्षा का प्रभाव भवनों तथा धातुओं पर भी पड़ता देखा जा रहा है। धातु से बने पुल तथा रेल की पटरियों का क्षरण होता है। अम्ल वर्षा के प्रभाव से कागज तथा कपड़े पर बने चित्र, पेंटिंग तथा कलाकारी पर भी प्रभाव पड़ता है। अम्ल वर्षा के कारण सीमेन्ट, ईटा, चूना, पत्थर तथा संगमरमर क्षतिग्रस्त हो जाते हैं। इसके कारण ग्रीस तथा इटली में पत्थरों से निर्मित अनेक ऐतिहासिक इमारतों पर प्रभाव

पड़ा है। इसमें तनिक भी संदेह नहीं होता है कि मथुरा तेल शोधक कारखानों से उत्सर्जित सल्फर डाईआक्साइड तथा सल्फ्यूरिक अम्ल के धुएँ से आगरा में स्थित ताजमहल भी काला पड़ता जा रहा है। इसी प्रकार विश्व की अनेकों ऐतिहासिक इमारतें तथा स्मारकें भी अम्ल वर्षा से क्षतिग्रस्त होती जा रही हैं। अम्ल वर्षा का जीता जागता प्रमाण है अमेरिका का लिंकन स्मारक, ब्रिटेन का ससंद भवन तथा ग्रीक का एक्रोपालिस स्मारक आदि।

मानव स्वास्थ्य पर प्रभाव

अम्ल वर्षा के प्रभाव से पशु तथा मानव भी अछूता नहीं है। इनसे कई प्रकार के रोग उत्पन्न हो जाते हैं। मनुष्यों के आँखों तथा त्वचा में जलन होने लगती है। इसके प्रभाव से हृदय तथा फेफड़े में रोग उत्पन्न हो जाते हैं। केन्द्रीय तंत्रिका तंत्र, श्वसन तथा पाचन तंत्रों पर भी अम्ल वर्षा का प्रभाव पड़ता है।

12.6 भारत देश में अम्ल वर्षा

भारत देश में अम्ल वर्षा के आसार बढ़ते जा रहे हैं। एक अध्ययन के अनुसार यह पाया गया कि बम्बई में वर्षा के पी.एच. का मान 4.8, दिल्ली में 6.21, कलकत्ता में 5.8 तथा मद्रास में 5.85 पी. एच. प्राप्त हुआ। सबसे कम पी.एच. का मान आसाम के मोहन बाड़ी शहर में प्राप्त हुआ। इस प्रकार इन आंकड़ों से यह बात उभर कर आती है कि धीरे-धीरे अम्ल वर्षा का प्रभाव बढ़ता जा रहा है।

12.7 अम्ल वर्षा से रोकथाम के उपाय

अम्ल वर्षा से बचाव तभी किया जा सकता है, जब वायु प्रदूषण उत्पन्न करने वाले सल्फर डाईआक्साइड तथा नाइट्रोजन आक्साइड गैसों का विभिन्न स्रोतों से उत्सर्जन पर रोक लगायी जाये। यह तभी सम्भव है जब निम्नलिखित तथ्यों पर ध्यान दिया जाये:

नाइट्रोजन आक्साइड की रोकथाम

1. कोयला, तेल और गैस ईंधनों को अधिक तापक्रम पर जलाया जाये।
2. ईंधनों से उत्सर्जित धुएँ को कम तापक्रम पर खुले वातावरण में निकालें।

सल्फर डाईआक्साइड की रोकथाम

1. सल्फर डाईआक्साइड के धुएँ से रासायनिक क्रिया के फलस्वरूप अलग कर दिया जाये।

2. ईंधन के दहन के पूर्व उसके सल्फर यौगिकों को पृथक कर दिया जाये। ऐसा करने से ईंधन के जलने पर सल्फर डाईआक्साइड की मात्रा अल्पतम उत्सर्जित होगी।
3. ऐसे ईंधनों को उपयोग में लायें जिसमें सल्फर की मात्रा अल्पमत हो।
4. वैकल्पिक स्रोतों जैसे सोर ऊर्जा का अधिकतम उपयोग किया जाये।

13

ग्रीन हाऊस प्रभाव

13.1 परिचय

मनुष्य प्राणी जिस पृथ्वी पर निवास कर रहा है वह लगभग पाँच अरब वर्ष पुरानी हो चुकी है। इस पृथ्वी पर जीवन का प्रारम्भ अनुमानतः लगभग चार अरब वर्ष पूर्व हुआ और आश्चर्य की बात तो यह है कि पृथ्वी पर जीवन प्रारम्भ होने के समय इसके वायुमण्डल में आक्सीजन गैस उपस्थित नहीं थी। वर्तमान समय की अपेक्षाकृत उस समय सूर्य की प्रकाश 25 प्रतिशत कम शक्तिशाली थी। वास्तव में वायुमण्डल की रचना ज्वालामुखी विस्फोटों से हुई जिसके द्वारा नाइट्रस आक्साइड, सल्फर डाईआक्साइड, कार्बन मोनोआक्साइड आदि गैसों की उत्पत्ति हुई। ज्वालामुखी विस्फोटो से उत्सर्जित गंधक युक्त रसायनों तथा सूर्य के प्रकाश की ऊर्जा पर आधारित सागरीय जन्तुओं के निर्वाह के फलस्वरूप आक्सीजन गैस की प्राप्ति हुई जिसकी मात्रा धीरे-धीरे वायुमण्डल में बढ़ती गयी और इस प्रकार वर्तमान समय में वायुमण्डल में आक्सीजन की मात्रा लगभग 21 प्रतिशत तक पहुँच चुकी है।

वर्तमान समय की अपेक्षा में 8-10 करोड़ वर्ष पूर्व पृथ्वी अधिक गर्म थी। पृथ्वी का तापक्रम आज की अपेक्षाकृत 4 से 6 डिग्री सेल्सियस अधिक थी। यही कारण है कि तापक्रम अधिक होने के कारण आर्कटिक तथा अंटार्कटिका में हिम परत नहीं पायी जाती थीं, बल्कि उनके स्थान पर जंगल पाये जाते थे। वायुमण्डल में परिवर्तन के फलस्वरूप लगभग 7 करोड़ वर्ष पूर्व जलवायु का एक नया दौर प्रारम्भ हुआ जिसके फलस्वरूप पृथ्वी का तापक्रम गिरता गया और इसी समय से हिमयुग का प्रारम्भ होना बताया जाता है। हिमयुग के कारण पृथ्वी का तापक्रम कम होता गया और अनुमानित है कि पृथ्वी का तापक्रम वर्तमान की अपेक्षा में तीन डिग्री

सेल्सियस कम था। तापक्रम कम होने के कारण अमेरिका के उत्तरी भाग, इंग्लैण्ड, नार्वे तथा स्वीडन आदि देशों में अधिकतम बर्फ पायी जाती थी।

वायुमण्डल में परिवर्तन के फलस्वरूप जलवायु का पुनः एक नया दौर कुछ वर्षों पूर्व शुरू हुआ जिसके फलस्वरूप पृथ्वी का तापक्रम बढ़ गया। तापक्रम के बढ़ने से बर्फ का पिघलना स्वाभाविक है। आंकड़ों के अनुसार लगभग दस हजार वर्षों से तापमान की परिस्थितियाँ निरंतर बदलती रही हैं। ज्ञातव्य है कि सभी ग्रहों में पृथ्वी ही एक ऐसा ग्रह है जहाँ पर जीवन सम्भव है। पृथ्वी का पड़ोसी शुक्र ग्रह है जिसका तापक्रम 500 डिग्री सेल्सियस है तथा पृथ्वी की तुलना में 10 गुना अधिक वायुमण्डलीय दाव होने के कारण जीवन सम्भव नहीं हो पा रहा है।

13.2 ग्रीन हाऊस प्रभाव

पृथ्वी पर जीवन सम्भव होने का एकमात्र कारण ग्रीन हाऊस प्रभाव है। ग्रीन हाऊस प्रभाव में मुख्य योगदान पृथ्वी के वायुमण्डल में उपस्थित कार्बन डाइआक्साइड गैस की है। वायुमण्डल में उपस्थित नाइट्रोजन गैस 78 प्रतिशत तथा आक्सीजन गैस 21 प्रतिशत की तुलना में कार्बन डाईआक्साइड गैस की मात्रा 0.03 प्रतिशत होने के बावजूद भी यह गैस अधिक प्रभावशाली ग्रीन हाऊस गैस मानी जाती है।

पृथ्वी तल सौर विकिरण को ग्रहण करती है। सूर्य किरणों को तीन भागों में विभाजित किया गया है : प्रथम तो वह है जो बड़ी लम्बाई की अवरक्त किरणों के रूप में होती हैं (47 प्रतिशत), द्वितीय है छोटी लम्बाई की प्रकाश किरणें (46 प्रतिशत) तथा तीसरी पराबैंगनी किरणें होती हैं (7 प्रतिशत)। अतः जब सौर किरणें पृथ्वी के वायुमण्डल में पहुँचती हैं तो निम्नलिखित तीन प्रकार की क्रियाएँ होती हैं :-

1. सौर विकिरण का 35-50 प्रतिशत भाग परावर्तित होकर अंतरिक्ष में वापस लौट जाती है।
2. सौर विकिरण का 10-15 प्रतिशत भाग वायुमण्डल द्वारा अवशोषित हो जाती है।
3. सौर विकिरण का 45-50 प्रतिशत भाग पृथ्वी पर पहुँचती है जो धरातल तथा पानी के स्त्रोतों के तापक्रम को नियंत्रित करने में प्रमुख भूमिका निभाती हैं।

सौर विकिरण की छोटी लम्बाई की किरणें तो सरलतापूर्वक वायुमण्डल से होकर पृथ्वी के धरातल पर पहुँच जाती हैं पर धरातल से निकली हुयी बड़ी लम्बाई

की अवरक्त किरणें वायुमण्डल के कवच को पार कर बाह्य अंतरिक्ष में नहीं जा पाती। इसका कारण यह है कि वायुमण्डल में उपस्थित कार्बन डाईआक्साइड के अणु धरातल से निकलने वाली इन अवरक्त किरणों को अवशोषित कर लेते हैं। इस प्रकार अवशोषित हुयी यही अवरक्त किरणें पृथ्वी को गर्म रखती हैं। कार्बन डाई आक्साइड गैस के इस प्रकार के प्रभाव को ग्रीन हाऊस प्रभाव कहते हैं तथा कार्बन डाईआक्साइड गैस को ग्रीन हाऊस गैस कहते हैं।

ग्रीन हाऊस प्रभाव को इस प्रकार सरलता से समझा जा सकता है। काँच की बनी छत तथा दीवार को ग्रीन हाऊस की संज्ञा दी गयी है। ठंडे देशों में पौधों को ऐसे ग्रीन हाऊस में रखा जाता है जिसमें सूर्य की प्रकाश किरणें शीशे की दीवार को भेद कर अन्दर तो प्रविष्ट हो जाती हैं परन्तु बाहर नहीं निकल पाती हैं। इस प्रकार सूर्य में उपस्थित अवरक्त किरणों के अन्दर से बाहर न निकलने के कारण शीशे के भीतर का भाग गर्म रहता है। ताप पाकर पौधों की आवश्यकताएँ पूरी हो जाती हैं। शीशे के अन्दर रखे गये पौधे नियंत्रित रूप से प्रकाश संश्लेषण की क्रिया द्वारा पनपते रहते हैं। यह ठीक उसी प्रकार से है जैसे हम अपनी कार को धूप में खड़ी करने के बाद जब लौटकर वापस आते हैं तो पाते हैं कि कार के अन्दर का भाग भट्‌टी की तरह तप रहा है। कार के अन्दर गर्मी ग्रीन हाऊस प्रभाव के कारण ही पैदा होती है। उसको इस प्रकार से समझा जा सकता है, सूर्य का प्रकाश कार के शीशे को आसानी से बेधकर अन्दर पहुँच जाता है। प्रकाश का कुछ भाग कार्बन डाईआक्साइड द्वारा अवशोषित होने के बाद ताप में परिवर्तित हो जाता है। शीशा ताप का कुचालक है अत: कार के अन्दर की गर्मी बाहर नहीं निकल पाती है। यह ग्रीन हाऊस प्रभाव का ही कारण है कि गर्म देशों के पौधों को ठंडे देशों में उगाया जा सकता है। ग्रीन हाऊस पौधों को ऐसा वातावरण उपलब्ध कराने की तकनीक है जिससे वे भली-भाँति फल-फूल सकें।

ग्रीन हाऊस प्रभाव वर्तमान समय की कोई आश्यर्चजनक बात नहीं है। पृथ्वी के ग्रीन हाऊस प्रभाव की जानकारी सबसे पहले फ्रांसीसी गणितज्ञ-भौतिकविद् जॉफूरिये ने वर्ष 1827 में दी थी। ग्रीन हाऊस प्रभाव पिछले चार अरब वर्षों से पृथ्वी पर जैव विकास के दौरान निरंतर मौजूद रही है। वास्तविकता यह है कि ग्रीन हाऊस प्रभाव के कारण जीव धरती पर टिके हुये हैं। पृथ्वी पर यदि ग्रीन हाऊस प्रभाव न रहता तो औसत तापमान शून्य से 19 डिग्री सेल्सियस नीचे पहुँच जायेगा। इस प्रकार भंयकर शीत की दशा में पृथ्वी पर किसी भी प्रकार के जीव-जन्तु का टिक पाना सम्भव नहीं हो पाता। यह ग्रीन हाउस प्रभाव है, जिसने पृथ्वी के औसत

तापमान को नियंत्रित कर रखा है। इसी कारण पृथ्वी का तापमान 15 डिग्री सेल्सियस है और इसी कारण पृथ्वी पर हमारा जीवन संभव है। यदि ग्रीन हाऊस प्रभाव में परिवर्तन हो जाये तो जीवन संकटमय हो जायेगा।

ग्रीन हाऊस प्रभाव वायुमण्डल की उपस्थिति में तापक्रम को संतुलित करने में महत्त्वपूर्ण भूमिका निभाता है। पृथ्वी के तापक्रम बढ़ने या घटने का एकमात्र कारण ग्रीन हाऊस प्रभाव में परिवर्तन है।

13.3 ग्रीन हाऊस गैसें

ऊर्जा की जरूरत के लिये जीवाश्म, पेट्रोलियम और कोयले को जिस तरह से जलाया जा रहा है उसने वायुमण्डल को प्रदूषित कर दिया है। वायुमण्डल में इन गैसों का खतरनाक जमाव हो गया है। वैज्ञानिकों के अनुसार यदि इन गैसों के निस्तारण में यथाचित कटौती नहीं की गयी तो पृथ्वी का तापमान लगातार बढ़ता जायेगा। यह सच है कि विश्वव्यापी औद्योगीकरण के कारण सी.एफ.सी., मिथाइल ब्रोमाइड और एवरोसाल जैसे रसायनों में मानवता के लिये नये संसाधन और सुविधाएँ जुटायी हैं लेकिन इनकी उपस्थिति से पृथ्वी के समतापमण्डल में उपस्थित ओजोन परत भी क्षतिग्रस्त होने लगी है।

ग्रीन हाऊस प्रभाव के द्वारा तापक्रम को वृद्धि करने में सबसे प्रभावशाली कार्बन डाईआक्साइड गैस है। इस गैस के अतिरिक्त जलवाष्प, मीथेन, क्लोरो फ्लोरो कार्बन, ओजोन तथा नाइट्रस आक्साइड भी ग्रीन हाऊस की भाँति कार्य करते हैं। इन गैसों का योगदान तापक्रम बढ़ाने में कार्बन डाईआक्साइड की अपेक्षा अधिक होता है परन्तु वायुमण्डल में अधिक मात्रा में पाये जाने के कारण अकेले कार्बन डाईआक्साइड तापक्रम की वृद्धि में लगभग 70 प्रतिशत का योगदान देता है। विभिन्न ग्रीन हाऊस गैसों की मात्रा, सांद्रता तथा तापक्रम बढ़ाने में योगदान को निम्नलिखित तालिका 13.1 में अंकित किया गया है :–

उपरोक्त तालिका से यह स्पष्ट है कि औद्योगिक क्रांति के पूर्व क्लोरो फ्लोरो कार्बन की मात्रा शून्य के बराबर थी। इसकी प्राप्ति औद्योगीकरण के बाद ही हुई। तुलनात्मक दृष्टि से यह स्पष्ट है कि कार्बन डाईआक्साइड की सांद्रता में 25 प्रतिशत, मीथेन गैस में 100 प्रतिशत से अधिक, नाइट्रस आक्साइड में 40 प्रतिशत तथा ओजोन में 45 प्रतिशत की वृद्धि अब तक हो चुकी है। इन विभिन्न गैसों के द्वारा तापक्रम में वृद्धि की क्षमता तथा वायुमण्डल में पाये जाने का औसत समय तालिका 13.2 में अंकित किया गया है।

तालिका 13.1 : ग्रीन हाऊस गैसें

ग्रीन हाऊस गैस	सांद्रता		स्त्रोत
	1850 के पूर्व	वर्तमान समय	
1. कार्बन डाईआक्साइड	275 पी.पी.एम.	370 पी.पी.एम.	फासिल ईंधनों के जलने जैसे कोयला, तेल तथा प्राकृतिक गैस, वनों की कटान
2. मीथेन	750 पी.पी.वी.	1700 पी.पी.वी.	धान के खेती, बायो मास के दहन गैस तथा कोयला के क्षेत्रों, दलदल स्थानों तथा कूड़ा-करकट की क्षति
3. नाइट्रस आक्साइड	285 पी.पी.वी.	320 पी.पी.वी.	फर्टिलाइजर, फासिल ईंधनों के जलने, बायो मास के दहन
4. कलोरो फ्लोरो कार्बन	शून्य		
सी.एफ.सी. – 11		270	एयरोसाल, रेफरीजरेशन,
सी.एफ.सी.–12		2470	वायुशीतक, औद्योगिक विलायकों प्लास्टिक फोम
5. ओजोन	15–20 पी.पी.वी.	25–35 पी.पी.वी.	औद्योगिक प्रदूषण

तालिका 13.2 : ग्रीन हाऊस गैसों का ताप वृद्धि में योगदान

ग्रीन हाऊस गैस	वायुमण्डल में पाये जाने की अवधि	100 वर्षों में कार्बन डाईआक्साइड की अपेक्षाकृत विश्व स्तर पर तापक्रम में वृद्धि की क्षमता	वातावरण के तापमान में वृद्धि की प्रतिशत मात्रा
1. कार्बन डाईआक्साइड	60 वर्ष	1	71
2. मीथेन	10 वर्ष	11	13
3. नाइट्रस आक्साइड	150 वर्ष	270	4
4. क्लोरो फ्लोरो कार्बन			
सी.एफ.सी–11	75 वर्ष	4300	10
सी एफ.सी.–12	110 वर्ष	7100	10
5. ओजोन	0.2 वर्ष	–	2

कार्बन डाईआक्साइड

एक आंकलन के अनुसार वायुमण्डलीय तापमान में वृद्धि के लिए कार्बन डाईआक्साइड की जिम्मेदारी 71 प्रतिशत है। वास्तव में कार्बन डाईआक्साइड अधिकतर सूर्य की किरणों के पुनर्विकिरण को प्रभावित करती है। वर्तमान समय में वायुमण्डल में 350 पी.पी.एम. कार्बन डाईआक्साइड उपस्थित है।

वायुमण्डल में कार्बन डाईआक्साइड एकत्रित होने का मुख्य स्त्रोत जीवाश्म ईंधनों का धुँआ आदि है। अनुमान है कि अस्सी के दशक से प्रति वर्ष औसतन पाँच सौ टन कार्बन जलाया जा रहा है। इस तरह पन्द्रह वर्षों में कार्बन डाईआक्साइड की इतनी मात्रा वायुमण्डल में पहुँच गई जितनी सामान्य स्थिति में सौ वर्षों में पहुँच पाती। वायुमण्डल में सम्मिलित होने वाली कार्बन डाईआक्साइड का 40 प्रतिशत भाग (1.8 अरब टन) कल-कारखानों तथा मोटर-गाड़ियों से निकलने वाले धुएँ के कारण है।

सागरों तथा जीव जगत में कार्बन डाईआक्साइड का विशाल भण्डार किसी न किसी रूप में मौजूद रहता है। इस गैस का आदान-प्रदान इनके बीच प्राकृतिक रूप से चलता रहता है। प्रति वर्ष आधे टन कार्बन डाईआक्साइड धरती पर होने वाली तमाम जैविक प्रक्रियाओं के द्वारा वायुमण्डल में उत्सर्जित होती है। कार्बन डाईआक्साइड का बहुत बड़ा भाग पेड़-पौधों द्वारा अपना भोजन बनाने की प्रकाश संश्लेषण की क्रिया में उपयोग किया जाता है। सागर भी वायुमण्डलीय कार्बन डाईआक्साइड को अपने में समाहित कर लेता है। इस प्रकार कार्बन डाईआक्साइड को ग्रहण करने वाले इन प्राकृतिक स्रोतों के कारण कार्बन चक्र संतुलित रूप में चलता रहता है। मनुष्यों के कार्यकलापों ने इस कार्बन चक्र के संतुलन को प्रभावित कर रखा है। उद्योगों, मोटर वाहनों, घरेलू इस्तेमाल के लिए आवश्यक ऊर्जा की प्राप्ति हेतु जीवाश्म ईंधनों के जलाने से प्रतिवर्ष लगभग 5.9 अरब टन कार्बन डाईआक्साइड वायुमण्डल में पहुंचती रहती है। इसके अतिरिक्त प्रतिवर्ष लगभग 2 अरब टन कार्बन डाईआक्साइड उष्ण कटिबंधीय जंगलों के विनाश तथा खेती-बाड़ी हेतु आग जलाकर साफ करने जैसी कार्यकलापों द्वारा वायुमण्डल में पहुँचती है। प्राप्त आंकड़ों के अनुसार लगभग 3 अरब टन कार्बन डाईआक्साइड वायुमण्डल में शेष बच जाती है जो पृथ्वी के तापमान को बढ़ाने में सहायक होती है।

पृथ्वी के तापमान में वृद्धि होने का अनुमान आज से लगभग 100 वर्ष पूर्व सर्वप्रथम स्वीडन के वैज्ञानिक एस. आर्हीनियस ने किया था। उनका मानना था कि

जीवाश्म ईंधनों के जलने से उत्सर्जित धुएँ के कारण वायुमण्डल में कार्बन डाईआक्साइड की मात्रा में वृद्धि होगी। उन्होंने यह भी मत प्रकट किया था कि यदि कार्बन डाईआक्साइड की वायुमण्डलीय मात्रा में दो गुना की वृद्धि होगी तो पृथ्वी का तापमान लगभग 5° सेल्सियस बढ़ जाएगा। इनके अतिरिक्त वर्ष 1930 में वैज्ञानिक कैलेन्डर ने भी इस प्रकार की कल्पना की थी कि पिछले दशकों में पृथ्वी के औसत तापमान में वृद्धि के लिए कार्बन डाईआक्साइड की बढ़ती मात्रा जिम्मेदार है।

वायुमण्डल में कार्बन डाईआक्साइड की प्रतिशत मात्रा के विषय में अनुमान है कि 1800 ई. के पूर्व वायुमण्डल में कार्बन डाईआक्साइड की मात्रा लगभग स्थिर थी। इसकी मात्रा 250-290 पी.पी.एम. थी पर औद्योगिक क्रांति के बाद कार्बन डाईआक्साइड की मात्रा बढ़ती गयी। वर्ष 1984 तक बढ़कर 345 पी.पी. एम. के बराबर पहुँच गयी।

कार्बन डाईआक्साइड के उत्सर्जन में पहले उद्योग सबसे आगे था। पर कुछ वर्ष पूर्व किये गये सर्वेक्षण से यह तथ्य सामने आया कि कार्बन डाईआक्साइड की अधिकतम मात्रा में उत्सर्जन का जिम्मेदार वनों का विनाश है। यह लगभग 23 प्रतिशत का भागीदार समझा जाता है। मोटर वाहनों तथा विद्युत उत्पादन के लिये जलाये गये जीवाश्म, ईंधनों द्वारा 45 प्रतिशत घरेलू तथा व्यवसायिक ईकाइयों की ऊर्जा की आवश्यकता हेतु जलाये गये जीवाश्म ईंधनों द्वारा 16 प्रतिशत उत्सर्जन के लिये जिम्मेदार है। यह मात्रा उद्योगों द्वारा भूमण्डलीय उत्सर्जन के तुल्य है।

विभिन्न देशों द्वारा कार्बन डाईआक्साइड का उत्सर्जन तालिका 13.3 में अंकित किया गया है :–

तालिका 13.3 : विभिन्न देशों द्वारा कार्बन डाईआक्साइड का उत्सर्जन

देश	कार्बन डाइआक्साइड का उत्सर्जन (प्रतिशत)
उत्तरी अमेरिका	27
पूर्वी यूरोप	16
रूस	18
एशिया	19
जापान	5
अफ्रीका	3
अन्य देश	12

नाइट्रस आक्साइड

नाइट्रस आक्साइड गैस की प्राप्ति प्राकृतिक रूप में नाइट्रोजन उत्पन्न करने वाले जीवाणुओं की मिट्टी तथा पानी के क्रिया के फलस्वरूप होती है। इसका सबसे महत्त्वपूर्ण प्राकृतिक स्रोत ऊष्ण कटिबंधीय मिट्टी है जहाँ पर जीवाणु नाइट्रोजन के प्राकृतिक यौगिकों से क्रिया के फलस्वरूप नाइट्रस आक्साइड बनाते हैं। नाइट्रस आक्साइड के सम्पूर्ण भूमण्डलीय उत्सर्जन के 20–30 प्रतिशत की प्राप्ति इसी क्रिया के फलस्वरूप होती है। फासिल ईंधनों के जलने से, कृषि में नाइट्रोजन उर्वरकों के उपयोग, भूमि की सफाई के लिए जलाये गये पेड़–पौधे और नाइलोन उद्योग से नाइट्रोजन आक्साइड के मुक्त होने के कारण वायुमण्डल में इसकी मात्रा में वृद्धि होती जा रही है। वायुमण्डल में नाइट्रस आक्साइड की वृद्धि प्रतिवर्ष 0.25 प्रतिशत की दर से हो रही है। वायुमण्डल में नाइट्रोजन आक्साइड के पाये जाने की अवधि अधिक समय तक होने से इसकी उपस्थिति लगभग 200 वर्षों से अधिक समय तक रहती है। अध्ययनों से यह पता चला है कि नाइट्रस आक्साइड की मात्रा 0.31 पी.पी.एम. है। अनुमानित है कि वर्ष 2030 तक इसकी सांद्रता में लगभग 34 प्रतिशत की वृद्धि होगी।

मीथेन

वायुमण्डल के तापक्रम बढ़ाने में अन्य गैसों की अपेक्षा मीथेन प्रमुख गैस है। मीथेन के नियंत्रण से पृथ्वी के बढ़ते हुए तापमान को 20 से 40 गुना कम किया जा सकता है। इस पर नियंत्रण सरल भी है क्योंकि वायुमण्डल में पहुँचने वाली मीथेन का 60 प्रतिशत भाग मानवीय क्रिया–कलापों द्वारा प्राप्त होता है। वर्तमान में 400 से 600 ग्राम मीथेन वायुमण्डल में पहुँच रही है। इसके अतिरिक्त नाइट्रस आक्साइड नामक गैस भी इस समस्या का एक महत्त्वपूर्ण कारक है।

मीथेन गैस की प्राप्ति धान के खेतों, नम भूमि दलदल यानी मार्श से होती है। मार्श से मीथेन गैस की प्राप्ति के कारण इसे मार्श गैस के नाम से जाना जाता है। मीथेन गैस की प्राप्ति सागरों, खनन कार्य जैसे ड्रिलिंग, जैविक पदार्थों के सड़ने आदि से उत्पन्न होती है। इन स्रोतों के अतिरिक्त गाय, भैंस, भेड़, बकरी, घोड़ा, ऊँट, सूअर आदि बहुउद्देशीय पशुओं और लकड़ी खाने वाले कीड़ों जैसे दीमक को मीथेन उत्सर्जन के लिये जिम्मेदार पाया गया है।

उन्नीसवीं सदी के प्रारम्भ के साथ वायुमण्डल में मीथेन की मात्रा का बढ़ना प्रारम्भ हुआ। पिछले कुछ दशकों में इसकी मात्रा में वृद्धि 0.9 प्रतिशत की दर से हो

रही है। वर्तमान समय तक अनुमानित है कि विश्व में लगभग 52.5 करोड़ टन मीथेन वायुमण्डल में पहुँच चुकी है। इसमें लगभग 10 करोड़ टन मीथेन की प्राप्ति धान के खेतों से हो रही है। सर्वेक्षण द्वारा ज्ञात हो सका है कि वायुमण्डल में मीथेन की मात्रा में वृद्धि मनुष्यों की जनसंख्या में वृद्धि के तुल्य है। पृथ्वी का तापक्रम बढ़ाने में मीथेन की क्षमता कार्बन डाईआक्साइड की तुलना में 25 गुनी अधिक है। वर्ष 1990 में वायुमण्डल में मीथेन गैस की मात्रा 1.72 पी.पी.एम. तक थी।

क्लोरो फ्लोरो कार्बन

क्लोरो फ्लोरो कार्बन यौगिक एक प्रकार के अप्राकृतिक यौगिकों का समूह है। जिनका उपयोग रेफरीजरेटर, फोम, इन्सुलेशन तथा अन्य औद्योगिक कार्यों में किया जाता है। क्लोरो फ्लोरो कार्बन यौगिकों में सी.एफ.सी.-11 तथा सी.एफ.सी. -12 मुख्य हैं जिनमें कार्बन डाईआक्साइड की अपेक्षाकृत वायुमण्डल का तापक्रम बढ़ाने की क्षमता क्रमशः 4 हजार तथा 7 हजार गुना अधिक होती है। इनकी सांद्रता वायुमण्डल में 5 प्रतिशत की दर से बढ़ रही है।

ओजोन

समतापमण्डल में उपस्थित ओजोन सूर्य की पराबैंगनी किरणों से सुरक्षा प्रदान करती है। ओजोन जो पृथ्वी की सतह के पास उपस्थित रहती है वह ग्रीन हाऊस की तरह कार्य करती है। ओजोन गैस की प्राप्ति मोटर वाहनों, उद्योगों तथा फासिल ईंधनों के जलने से होती है। ओजोन गैस की प्राप्ति हाइड्रोकार्बन तथा नाइट्रोजन आक्साइड की अभिक्रियाओं द्वारा भी होती है।

13.4 तापक्रम में वृद्धि का जिम्मेदार कौन?

विकास के नाम पर मनुष्य ने प्राकृतिक संसाधनों का प्रयोग ही नहीं अपितु उनका दोहन भी किया है। इस कारण अनेक समस्याएँ उत्पन्न हो गयी हैं। प्रकृति के साथ इस प्रकार के क्रियाओं ने वायु, जल, धरती और आकाश को बुरी तरह प्रदूषित कर दिया है। अनियंत्रित औद्योगिकीकरण से आज प्रदूषण का स्तर इतना बढ़ गया है कि वह भौतिक, रासायनिक और जैविक रूप में जीवन के लिये प्रश्न चिह्न बनता जा रहा है। प्रकृति से छेड़-छाड़ के विकराल नतीजे समक्ष आ रहे हैं। इनमें सबसे भयंकर परिणाम तापक्रम के वृद्धि से जुड़ा हुआ है। पिछले कुछ वर्षों से पृथ्वी के तापमान में जो लगातार वृद्धि हो रही है वह चिंताजनक है। तापक्रम की वृद्धि ने मौसम वैज्ञानिकों को चिंतित कर रखा है। ग्रीनपीस नाम अंतर्राष्ट्रीय पर्यावरण संगठन की रिपोर्ट के अनुसार पिछले 140 वर्षों के दौरान पृथ्वी के औसत

तापमान में 0.3 से 0.6 डिग्री सेल्सियस की वृद्धि हुयी है। अनुमानित है कि आने वाले समय में तापमान में प्रति दशक 0.3 डिग्री सेल्सियस की वृद्धि होगी। इस प्रकार सन् 2100 तक पृथ्वी के औसत तापमान में तीन डिग्री सेल्सियस की वृद्धि हो जायेगी। अमेरिका के वर्ल्ड वाच नामक संस्थान द्वारा किये गये अध्ययन के अनुसार सन् 2000 तक पृथ्वी का औसत तापमान 16 से 19 डिग्री सेल्सियस तक पहुँच जाने की उम्मीद है। वर्तमान में यह 15.3 डिग्री सेल्सियस है।

सर्वेक्षण के अनुसार यह बात उभरकर आयी है कि ग्रीन हाऊस गैसों के उत्सर्जन के लिये अधिक जिम्मेदार औद्योगिक देश है। विकासशील देशों की तुलना में विकसित देशों की ऊर्जा खपत नौ गुनी अधिक है। कार्बन डाईआक्साइड के लिये विकसित देश 70 प्रतिशत तथा विकासशील देश 30 प्रतिशत जिम्मेदार हैं। ज्ञातव्य है कि कार्बन डाईआक्साइल के कुल भूमण्डलीय उत्सर्जन के लिये अकेले संयुक्त राज्य अमेरिका जिम्मेदार पाया गया है। विश्व स्तर पर प्रत्येक व्यक्ति प्रतिवर्ष औसतन 1.20 टन कार्बन डाईआक्साइड उत्सर्जित करता है पर विकासशील देश का प्रत्येक व्यक्ति मात्र 0.2 टन कार्बन डाईआक्साइड उत्सर्जित करता है। इसी प्रकार क्लोरो फ्लोरो कार्बन जैसे हैलोकार्बन के उत्सर्जन के लिए विकसित देश 95 प्रतिशत जिम्मेदार हैं।

13.5 तापक्रम के प्रभाव

पृथ्वी के तापमान में वृद्धि से होने वाले दुष्प्रभावों में मौसम चक्र में परिवर्तन होने, जल के तापीय प्रसार और हिमखण्डों के पिघलने से समुद्र का जलस्तर बढ़ने, अतिवृष्टि के कारण बाढ़ आने, सूखा पड़ने और रेगिस्तानीकरण की प्रक्रिया तेज होने आदि का अनुमान है। लेकिन वैज्ञानिकों के अनुसार इससे जलवायु में पूरी तरह बदलाव का खतरा भी पैदा हो रहा है, जिससे पृथ्वी के जीवों और वनस्पतियों के जीवन में भी परिवर्तन आ जायेगा। इस प्रकार बहुत सी प्रजातियों के विलुप्त होने का भी अनुमान है।

तापक्रम में वृद्धि से अनेकों प्रभाव पड़ते हैं। ये निम्न प्रकार हैं:-

1. वर्षा का वितरण क्रम

तापक्रम में वृद्धि से समुद्रों से अधिक मात्रा में भाप बनेगी, अधिक बादल बनेंगे और अधिक वर्षा होगी। इसके साथ वर्षा का वितरण क्रम भी परिवर्तित होगा। मध्यवर्ती भारत में आज के मुकाबले दो गुनी वर्षा होगी तो अन्य कई क्षेत्र सूखे की चपेट में आ जायेंगे। दुनिया के कई क्षेत्रों में सूडान के भयावह सूखे जैसी

परिस्थिति पैदा हो जायेगी, तो कई क्षेत्रों में भारी वर्षा को सम्भालना कठिन हो जायेगा और अनेक स्थान ऐसे होंगे जहाँ पानी के लिए त्राहि-त्राहि मच जायेगी।

तापमान के वृद्धि का प्रभाव अनाज उत्पादन पर भी पड़ेगा। वायुमण्डल में कार्बन डाईआक्साइड की मात्रा के बढ़ जाने से प्रकाश संश्लेषण की क्रिया में वृद्धि होगी। अत: जहाँ भरपूर पानी उपलब्ध होगा, वहाँ की फसल अच्छी होगी। उत्तरी अक्षांशों तक जैसे सोवियत संघ के टुन्ड्रा प्रदेश तथा कनाडा के उत्तरी भाग में फसल पैदा करना सम्भव हो सकेगा परन्तु तापमान की वृद्धि से धान जैसी कुछ फसलों की बहुत क्षति होगी। वैज्ञानिकों का मत है कि धान की उपज में लगभग 10 प्रतिशत की कमी होगी। इससे चावल खाने वाले देशों पर बहुत बुरा प्रभाव पड़ेगा क्योंकि अनुमानत: विश्व के ढाई करोड़ लोगों का मुख्य भोजन चावल ही है।

2. जैव विविधता पर प्रभाव

तापक्रम के वृद्धि से भूमि जल और पृथ्वी की उर्वरा शक्ति पर भी प्रतिकूल प्रभाव पड़ेगा। जलवायु में बदलाव का प्रभाव पेड़-पौधों और फसलों पर भी पड़ेगा। इससे कुछ पौधों के विलुप्त होने और कुछ के स्थान बदल जाने का अनुमान है। वनों की संरचना में बदलाव से मौसम और भी खराब हो जाने की आशंका है। जलवायु परिवर्तन का सबसे बुरा प्रभाव विकासशील देशों पर पड़ेगा।

ग्रीन हाऊस प्रभाव के बढ़ने से पेड़-पौधे तथा जीव-जन्तु अधिक प्रभावित होंगे। तापक्रम की वृद्धि के कारण जलवायु परिवर्तन से न तो ये अपने को बदल पायेंगे और न ही स्थानांतरित हो पायेंगे। फलस्वरूप पृथ्वी से अनेक प्रकार की वनस्पतियों तथा जीव-जन्तुओं की विलुप्तता तेजी से होती जायेगी। वैज्ञानिकों का मत है कि बढ़ते ग्रीन हाऊस प्रभाव के कारण प्रतिवर्ष 50 किस्म के पेड़-पौधे तथा जीव-जन्तु विलुप्त होते जायेंगे।

विश्व स्तर पर प्रतिवर्ष 80 लाख हेक्टेयर क्षेत्र के वनों की कटान की जाती है। इस प्रकार पिछले 40 वर्षों में विश्व की आधी वन भूमि का सफाया किया जा चुका है। नई कृषि भूमि प्राप्त करने के लिये बड़ी संख्या में वनों को जलाया जा रहा है। वनों के कटाई के कारण पेड़-पौधों की और जीव जन्तुओं की अनेक प्रजातियों का भी लोप होता जा रहा है।

3. ऊर्जा और जलवायु परिवर्तन

विश्व की तेजी से बढ़ती हुयी जनसंख्या जलवायु को बदलने में योगदान दे रही है। आज विश्व की आबादी 5 अरब की सीमा को पार कर चुकी है और

जनसंख्या में वृद्धि की यही रफ्तार रही तो अगली सदी के उत्तरार्ध तक विश्व की आबादी आज की अपेक्षा दो गुनी हो जायेगी। जनसंख्या की वृद्धि के साथ-साथ ऊर्जा की खपत भी बढ़ जायेगी। ऊर्जा की खपत प्रति व्यक्ति प्रतिदिन 4000 कैलोरी थी जो औद्योगिक युग में बढ़कर 70000 कैलोरी तक पहुँच गयी है। वर्तमान समय में प्रत्यक्ष या परोक्ष रूप से जितनी ऊष्मा वायुमण्डल में उत्सर्जित हो रही है वह सौर ऊर्जा के 0.25 प्रतिशत के बराबर है। इस प्रकार मानव द्वारा जनित अतिरिक्त ऊर्जा जलवायु के परिवर्तन में योगदान देगी।

4. समुद्र की सतह अप्रभावित

पृथ्वी पर प्राप्त जल का 97 प्रतिशत भाग सागरों, महासागरों में पाया जाता है। इन स्थानों में जलराशि की मात्रा लगभग 137 करोड़ घन किलो मीटर से अधिक है। इसके अतिरिक्त जल का दूसरा बड़ा भाग हिमराशि के रूप में विद्यमान है। हिमनदों ने भूमि के करीब 11 प्रतिशत भाग (1.6 करोड़ वर्ग किलोमीटर) को घेर रखा है। इसके अतिरिक्त बर्फ तथा हिमशिलाओं के रूप में सागरें में भी अधिक मात्रा में हिमराशि उपस्थित है। गणना के अनुसार यह वर्णित है कि यदि धरती की समस्त हिमराशि पिघल जाये तो वह लगभग 2.4 करोड़ घन किलोमीटर जल राशि के तुल्य होगी।

नदियों तथा झीलों की तुलना में धरती की हिमराशि से कहीं अधिक जलराशि है। केवल अंटार्कटिका में ही इतनी अधिक हिमराशि उपस्थित है कि यदि पूरी हिमराशि पिघल जाये तो इतना पानी प्राप्त होगा कि विश्व की सारी नदियाँ 800 वर्षों तक निरंतर बहती रहेंगी। अनुमानित है कि यदि विश्व की सारी हिमराशि पिघलकर पानी बन जाये तो सागरों की सतह लगभग 6.4 फुट ऊँची हो जायेंगी और साथ ही साथ पृथ्वी का लगभग 150000 वर्ग किलोमीटर क्षेत्र जलमग्न हो जायेगा।

पृथ्वी का तापमान बढ़ने का विश्वव्यापी प्रभाव सामने नजर आ रहा है। मध्य यूरेशिया तथा अमेरिका की वायु की शुष्कता में वृद्धि हुयी है। इस बढ़ते हुये तापमान का स्वाभाविक प्रभाव समुद्र पर भी पड़ रहा है। पिछले कुछ वर्षों में समुद्र की सतह में छः सेंटीमीटर की वृद्धि हुयी है। यदि तापक्रम में इसी प्रकार की वृद्धि होती रही तो अनुमानित है कि सन् 2030 तक समुद्र का स्तर बीस सेंटीमीटर तक ऊपर उठ जायेगा। यदि तापमान में 3.5 डिग्री सेल्सियस की वृद्धि और हो गयी तो अंटार्कटिका और आर्कटिका ध्रुवों के विशाल हिमखण्ड पिघल जायेंगे और समुद्र का जलस्तर एक मीटर ऊँचा हो जायेगा। ऐसी स्थिति बहुत ही चिंतनीय है।

जलवायु के परिवर्तन के कारण भारत, पाकिस्तान, बांग्लादेश, श्रीलंका, इण्डोनेशिया, मलेशिया, वियतनाम और फिलीपीन्स आदि देशों पर बहुत बुरा प्रभाव पड़ेगा। इन देशों के तटवर्ती इलाकों में समुद्र की सतह धीरे-धीरे ऊँची होती जायेगी।

समुद्र के सतह के ऊँची होने से विश्व के अनेकों निचले क्षेत्रों को भयावह नतीजे भुगतने पड़ेंगे। समुद्री तटों का भारी मात्रा में क्षरण होगा, समुद्री तूफान में वृद्धि होगी, समुद्र का खारा पानी तटवर्ती क्षेत्रों में भर जायेगा तथा पेय जल तथा सिंचाई जल प्रदूषित हो जायेगा। भारत, अमेरिका तथा आस्ट्रेलिया के अनेकों शहर, जो निचली भूमि पर बसे हुये हैं, पानी में डूब जायेंगे।

5. हिमालय प्रभावित होगा

अनुमानित है कि पूरे हिमालय में लगभग 10 हजार ग्लेशियर (हिमनद) हैं जो लगभग 40 हजार वर्ग किलोमीटर क्षेत्र में स्थित हैं। हिमालय से गंगा, सिन्धु, ब्रह्मपुत्र, गंडक जैसी 19 प्रमुख नदियाँ निकलती हैं। इन नदियों से प्रतिवर्ष जितनी जलराशि बहती है उसका लगभग 70 प्रतिशत भाग हिमालय की हिमराशि के पिघलने से प्राप्त होता है। तापक्रम के बढ़ने से हिमनद धीरे-धीरे घटते जायेंगे और अंत में लुप्त होने के कगार पर पहुँच जायेंगे। अध्ययनों से इस बात का आभास हो सका है कि गढ़वाल हिमालय का 30 किलोमीटर लम्बा गंगोत्री हिमनद वर्तमान समय में लगभग 1100 मीटर पीछे चला गया है और कुमायूँ क्षेत्र का पिंडारी हिमनद लगभग 2600 मीटर पीछे हो गया है।

तापक्रम के वृद्धि से भारत देश अधिक प्रभावित होगा। कारण यह है कि भारत देश एक तरफ हिमालय की हिमराशि से घिरा हुआ है और दूसरी तरफ सागरों की अथाह जलराशि से। तापक्रम की वृद्धि से जहाँ एक तरफ अधिक हिमराशि पिघलेगी तो दूसरी तरफ सागरों की सतह ऊँची होती जायेंगी जिससे अधिक हानि का सामना करना पड़ेगा।

6. बीमारियों में वृद्धि

पृथ्वी के तापमान में वृद्धि से खतरनाक बीमारियों के बढ़ने का खतरा बढ़ता जा रहा है। तापमान के एक डिग्री सेल्सियस की वृद्धि से घातक बीमारी और महामारी फैलाने वाले कीटों और जीवों के फैलाव में वृद्धि हो रही है। इससे केवल रोग फैलाने वाले जीवों का ही नहीं अपितु फसलों और पेड़-पौधों को हानि पहुँचाने वाले कीटों का फैलाव और प्रकोप भी बढ़ सकता है।

वैज्ञानिकों का मत है कि तापक्रम की वृद्धि से गर्म देशों की बिमारियाँ तेजी से यूरोप में फैल रही हैं। ब्रिटेन के स्वास्थ्य और मौसम विशेषज्ञों का मानना है कि गर्म मौसम के कारण कीड़ों से होने वाली बीमारियाँ जैसे मलेरिया, कालाजार, वाइरल, इन्सेफलाइटिस तथा सूखा रोग बढ़ सकते हैं। इनमें से कुछ बीमारियाँ तो फ्रांस के समूचे इंगलिश चैनल में शुरू भी हो चुके हैं। तापमान की वृद्धि से अमेरिका, आस्ट्रेलिया, ब्रिटेन, बांग्लादेश, चीन तथा मिस्र जैसे देशों में बीमारी फैलाने वाले मच्छरों की संख्या में भारी बढ़ोत्तरी होने के आसार पैदा हो गये हैं।

विश्व स्वास्थ्य संगठन के अनुसार विश्व में हर वर्ष मलेरिया से लगभग 20 लाख लोगों की मृत्यु हो रही है। आस्ट्रेलिया के स्वास्थ्य अधिकारियों का मानना है कि वर्ष 1970 के बाद मलेरिया की बीमारी में चार गुना वृद्धि हुयी है। ब्रिटेन सरकार की रिपोर्ट में यह आशंका व्यक्त की गयी है कि पृथ्वी के तापक्रम में वृद्धि से मलेरिया तथा प्लेग जैसी महारोगों की वापसी हो सकती है। ग्रीनपीस नामक संस्था की एक रिपोर्ट के अनुसार तापमान में एक डिग्री सेल्सियस की वृद्धि से कुछ किस्म के कीड़ों के फैलाव में 200 किलोमीटर तक की वृद्धि हो सकती है। तापक्रम में वृद्धि के कारण घातक किस्म के मस्तिष्क रोग फैलाने वाले मच्छर अमेरिका के 24 राज्यों में पाये जा चुके हैं। ऐसे मच्छर अभी तक केवल एशियाई देशों में ही व्याप्त थे। ऐसी आशंका की जाती है कि तापक्रम में और अधिक वृद्धि से मच्छरों का और तेजी से फैलाव हो सकता है।

यह तापक्रम वृद्धि का ही परिणाम है कि उत्तरी अफ्रीका में पाये जाने वाले मच्छरों की एक प्रजाति उत्तरी वेल्स तक पहुँच गयी है। यह मच्छर सिर दर्द और गर्दन में जकड़न के द्वारा रोग शुरू करता है। कुछ प्रमुख पर्यावरणविदों का मत है कि वर्ष 1991 में अमेरिका में घातक हैजा की बीमारी फैलाने का कारण तापक्रम में वृद्धि ही थी। तापक्रम के वृद्धि से प्रशांत महासागर के गर्म होने के कारण हैजे के जीवाणुओं के वाहक एक प्रकार के समुद्री सूक्ष्म जीव प्लैक्टन की संख्या में भारी वृद्धि हुयी जिसके कारण लैटिन अमेरिका के 19 देशों में हैजे से हजारों लोगों की मृत्यु हुयी।

ग्रीन हाऊस प्रभाव

पृथ्वी पर जीवन के सम्भव हो पाने में ताप की अहम भूमिका है। ताप के थोड़ा कम या अधिक होने पर जीवन पर प्रतिकूल प्रभाव पड़ने लगता है। बढ़े हुए ताप से श्वसन दर बढ़ जाती है। अन्य शारीरिक क्रियायें भी तेज होने लगती हैं। ताप

अधिक होने पर जंतु और वनस्पतियाँ मरने लगती हैं। भौतिक पदार्थों पर भी ताप प्रदूषण का प्रभाव होता है। बढ़ते ताप पर प्रकाशित एक अंतर्राष्ट्रीय रिपोर्ट में कहा गया है कि अमरीका, रूस, ब्राजील और चीन के बाद ताप वृद्धि कारकों में भारत विश्व में पाँचवें स्थान पर है।

13.6 ग्रीन हाऊस प्रभाव और वृक्षारोपण

यह निर्विवाद सत्य है कि पौधे कार्बन डाईआक्साइड को ग्रहण कर प्रकाश संश्लेषण द्वारा अपने खाद्य पदार्थ बनाते हैं जिससे पौधों में निरतंर वृद्धि होती रहती है। इस प्रकार पौधों के लगातार बढ़ने से वातावरण की कार्बन डाईआक्साइड की मात्रा में कमी होती रहती है।

वृक्षारोपण द्वारा वातावरण की कार्बन डाईआक्साइड को बढ़ने से रोका जा सकता है और ग्रीन हाऊस प्रभाव को भी कम किया जा सकता है। यदि वन विनाश की दर को रोक दिया जाये या काफी हद तक कम कर दिया जाये तो केवल वृक्ष ही वातावरण की कार्बन डाईआक्साइड को और बढ़ने से रोक सकते हैं। संयुक्त राष्ट्र संघ की कुछ संस्थाएँ एवम् अनेक देशों की संस्थाएँ इस दिशा में कार्यरत हैं। वृक्षारोपण के साथ-साथ प्राकृतिक वनों के विनाश को रोकने के लिये समुचित कदम उठाने की भी आवश्यकता है। वृक्षारोपण के और भी गुण होते हैं। वृक्षों के द्वारा भूमि सुधार के कारण भूमि में भी कार्बन का अभाव हो सकेगा जो कि ग्रीन हाऊस प्रभाव को और कम करेगी।

यही नही वृक्षारोपण द्वारा अन्य विभीषिकाएँ जैसे बाढ़ के प्रभाव, उपजाऊ ऊपरी जमीन की सतह का क्षरण और हानि, ऊपर होती जमीन, बढ़ता हुआ रेगिस्तान और मानसून असन्तुलन तथा विलुप्त होती हुयी पौधों और वन्य प्राणियों की जातियों को भी किसी हद तक रोका जा सकता है।

13.7 प्रभावी कदम उठाने की आवश्यकता

तापमान वृद्धि को रोकने के लिये सबसे पहले भूमण्डलीय कार्बन डाईआक्साइड के उत्सर्जन में 60 प्रतिशत की कमी लानी होगी। जर्मनी देश ने वर्ष 2005 तक अपने उद्योगों के कार्बन डाईआक्साइड उत्सर्जन में 25-30 प्रतिशत की कमी लाने की घोषणा की है।

वर्तमान में प्रत्येक व्यक्ति को ऊर्जा के उपभोग के संदर्भ में अपना दृष्टिकोण बदलना होगा। इन परिस्थितियों में ऊर्जा का बेहतर प्रबंध आवश्यक हो गया है। नई प्रौद्योगिकीयों द्वारा हानिकारक गैसों के उत्सर्जन में कमी लानी होगी। उद्योगों,

वाहनों आदि को नई प्रौद्योगिकीयों की मदद से कम से कम धुँआ छोड़ने वाला बनाना होगा। यही नहीं अपरम्परागत ऊर्जा स्रोतों में सौर ऊर्जा, पवन उर्जा आदि को उपयोग में लाने की दिशा में प्रयासों की आवश्यकता है।

यदि समय रहते हमने धरती की बिगड़ती हालत को सुधारने की कोशिश नहीं की तो फिर एक स्थिति के बाद धरती को उसके पुराने स्वरूप में लाना मनुष्यों के बूते से बाहर हो जायेगा और यदि विवेक से काम लिया गया तो निश्चय ही ग्रीन हाऊस प्रभाव को वरदान से अभिशाप में बदलने से रोका जा सकता है।

14

पौधों पर वायु प्रदूषण का प्रभाव

जल एवं मृदा प्रदूषण की अपेक्षा वायु प्रदूषण विशेष हानिकारक होता है। मनुष्य एवं जन्तुओं की अपेक्षा पौधे वायु प्रदूषण के प्रति अधिक संवेदनशील होते हैं। पौधों में हानिकारक प्रभाव डालने वाले विषाक्त पदार्थों में मुख्य हैं, सल्फर डाईआक्साइड, फ्लोराइड यौगिक, क्लोरीन, ओजोन, हाइड्रोजन क्लोराइड, नाइट्रोजन डाईआक्साइड, अमोनिया, हाइड्रोजन सल्फाइड, मरकरी, इथीलिन, परआक्सी एसिटिल नाइट्रेट कीटनाशी तथा धातु युक्त धुआँ सभी प्रदूषक पौधे के विकास तथा प्रकाश संश्लेषण की क्रिया में व्यवधान उत्पन्न करते हैं। विभिन्न प्रकार के प्रदूषक सूर्य की प्रकाश को पौधों की पत्तियों तक पहुँचने नहीं देने के साथ रन्ध्रों को बन्द भी कर देते हैं। परिणामस्वरूप प्रकाश संश्लेषण की क्रिया प्रभावित हो जाती है। इस कारण पौधों में भोजन की कमी हो जाती है और पौधे नष्ट हो जाते हैं। इसके अतिरिक्त पौधे कई तरह से क्षतिग्रस्त हो जाते हैं।

प्रदूषक पौधों को दो प्रकार से प्रभावित करते हैं :

1. **प्रत्यक्ष प्रभाव :** ऐसे प्रभाव दो प्रकार के होते हैं, तीक्ष्ण तथा दीर्घकालीन। तीक्ष्ण क्षति के प्रभाव में कोशिका असन्तुलित हो जाती है और दीर्घकालीन प्रभाव के कारण पत्तियों में धीरे-धींर पर्णहरित कम हो जाते हैं और अन्ततः रंगहीन हो जाते हैं।

2. **अप्रत्यक्ष प्रभाव :** इस कारण जैव रासायनिक क्रियाओं में अवांछनीय परिवर्तन होता है जिससे पौधों की विकास और वृद्धि रूक जाती है तथा उत्पादन और प्रजनन भी प्रभावित होता है।

14.1 वायु प्रदूषकों के हानिकारक प्रभाव

सल्फर डाईआक्साइड

इस गैस की प्राप्ति सल्फर युक्त प्राकृतिक संसाधनों जैसे कोयला और खनिज तेल से उत्पन्न होता है। इसके मुख्य स्त्रोत हैं विद्युत केन्द्र, पेट्रोलियम रिफाइनरी तथा खाद कारखानें। यह गैस कोशिका भित्ति की सतह पर जल के सम्पर्क होने पर गंधक के अम्ल सल्फयूरिक एसिड में परिवर्तित हो जाता है। इस कारण कोशिका रस की अम्लीयता बढ़ जाती है। इस अम्ल के कारण क्लोरोफिल फीयोडाइटीन में परिवर्तित हो जाता है। इस परिवर्तन के कारण पौधों के संरचनात्मक एवं जैव रासायनिक क्रियाओं पर प्रभाव पड़ता है।

नाइट्रोजन आक्साइड

नाइट्रोजन के आक्साइड में नाइट्रिक आक्साइड तथा नाइट्रोजन डाईआक्साइड द्वारा पौधों को सबसे अधिक हानि पहुँचती है। ये गैसें वाहनों तथ रिफाइनरियों से प्राप्त होती हैं। इन गैसों की अधिक सांद्रता के कारण पौधों की पत्तियों की ऊपरी सतह पानी को अवशोषित कर फूल जाती हैं और इस कारण कुछ समय के बाद ऊतक की क्षति हो जाती है।

ओजोन

ओजोन के प्रभाव के पत्तियों के रंध्र धीरे-धीरे बन्द होने लगते हैं और उनके गैस विनिमय पर प्रभाव पड़ता है। ओजोन की आक्सीकरण की क्षमता अधिक होने के कारण पादप क्रियायें प्रभावित होती हैं।

परऑक्सीनाइट्रेट

यह द्वितीय प्रदूषक है जो स्वचालित वाहनों द्वारा उत्पन्न प्राथमिक प्रदूषकों के वायुमण्डल में कुछ रासायनिक एवं प्रकाश रासायनिक क्रियाओं द्वारा उत्पन्न होते हैं। इस प्रदूषक का प्रभाव पत्तियों की संवेदनशीलता पर पड़ता है।

फ्लोराइड

इसका मुख्य स्त्रोत एल्यूमीनियम की फैक्टरियाँ हैं। यह प्रदूषक मुख्य रूप से रन्ध्रों द्वारा पौधों में पहुँचता है तथा ऊतकों में प्रवेश कर पानी में घुलकर पत्तियों के किनारे पर एकत्रित होता रहता है। फ्लोराइड की उपस्थिति से प्रकाश संश्लेषण, प्रोटीन संश्लेषण तथा ऊर्जा संतुलन क्रियाओं में भाग लेने वाले एंजाइम को प्रभावित

करता रहता है। कैल्शियम के साथ फ्लोराइड की क्रिया के फलस्वरूप अविलेय कैल्शियम फ्लोराइड बनने के कारण पौधों को पर्याप्त मात्रा में कैल्शियम की प्राप्ति नहीं हो पाती है। ज्ञातव्य है कि गैसीय फ्लोराइड की अपेक्षा कणाकार फ्लोराइड कम हानिकारक होता है।

निलम्बित कणाकार पदार्थ

यह पाया गया है कि सीमेंट फैक्ट्री द्वारा उत्सर्जित क्षारीय कणाकार पदार्थ पौधों को हानि पहुँचाते हैं। पत्तियों के ऊपरी सतह पर ऐसे कणाकार पदार्थों के ऊपर जमा होने के कारण प्रकाश के अवशोषण में बाधा पहुँचती है। इस कारण स्टार्च का निर्माण अवरुद्ध हो जाता है। इसके अतिरिक्त धूल के कण पत्तियों के रन्ध्र को बन्द करने में समर्थ होते हैं।

सीमेन्ट के सूखे कण का हानिकारक प्रभाव पत्तियों पर कम पड़ता है पर नमी की उपस्थिति में पौधों के ऊतक को नष्ट कर देने में सक्षम होते हैं।

15

घरेलू प्रदूषण

घरों के अन्दर पायी जाने वाली वायु अधिक प्रदूषित होती है। विकसित देशों में औसत रूप से मनुष्य जाति अपने समय का 90 प्रतिशत भाग घरों के अन्दर ही व्यतीत करते हैं। फलतः घर के अन्दर की वायु से अधिक प्रदूषित होने की सम्भावना बढ़ जाती है। इस कारण पर्यावरण वैज्ञानिकों के लिए घर के अन्दर का वायु प्रदूषण एक गहरी चिन्ता का विषय बनता जा रहा है।

कुछ ऐसे वायु प्रदूषक हैं जिनकी सान्द्रता घरों के बाहर उपस्थित सान्द्रता से अधिक होती है। घरों के अन्दर वायु प्रदूषण में विभिन्न प्रदूषकों की सान्द्रता तीन बातों पर निर्भर करती है। ये हैं – प्रदूषण स्रोत की शक्ति, प्रदूषकों की बहाव की गति तथा किसी प्रदूषक की अन्य प्रदूषकों से क्रियाशीलता। ज्ञातव्य है कि घरों के अन्दर वायु प्रदूषण की प्राप्ति भोजन पकाने, सफाई, सिगरेट, पान, हीटर के प्रयोग से सम्बन्धित है। अनेकों घरों के अन्दर प्राप्त वायु प्रदूषक हैं जैसे रैडान गैस, फार्माल्डिहाइड, नाइट्रोजन आक्साइड, कार्बन मोनोआक्साइड, कीटनाशी, ओजोन तथा निलम्बित कणाकार पदार्थ जिनका स्वास्थ्य पर अधिक कुप्रभाव पड़ता है।

घरों के अन्दर वायु प्रदूषण के कारण ही भोजन पकाने में लकड़ी तथा कोयले के उपयोग से स्त्रियाँ अधिकतर फेफड़े की बीमारी से होती है। जितने ही अधिक घुएँ वाले ईंधनों का उपयोग ग्रसित घरों के अन्दर किया जाएगा उतने ही अधिक लोग श्वास की बीमारियों से ग्रसित होंगे।

परम्परागत ईंधन पर खाना पकाने वाली ग्रामीण महिलाएँ प्रतिदिन ईंधनों से निकलने वाले धुएँ से इतना रसायन अपने शरीर में शोषित कर लेती हैं जितना कि 25 पैकेट सिगरेट पीने से प्राप्त होता है।

गाँव की महिलाएँ पहले से ही कुपोषण, एनीमिया जैसी स्थायी बीमारियों के चंगुल में फंसी रहती हैं, उस पर यह धुआँ कार्बन मोनोआक्साइड, मीथेन तथा अन्य ग्रीन हाऊस गैसों की उपस्थिति से स्वास्थ्य पर ग्रहण लग जाता है। कितनी विडम्बना है कि इस आधुनिक युग में भी हमारे देश की 80 प्रतिशत आबादी लकड़ी, कोयला, गोबर तथा कृषि कार्यों से बचे बेकार पदार्थों का ही इस्तेमाल ईंधन के रूप में करती हैं।

अध्ययनों द्वारा प्राप्त हुआ है कि ठोस, द्रवयुक्त स्टोव से भोजन पकाने के कारण महिलाएँ कार्बन मोनोआक्साइड तथा बेंजोपाइरिन प्रदूषण से प्रभावित होती हैं। घरों के अन्दर ओजोन की मात्रा 0.1 से 0.35 पी.पी.एम. तक पायी जाती है पर जब इसकी सान्द्रता बढ़कर 1–2 पी.पी.एम. तक पहुँच जाती है तो इसका प्रभाव आँख, गले तथा फेफड़ों पर पड़ता है जिसके कारण चुनचुनाहट होने लगती है। ऐसा संभावित है कि ओजोन के सम्पर्क में अधिक समय तक रहने के कारण ट्यूमर की वृद्धि तीव्र गति से होती है। कीटनाशक दवाओं के धुएँ से कीड़े-मकोड़े तो अवश्य मर जाते हैं पर इसके धुएँ से मनुष्यों के स्वास्थ्य पर बहुत बुरा प्रभाव पड़ता है। इससे नाक बहना, खाँसी आने की आशंका बढ़ जाती है। यही नहीं बेंजीन कैंसर सहायक प्रदूषक माना गया है।

घरों के अन्दर के वायु की प्रदूषण की समस्या गर्मी तथा जाड़े के मौसम में और गम्भीर हो जाती है। गर्मी से राहत पाने के लिए घरों के अन्दर वायु शीतलक का प्रयोग दिनप्रतिदिन बढ़ता रहा है। इसी प्रकार जाड़े के दिनों में हीटर तथा वायु शीतलक का अधिक प्रयोग चिंता का विषय बनता जा रहा है। समस्या इसलिए भी गम्भीर हो जाती है क्योंकि इन उपकरणों के वांछित प्रभाव को प्राप्त करने के लिए खिड़कियों एवं दरवाजों को बन्द किए रहना पड़ता है। इसके अतिरिक्त घरेलू कार्यों के लिए विभिन्न प्रकार के उपकरणों को उपयोग में लाना प्राय: फैशन सा बनता जा रहा है। ये उपकरण हैं बिजली का ओवन, वाशिंग मशीन, मिक्सर ग्राइण्डर, माइक्रोवैव ओवन, टेलीविजन, वीसीआर, कुकिंग रेंज, व्यक्तिगत कम्प्यूटर, फोटोकॉपी मशीन तथा फैक्स मशीन आदि। इन सभी उपकरणों से किसी न किसी प्रकार की हाानिकारक गैस किसी न किसी मात्रा में उत्सर्जित होती रहती है। इन उपकरणों से उत्सर्जित प्रदूषक प्रारम्भ में तो अपना प्रभाव नहीं दिखाते पर कुछ समय के बीतने के बाद इनका प्रभाव स्पष्ट होने लगते हैं।

इसी क्रम में एक अन्य प्रकार का घरेलू प्रदूषण है जिसको ध्यान में लाना अत्यन्त ही आवश्यक है। जाड़े के मौसम में लोग अपने ऊनी कपड़ों की ड्राइक्लीनिंग

करवाने के बाद उसे घर की आलमारी में रख देते हैं। ड्राइक्लीनिंग के कारण इन कपड़ों से विलायक के रूप में प्रयुक्त ट्राईक्लोरो एथिलीन गैस के रूप में वायु में मिश्रित हो जाती है। यदि इस गैस की सान्द्रता वायु में बढ़कर 100 पी.पी.एम. से अधिक हो जाती है तो इसका कुप्रभाव मनुष्यों के स्वास्थ्य पर पड़ता है। यह पाया गया है कि यदि ड्राइक्लिनिंग के पश्चात् कपड़ों को सीधे आलमारी में रख दिया जाए तो ऐसी दशा में ट्राइक्लोरोइथिलीन की सान्द्रता स्थानीय क्षेत्र में बढ़कर 400 पी.पी.एम. तक हो जाती है। इस विलायक की अधिक मात्रा की उपस्थिति से प्रारम्भिक स्तर पर सिर में दर्द, चक्कर तथा अनिद्रा होने का भय लगा रहता है तथा श्वास द्वारा शरीर में अधिक समय तक प्रविष्ट होने से मृत्यु तक होने की संभावना बढ़ जाती है।

घरों को स्वच्छ तथा कीटाणुरहित बनाने के लिए विभिन्न प्रकार के रसायनों का प्रयोग बढ़ता जा रहा है। पढ़ने के लिए, सोने के लिए विभिन्न प्रकार के कृत्रिम विधियों को प्रयोग में लाया जाता है। इस हेतु उपयोग में लाने वाले विधियों में बिजली के उपकरण, विभिन्न प्रकार के स्प्रे, क्लीनर, डिटरजेंट, पेन्ट, पॉलिश, कीड़ों को भगाने वाली नेफ्थलीन की गोलियाँ आदि मुख्य हैं। इन सभी को उपयोग में लाने से घर के अन्दर की वायु प्रदूषित होती है। ज्ञातव्य है कि डिटरजेन्ट पाउडर में साबुन की अपेक्षाकृत कुछ ऐसे रसायन होते हैं जो बायोडिग्रेडेबिल नहीं होने के कारण जल को प्रदूषित करने में सहायक होते हैं। डिटरजेन्ट पाउडर से बर्तन की सफाई करने से सबसे बड़ी समस्या तब होती है जब पानी की कमी के कारण बर्तनों की अच्छी तरह धुलाई न होने के कारण डिटरजेन्ट की कुछ मात्रा बर्तनों में लगी रह जाती है। बर्तन के शेष रहे डिटरजेन्ट भोजन के माध्यम से शरीर में चले जाते हैं। ऐसा पाया गया है कि 2–3 मिलीग्राम तक डिटर्जेन्ट प्रतिदिन शरीर के अन्दर प्रविष्ट हो जाता है। इस प्रकार धीरे-धीरे अधिक मात्रा में डिटर्जेन्ट में सबसे अधिक हानि त्वचा को होती है। डिटरजेन्ट द्वारा सफाई करने पर हाथों में जलन तथा खुजली होती है।

प्राय: बाथरूम या दफ्तरों में वायु प्यूरिफायर को उपयोग में लाया जाता है जिससे इन स्थानों पर सुगन्धित वायु प्राप्त हो। इन प्यूरिफायर में एक प्रकार के विशेष कीटनाशक का इस्तेमाल किया जाता है जिसका नाम है पैराडाईक्लोरोबेंजीन। यह रसायन वाष्पीकृत होकर कमरों में फैल जाता है। इसकी मात्रा बन्द कमरों में अधिक हो जाती है। इस रसायन की तेज गंध कमरे के अन्दर व्याप्त दुर्गन्ध के प्रभाव को अपने में समाहित कर वायु को सुगन्धित करने में सक्षम होती है। वायु

की यह सुगन्ध हानिकारक होती है। इसी प्रकार वार्निश तथा पेन्ट में फार्मल्डिहाइड नामक रसायन होता है जो वाष्पीकृत होकर श्वास के अन्दर की वायु को प्रदूषित करता है। कोयले के जलने से कार्बन मोनोआक्साइड गैस निकलती है, जिससे घुटन अधिक बढ़ जाती हैं। ऐसा पाया गया है कि कमरे को बन्द कर अँगीठी को अधिक समय तक जलाने से लोगों की मृत्यु तक हो जाती है।

वर्तमान समय में घरों के अन्दर प्रदूषण का सबसे बड़ा स्रोत टेलीविजन है। बहुत नजदीक से या लगातार देर तक टेलीविजन को देखने से बच्चों को मिरगी और मोटापा जैसी शारीरिक और मानसिक विकृतियाँ पैदा हो जाती हैं। टेलीविजन से निकलने वाली खास किस्म की किरणें दिमाग की कार्य प्रणाली बन्द कर देती हैं। बच्चों का दिमाग टेलीविजन विकिरण सहन नहीं कर पाता और जब एक बार दिमाग सुन्न हो जाता है तो आँखे टेलीविजन के पर्दे पर टिक जाती है। एक तरह से बच्चा टेलीविजन देखते समय वशीभूत हो जाता है। टेलीविजन देखते समय मस्तिष्क की प्रकाश संवेदी कोशिकाएँ बहुत तेजी से प्रतिक्रिया करती हैं जिससे मस्तिष्क के आणविक स्तर में असामान्य परिर्वतन होने लगता है। इस कारण मस्तिष्क की ऊर्जा अव्यवस्थित हो जाती है और मस्तिष्क की प्रकाश संवेदी कोशिकाएँ बहुत तेजी से प्रतिक्रिया करती है जिससे मस्तिष्क के आणविक स्तर में असामान्य परिवर्तन होने लगता है। इस कारण मस्तिष्क की ऊर्जा अव्यवस्थित हो जाती है और मस्तिष्क में असामान्य जल तरल पदार्थ बहने लगता है जो कि मिरगी का रूप धारण कर सकता है। ऐसी मिरगी को मनो प्रेरित मिरगी कहते हैं। ऐसी मिरगी का आसानी से पता नहीं लगाया जा सकता है क्योंकि इससे मुँह से झांग नहीं निकलता।

टेलीविजन की बढ़ते चैनलों के कारण भी बच्चों के शारीरिक और मानसिक स्वास्थ्य पर दुष्प्रभाव पड़ रहा है। इसके कारण चैनलों पर रात-रात भर कार्यक्रम प्रसारित होने से बच्चे देर रात तक टेलीविजन देखते रहने के कारण ठीक प्रकार से सो नहीं पाते, जिसका प्रभाव उनके दैनिक जीवन पर पड़ता है। बच्चे टेलीविजन देखने के चक्कर में खेलकूद और व्यायाम भूलते जा रहे हैं। जिससे शरीर में वसा की मात्रा बढ़ती जाती है। अधिक टेलीविजन देखने का दुष्प्रभाव आँखों पर भी पड़ता है। अधिक टेलीविजन देखने में आँखों में तनाव व थकान उत्पन्न होती है जिसके कारण आँखों से पानी निकलता है और आँखे लाल हो जाती है।

16

ध्वनि प्रदूषण

प्रकृति और मनुष्य के बीच के संतुलन में पूर्व में कभी व्यवधान नहीं हुआ था। पर जनसंख्या वृद्धि, विकास की तीव्र गति एवं सतत् नगरीकरण के कारण विभिन्न प्रकार की समस्याओं तथा असुविधाओं से मनुष्य जाति परेशान तथा चिंतित है। प्राय: यह अनुभव किया जा रहा है कि बांसुरी की मधुर तान, धुन तथा मधुर संगीत तथा मीठी-मीठी बातें प्राय: सबको अच्छी लगती हैं पर लाउडस्पीकर की कर्णभेदी आवाजें, घरों का शोर, सड़कों का शोर, वाहनों का शोर, मिलों के मशीनों का शोर इत्यादि शोर चाहे किसी भी स्रोत से उत्पन्न क्यों न हुआ हो ध्वनि प्रदूषण का मुख्य कारण बन जाता है। अन्य प्रदूषणों की भाँति ध्वनि प्रदूषण भी मनुष्यों के जीवन को प्रत्यक्ष या अप्रत्यक्ष रूप से प्रभावित करता है।

गौरतलब है कि ध्वनि प्रदूषण जीवन का एक प्रकार से अनिवार्य अंग बन गया है। ध्वनि प्रदूषण का तात्पर्य वातावरण में उत्पन्न की गयी ऐसी ध्वनि से है जो अवांछनीय होने के साथ-साथ प्रतिकूल तथा हानिकारक प्रभाव उत्पन्न करती है।

आजकल ध्वनि प्रदूषण के दुष्परिणामों से पीड़ितों की संख्या निरंतर बढ़ती जा रही है। एक प्रकार से यदि इस पर विचार किया जाए तो पता चलता है कि ध्वनि प्रदूषण रसायनों से निर्मित प्रदूषण से कम नहीं है। भौतिक विज्ञान की दृष्टि से शोर एक ऐसी जटिल ध्वनि है जिसमें कोई क्रम नहीं होता है और जिसकी अवधि लम्बी तथा छोटी तथा आवृत्ति परिवर्तनीय होती है।

विभिन्न प्रयोगों द्वारा यह सिद्ध हो चुका है कि अधिक शोर हमारे कानों के श्रवण कोशिकाओं को धीरे-धीरे कमजोर करके बहरेपन की स्थिति तक पहुँचा सकता है। शोर-शराबा केवल जीव-जंतुओं को ही क्षति नहीं पहुँचाते हैं, वरन्

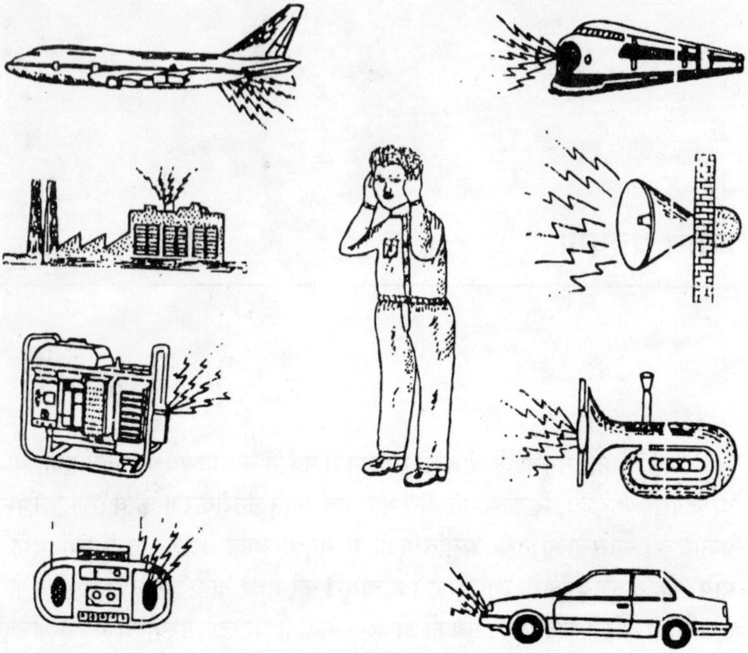

चित्र 16.1 : ध्वनि प्रदूषण के
विभिन्न स्रोत – रेडियो, टीवी, वाहन, वायुयान, लाउडस्पीकर

अजीवित वस्तुएँ भी इससे प्रभावित होती हैं। हवाई अड्डों तथा अन्य शोर वाले क्षेत्रों के भवनों तथा इमारतों को भी क्षति पहुँचाता है।

16.1 शोर का पैमाना

शोर के स्तर को डेसीवलों की संख्या के आधार पर वर्गीकृत किया गया है। डेसीवल पैमाने पर शून्य ध्वनि प्रबलता का वह स्तर है जहाँ से ध्वनि सुनाई देना प्रारम्भ करती है। डेसीबल एक जटिल इकाई है। यह लघुगुणक सिद्धांत के आधार पर आधारित है। इसका अर्थ यह है कि 10 डेसीबल, 0.01 डेसीवल की अपेक्षा 10 गुना अधिक शक्तिशाली है तथा 20 डेसीबल 100 गुना शक्तिशाली है। इसी तरह शोर की तीव्रता बढ़ती जाती है।

इस प्रकार डेसीबल पैमाने पर शून्य ध्वनि प्रबलता का वह स्तर है जहाँ से ध्वनि सुनाई देना आरम्भ करती है। इसी प्रकार एक डेसीबल का मान वह सुगमतापूर्ण सुनाई देने वाली ध्वनि होती है जो मनुष्यों के कान द्वारा सुनी जाती है। हमारा कान भी लघुगुणक के पैमाने से सुनते हैं। यही कारण है कि मनुष्य ऊँची से

ऊँची और धीमी से धीमी ध्वनि को सरलता से सुन लेते हैं। मनुष्यों के सुनने की न्यूनतम सीमा 0-10 डेसीबल होती है।

ज्ञातव्य है कि मनुष्यों की हल्की फुसफुसाहट 25-30 डेसीवल की होती है जबकि सामान्य बातचीत के समय 60 डेसीबल तक की आवाजें उत्पन्न होती हैं। सामान्यत: मानव 80 डेसीबल तथा उससे अधिक तीव्र शोर को सहन नहीं कर सकता है।

16.2 डेसीबल और उसके प्रभाव

विश्व स्वास्थ्य संगठन ने विभिन्न समय तथा क्षेत्रों के लिए डेसीवल की सीमाएँ निश्चित की हैं। इसे निम्नलिखित तालिका (16.1) में अंकित किया गया है :-

तालिका 16.1 : विश्व स्वास्थ्य संगठन द्वारा निश्चित की गयी उच्चतम ध्वनि सीमा

स्थान	उच्चतम ध्वनि सीमा	होने वाले दुष्परिणाम
घर के आसपास		
दिन में	55 डेसीबल	चिड़चिड़ापन
रात में	45 डेसीबल	नींद में परेशानी
घर के अन्दर		
दिन में	45 डेसीबल	नींद में परेशानी
रात में	35 डेसीबल	सुनने की क्षमता में कमी
औद्योगिक क्षेत्र	75 डेसीबल	सुनने की क्षमता में कमी

पर्यावरणीय दृष्टिकोण से निश्चित की गयी उच्चतम सीमा को निम्नलिखित तालिका 16.2 में अंकित किया गया है :-

तालिका 16.2 : पर्यावरण नियम के अंतर्गत उच्चतम ध्वनि सीमा

क्षेत्र	दिन 6.00 बजे सुबह से रात्रि 9.00 बजे तक	रात 9.00 बजे रात्रि से सुबह 6.00 बजे तक
औद्योगिक क्षेत्र	75 डेसीबल	70 डेसीबल
व्यवसायिक क्षेत्र	65 डेसीबल	55 डेसीबल
आवासीय क्षेत्र	55 डेसीबल	45 डेसीबल
साइलेन्स क्षेत्र हॉस्पीटल, स्कूल,...	50 डेसीबल	40 डेसीबल

मनुष्यों के विभिन्न कार्यक्रमों द्वारा उत्पन्न शोर को निम्नलिखित तालिका 16.3 में अंकित किया गया है :–

तालिका 16.3 : शोर की सीमा

कार्यक्रम	शोर का सार
दीपावली में पटाखे का उपयोग	120 डेसीबल
बारात, बैण्ड–बाजा और पटाखे	87 डेसीबल
गणेशोत्सव, रामलीला, जागरण (रात्रि समय)	89 डेसीबल
धार्मिक उत्सव और लाउडस्पीकर	83 डेसीबल
कमरे में वातानुकूलित यंत्र	58 डेसीवल

16.3 ध्वनि प्रदूषण का प्रभाव

प्रत्यक्ष तथा अप्रत्यक्ष रूप से ध्वनि प्रदूषण से अनेकों प्रकार के खतरे उत्पन्न होते हैं। हर प्रकार के शोर से प्रदूषण होता है। वर्तमान समय शहरी क्षेत्रों में ध्वनि प्रदूषण जीवन का एक भाग बन चुका है। विभिन्न प्रकार के अनियोजित विकास ने शोर को बढ़ाया है। शोर से मनुष्यों में कार्य करने की क्षमता, आराम तथा नींद में व्यवधान पड़ता है।

ध्वनि प्रदूषण का प्रभाव मनुष्यों को सीधे रूप से प्रभावित करता है। ध्वनि प्रदूषण की समस्या विकसित देशों में ही नहीं अपितु विकासशील देशों में भी गम्भीर रूप धारण करती जा रही है। सड़कों पर सरपट दौड़ती मोटरकारों, आकाश में उड़ते वायुयान, कल–कारखानों के सायरन, मशीनों की गड़गड़ाहट ध्वनि विस्तारक यंत्रों और प्रेशर हार्न की कर्कश आवाजें आज हमारे जीवन का अनिवार्य अंग बन गई हैं। भौतिक सुख एवम् आधुनिकता के नाम पर हम शायद यह भूल जाते हैं कि अन्य पर्यावरण प्रदूषकों की अपेक्षा ध्वनि प्रदूषण मानव को अदृश्य व प्रत्यक्ष रूप से प्रभावित करता है और अत्यधिक शोर के कारण मानव शरीर पर जो प्रभाव पड़ता है उसका कोई उपचार नहीं है। आज मंदिरों, मस्जिदों तथा गुरुद्वारों जैसे पवित्र धार्मिक स्थानों में ध्वनि विस्तारक यंत्र एक प्रकार से अनिवार्य वस्तु हो गयी है।

अधिक शोर से मस्तिष्क के एक भाग हाइपोथेलेमस के उत्तेजित होने से पीयूष नामक अंत:स्रावी ग्रन्थि से ए.सी.टी.एच. नामक हारमोन का स्राव होता है। यह हारमोन एड्रीनल नामक ग्रंथि को उत्तेजित करता है और इससे कोर्टिसोल

हारमोन शरीर के सामान्य उपापचयन क्रियाओं में व्यवधान उत्पन्न करता है। इस कारण अनेकों रोग उत्पन्न हो जाते हैं।

बाहरी आवाजें हमारे कान तक काक्लिया (Cochlea) के माध्यम से पहुँचती हैं। सींग के आकार के इस भाग में अनेक श्रवण कोशिकाएँ होती हैं जो बेहद बारीक बालों से ढ़की होती है। इन बालों को सिलियन कहते हैं जो ध्वनि तरंगों को विद्युतीय तरंग में परिवर्तित कर इसे मस्तिष्क के उस भाग में पहुँचाती हैं जहाँ से हमें सुनने की अनुभूति होती है। जब भी आवाज जोर से उठती है तो उसके धमाके से सिलिया कान की सतह से चिपक जाती है और इसके सीधा होने में थोड़ा समय लगता है। यही कारण है कि जोरदार धमाके के बाद कुछ समय तक हमें कुछ भी सुनाई नहीं देता है। यदि इस प्रकार के जोरदार धमाके बार-बार होते रहें तो सिलिया स्थायी रूप से बेजान हो जाती है। फलतः धीरे-धीरे सुनने की शक्ति में कमी होती जाती है।

ध्वनि प्रदूषण की मात्रा जितनी अधिक होगी उतनी ही अधिक सिलिया के मृत होने की संभावना अधिक होगी। इसी अनुपात में सुनने की शक्ति में कमी होती जाएगी। प्राप्त आँकड़ों से यह ज्ञात होता है कि 25 वर्ष तक लगभग 80 डेलीवल शोर के क्षेत्र में रहने वाले में लगभग 10 प्रतिशत लोगों में श्रवण संबंधी शिकायतें हो सकती हैं जबकि 100 डेलीवल की तीव्रता वाले क्षेत्र में रहने वालों को 53 प्रतिशत और 115 डेलीवल से अधिक तीव्रता वाले क्षेत्रों में रहने वाले लोगों में लगभग 94 प्रतिशत तक श्रवण शक्ति में क्षीणता आ जाती है।

ऐसा पाया गया है कि टाइफाइड, फ्लू, मलेरिया तथा मेमिंजाइटिस जैसी बीमारियों के होने से कान का कोक्लिया कमजोर हो जाता है। ऐसे मरीजों को अधिक शोर के स्थान पर बन्दूक की गोली की आवाज ही उसे स्थायी रूप से बहरा होने में सहायक होगा। इसके अतिरिक्त टी.वी. की दवा स्ट्रेप्टोमाइसिन, मलेरिया की दवा कितनाइन और दर्द निवारक आइब्रूफैन के अधिक उपयोग में लाने से श्रवण शक्ति शनैः शनैः कम होती जाती है। ठीक समय पर इलाज न होने के कारण ऐसे व्यक्ति स्थायी रूप से बहरे हो सकते हैं।

इसके अतिरिक्त शोर हृदय, पाचन तंत्र तथा तंत्रिका तंत्र पर भी दुष्प्रभाव डालने में समर्थ होता है। ऐसा पाया गया है कि अधिक शोर वाले क्षेत्रों में रहने वाले व्यक्तियों में रक्तचाप का बढ़ना, हृदयगति का तेज होना और दिल के दौरे के पड़ने की संभावना हो जाती है। गर्भवती माताओं को अधिक शोर वाले क्षेत्रों में रहने से

गर्भस्थ शिशु विकार और अपंग शिशुओं के जन्म की संभावना बनी रहती है। शोर से प्रभावित मनुष्यों में सिर दर्द, बेचैनी, चक्कर आना और थकान के अतिरिक्त एक विशेष प्रकार की मिर्गी भी आ सकती है।

इनके अतिरिक्त अधिक शोर से वार्तालाप करने से श्रवण यंत्र में सूजन आ जाती है तथा गले में खराश हो जाती है। यही नहीं शोर की तीव्रता से आँखों पर भी बुरा प्रभाव पड़ता है। आँखों की पुतलियों का आकार छोटा हो जाता है तथा रंग पहचानने की क्षमता में कमी आ जाती है। शरीर की बाहरी त्वचा में रोग प्रतिरोधक क्षमता का कम होने की आशंकाएँ भी बढ़ जाती हैं।

शोर स्तर तथा उससे होने वाले प्रभाव को निम्नलिखित तालिका 16.4 में अंकित किया गया है।

तालिका 16.4 : शोर का स्तर तथा प्रभाव

शोर का स्तर (डेसीबल)	प्रभाव
60	बेचैनी, मानसिक तनाव एवम् अनिद्रा।
80	सिरदर्द, थकान, तनाव तथा कार्यक्षमता में कमी।
85	बहरापन।
90	कान के आंतरिक भाग की क्षति।
100	हृदय की धड़कन में वृद्धि, रक्त वाहिनियों का सिकुड़ना, रक्त संचार में कमी, थकान, उच्च रक्तचाप, चिड़चिड़ापन एवं गैस्ट्रिक अल्सर।
120	केन्द्रीय तंत्रिका तंत्र पर प्रभाव, मस्तिष्क पर घातक प्रभाव, स्मृति शक्ति में कमी, गर्भवती महिलाओं में प्रसव पीड़ा में वृद्धि, गर्भस्थ शिशु पर कुप्रभाव।
140	अत्यधिक पीड़ा या अस्थाई बहरापन।

ध्वनि प्रदूषण शरीर की क्रियात्मक गतिविधियों को भी प्रभावित करता है। मनुष्य के स्वचलित स्नायुतंत्र के माध्यम से अधिक शोर का प्रभाव हृदय एवं पाचन तंत्रों पर पड़ता है। इसके साथ ही साथ अधिक शोर से मानसिक तनाव चिड़चिड़ापन तथा शरीर के रक्त में कोलेस्ट्रॉल की वृद्धि होती है। यही नहीं शरीर के परिरेखीय संवहन परिसंचरण की भी क्षति होती है।

ध्वनि प्रदूषण विद्युत चुम्बकीय एवं ध्वनि तंरगों को विचलित करके उनके कार्य में रूकावट उत्पन्न करता है। शोर का घातक प्रभाव वन्य जीवों तथा निर्जीव

पदार्थों पर भी पड़ता है। ऐसा भी वर्णित है कि हवाई जहाज तथा तीव्र यातायात की ध्वनि से उत्पन्न शोर के कारण मुर्गियों ने अण्डे देना बंद कर दिया है। इसके अतिरिक्त गाय और भैंसों के दूध की मात्रा में गिरावट तथा बड़ी-बड़ी इमारतों की छतों में दरार पड़ती पायी गयी।

ध्वनि प्रदूषण के मुख्य स्रोतों का सीधा संबंध मानव के आधुनिकीकरण से है। औद्योगिकरण क्षेत्रों व महानगरों में ध्वनि प्रदूषण की प्रधानता पायी जाती है। महानगरों में भीड़-भाड़, सड़कों पर चलने वाले वाहनों के चलने से उत्पन्न शोर व इनमें प्रयुक्त होने वाले सायरन से आसपास के क्षेत्रों में तीव्रता से ध्वनि प्रदूषण होता है। मनोरंजन के विभिन्न उपकरणों जैसे टेपरिकार्डर, रेडियो, टेलीविजन, सिनेमा, डिस्को क्लब एवं ऊँची आवाज वाले रॉक एण्ड रोल जैसे संगीत आधुनिक युग में ध्वनि प्रदूषण के मुख्य स्रोत हैं।

16.4 स्कूली बच्चों पर ध्वनि प्रदूषण का प्रभाव

शोर का प्रभाव स्कूली बच्चों पर बहुत अधिक पड़ता है। शोर के कारण उनकी स्मरण शक्ति क्षीण होने लगती है। पठन-पाठन में मन नहीं लगता है। सर्वेक्षण से ज्ञात हुआ है कि शोर से प्रभावित क्षेत्रों में 60 प्रतिशत बच्चे पठन-पाठन में ध्यान नहीं दे पाते हैं और 40 प्रतिशत बच्चे बहरेपन के शिकार हो जाते हैं। आँकड़े बताते हैं कि कारखानों क्षेत्रों, रेलवे लाइन के निकट आवासों में रहने वाले बच्चों के प्रति दस में से चार बच्चों की श्रवण समस्याएँ हो जाती है। हवाई जहाजों तथा कारखानों के सायरनों से उत्पन्न होने वाले तेज शोर से क्षेत्रों में घबराहट तथा उच्च रक्तचाप उत्पन्न हो जाता है।

16.5 औद्योगिक संस्थानों में ध्वनि प्रदूषण का प्रभाव

ध्वनि प्रदूषण से प्रभावित बहरेपन के रोग से पीड़ित व्यक्तियों की संख्या सबसे अधिक फाउण्ड्री उद्योग (33 प्रतिशत), कपड़ा मिल (32 प्रतिशत) तथा उर्वरक उद्योग (20 प्रतिशत) पायी गयी है। मद्रास के औद्योगिक क्षेत्रों के 20 प्रतिशत श्रमिक अपनी श्रवण शक्ति खो देते हैं।

16.6 ध्वनि प्रदूषण के निवारण के उपाय

उपरोक्त तथ्यों से यह स्पष्ट हो जाता है कि पर्यावरण के क्षेत्र में ध्वनि प्रदूषण न दिखायी देने वाला ऐसा मीठा जहर है जो अनजाने में ही अनेकों लोगों को शनैः-शनैः मृत्यु का परिणाम दे सकता है। अतः यह आवश्यक हो गया है कि

ध्वनि प्रदूषण को गम्भीरता से लेते हुए इससे बचने हेतु आवश्यक कदम उठाया जायें। इस हेतु निम्नलिखित उपाय प्रस्तावित हैं :–

1. विभिन्न यंत्रों तथा उपकरणों की रचना इस प्रकार की जाए जिससे उनसे निकलने वाला शोर न्यूनतम स्तर का हो। शोर की तीव्रता को कम करने हेतु वृक्षों की मोटी पट्ठी अधिक उपयोगी सिद्ध होगी। उद्योग-धन्धों के निकट तथा सड़क मार्ग के दोनों तरफ वृक्षों की कतार लगाना अधिक कारगर सिद्ध होगा। इस हेतु तेन्दु, बेल, जामुन, आम, पीपल, नीम के वृक्षों को लगाया जा सकता है।
2. जहाँ तक सम्भव हो सके एक ही समय में एक से अधिक घरेलू उपकरणों को चालू न करें।
3. वाहनों में साइलेन्सर अवश्य लगावाएँ।
4. तेज और कर्कश आवाज वाले प्रेशर हार्न का उपयोग न करें।
5. कल-कारखानों में हो रहे शोर को कम करने के लिए अटेन्यूएटर लगाना चाहिए।
6. अति शोर वाले उद्योग जैसे वस्त्र उद्योग के कर्मियों को ईअरपलग का उपयोग करना चाहिए।
7. तकनीकी उपायों द्वारा शोर की तीव्रता को नियंत्रित कर देना चाहिए।

17

अपशिष्ट और पर्यावरण

बढ़ती हुई जनसंख्या की मूलभूत आवश्यकताओं की पूर्ति हेतु औद्योगीकरण भी एक आवश्यक प्रक्रिया है। इसके फलस्वरूप गाँवों से शहरों की ओर पलायन बढ़ने के कारण शहरों की आबादी बढ़ रही है। अनुमान है कि शहरी आबादी में लगभग 40 प्रतिशत की वृद्धि गाँवों से पलायन के कारण हुई है। इस प्रकार की आबादी के बढ़ने से शहरों के बुनियादी ढाँचे तथा सुविधाओं पर अच्छा खासा प्रभाव पड़ा है। हालत यहाँ तक हो गयी है कि बहुत बड़ी आबादी को जनसुविधाएँ प्राप्त नहीं हो पा रही हैं। कच्ची बस्तियों के निर्माण में अवश्य बढ़ोतरी हुई है।

औद्योगिकीकरण, नगरीकरण एवं तीव्र जनसंख्या की वृद्धि के कारण अपशिष्ट पदार्थों की मात्रा में निरंतर वृद्धि होती जा रही है। इन अपशिष्टों के निस्तारण की उचित व्यवस्था न होने के कारण पर्यावरण की गुणवत्ता में निरंतर ह्रास होता जा रहा है। अपशिष्ट पदार्थों का सम्बन्ध उन पदार्थों से है जिन्हें उपयोग के पश्चात् फेंक दिया जाता है। ये अपशिष्ट दो विभिन्न स्रोतों से प्राप्त होते हैं। एक तरफ तो मानव द्वारा उपयोग में लाये गये पदार्थ जैसे कागज, कपड़ा, प्लास्टिक, काँच और रबर आदि है तो दूसरी तरफ विभिन्न उद्योगों से निस्तारित जल एवं ठोस अपशिष्ट इन स्रोतों से प्राप्त अपशिष्टों के द्वारा पर्यावरण के प्रदूषित होने की मात्रा गाँवों की अपेक्षा शहरों में अधिक होती है।

17.1 अपशिष्ट क्या है?

अपशिष्ट प्राय: एक जटिल मिश्रण होता है जो विपत्तिजनक तथा गैरविपत्तिजनक स्वभाव के होते हैं। विपत्तिजनक अपशिष्ट के अन्तर्गत किसी उद्योग, कारखाने या रासायनिक संयंत्र के रासायनिक उत्पाद होते हैं जो जीवन को संकटमय बनाने में

सक्षम होते हैं। ऐसे अपशिष्ट घरेलू कार्यों, अस्पताल या अनुसंधान प्रयोगशालाओं से भी प्राप्त हो सकते हैं। यही नहीं परमाणु तथा रासायनिक हथियारों के प्रयोग करने वाले युद्धों से बड़ी मात्रा में हानिकारक अपशिष्ट उत्पादित होते हैं। अनेकों अपशिष्टों के कुछ ऐसे भी अवयव होते हैं जो शारीरिक प्रक्रिया में सम्मिलित होकर हानि पहुँचाते हैं। इस प्रकार के अपशिष्टों में विषैले पदार्थ होते हैं। ऐसे विषैले पदार्थ शरीर के अन्दर पहुँचकर रोगकारी अथवा कैंसरकारी प्रभाव डालते हैं।

शहरों में उत्पन्न होने वाले अपशिष्ट की मात्रा व किस्म उस शहर के आकार व प्रकृति पर निर्भर करती है। आमतौर पर इस अपशिष्ट को निम्नलिखित श्रेणियों में वर्गीकृत किया गया है-

1. घरेलू अपशिष्ट
2. नगरपालिका अपशिष्ट
3. अस्पतालो का अपशिष्ट
4. औद्योगिक अपशिष्ट
5. पशुओं से सम्बन्धित अपशिष्ट
6. प्लास्टिक अपशिष्ट तथा
7. कृषि अपशिष्ट।

17.2 घरेलू अपशिष्ट

घरों में प्रतिदिन सफाई करने के बाद प्राप्त कचरे में धूल, मिट्टी, कागज, गत्ता, कपड़ा, प्लास्टिक, लकड़ी, धातु के टुकड़े, सब्जियों एवं फलों के छिलके, सड़े-गले पदार्थ, सूखे फूल आदि सम्मिलित हैं। ये सभी पदार्थ घरों से बाहर सड़कों या निर्धारित स्थान पर डाल दिये जाते हैं जहाँ इनके सड़ने से विषाणु प्राप्त होते हैं जो विभिन्न रोगों के जन्मदाता माने जाते हैं।

शहरों के विभिन्न हिस्सों के कचरे की किस्म व मात्रा में अधिक अन्तर होता है। उदाहरण के लिए झुग्गी झोपड़ियों के कचरे में जैव पदार्थों की मात्रा अधिक होती है। शहरों के कचरों में विभिन्नता होने के कई कारण हैं जैसे औद्योगिकीकरण के स्तर तथा उपयोग की शैली।

एक सर्वेक्षण के अनुसार जापान में प्रति व्यक्ति 2 किलो, अमेरिका में 3 किलो तथा भारत में 350 से 400 ग्राम तक ठोस अपशिष्ट उत्पन्न होता है। अपशिष्ट की मात्रा बड़े शहरों में 400-500 ग्राम तक पायी गई है। कुल मिलाकर

भारत में प्रतिवर्ष 204 मिलियन टन शहरी कचरा पैदा होता है। ठोस कचरे के अतिरिक्त गैसीय कचरा भी एक प्रकार से समस्या बनी हुई है। वाहनों से गैसीय कचरे की मात्रा भी टनों में है। अकेले दिल्ली में प्रतिदिन 900 टन विषाक्त गैसीय कचरा निकलता है। इसी प्रकार का गैसीय कचरा मुम्बई में 548.80 टन, बंगलौर में 245.72 टन, कलकत्ता एवं अहमदाबाद में 243.94 टन, पुणे, मद्रास, हैदराबाद, जयपुर तथा कानपुर में 247.71 टन गैसीय कचरा प्रतिदिन उत्सर्जित होता है। बड़े शहरों में इकट्ठा होने वाले कचरों में विशेष रूप से घरेलू और औद्योगिक क्षेत्रों द्वारा फेंके गये ठोस अपशिष्ट सम्मिलित होते हैं। इनमें से कुछ ऐसे भी अपशिष्ट होते हैं जिनका पुन: उपयोग किया जा सकता है, जैसे कागज, प्लास्टिक व धातु तथा काँच आदि।

शहरी तथा ग्रामीण क्षेत्रों से उत्सर्जित अपशिष्ट में विशेष विभिन्नता होती है। ग्रामीण क्षेत्रों में जो भी अपशिष्ट प्राप्त होता है उनके अधिक मात्रा में उपयोग कर लेने से समस्या उतनी गम्भीर नहीं होती है। शहरों में अधिक मात्रा में अपशिष्ट का उपयोग न होने के कारण समस्या गंभीर रूप लेती जा रही है। प्रश्न यह उठता है कि प्रतिदिन एकत्रित हो रहे हजारों टन कूड़ेकचरे का कहाँ उपयोग किया जाये। अभी तक भारत में कूड़े के निपटान की प्रचलित विधि रही है वह सैनिटरी लैण्ड फिलिंग हैं। लगभग 90 प्रतिशत कूड़ेकचरें का उपयोग शहरों के आसपास खाली पड़े गड्ढ़ों या उबड़-खाबड़ जमीन को समतल बनाने के लिए किया जाता है।

घरेलू अपशिष्टों में तीन विशेषताएं होती हैं। इनमें भार, घनत्व तथा विभिन्न प्रकार के अवयव सम्मिलित हैं। ये विशेषताएं विभिन्न देशों के लिए भिन्न-भिन्न होती हैं। ऐसे अपशिष्टों की मात्रा खाने-पीने की आदतों, रहन-सहन का स्तर तथा जीवन के तौर-तरीके पर निर्भर करती है। घरेलू अपशिष्टों में मानव द्वारा उत्पन्न अपशिष्ट ठोस, द्रव तथा गैसीय स्वभाव के होते हैं। ये पर्यावरण प्रदूषण की वृद्धि में सहायक होते हैं। शहरी क्षेत्रों में धुएँ का विसर्जन केवल उन्हीं क्षेत्रों तक सीमित है जहाँ समाज के गरीब तथा कमजोर वर्गों के लोग रहते हैं। अनुमानित है कि देश में कुल लकड़ी की मात्रा का खपत का 80 प्रतिशत भाग घरों में भोजन पकाने के काम में आता है।

द्रव के रूप में पाया जाने वाला अपशिष्ट शौचालयों, रसोई घरों तथा स्नानगृहों से प्राप्त होता है। इन स्रोतों से प्राप्त गंदे पानी को सीवेज या मलजल कहते हैं। इस मलजल को प्राय: भूमि पर या पड़ोस के नाले अथवा नदियों में विसर्जित कर दिया

जाता है। ठोस अपशिष्ट के रूप में रसोई घर का कचरा, कागज, प्लास्टिक शीशी तथा टिन आदि मुख्य हैं। प्रायः इन्हें शहरी कचरे के नाम से भी जाना जाता है। इन कचरों के कारण वायु दुर्गन्धपूर्ण होती है, जो प्रायः भूतल के जल को भी प्रदूषित करते हैं। (घरेलू प्रदूषण का विस्तृत वर्णन अध्याय 15 में भी किया गया है।)

17.3 नगरमहापालिका अपशिष्ट

नगरपालिका अपशिष्ट में घरेलू अपशिष्ट के अतिरिक्त विभिन्न संस्थानों, बाजारों, सड़कों से एकत्र गंदगी, मृत जानवरों के अवशेष, मकानों को तोड़े जाने के बाद निकले पदार्थ तथा वर्कशाप से फेंके गए पदार्थ सम्मिलित हैं। इस प्रकार के अपशिष्ट की प्रगति नगर की जनसंख्या पर निर्भर करती है।

अपशिष्टों की मात्रा इतनी बढ़ती जा रही है कि उनका घातक प्रभाव पर्यावरण पर पड़ रहा है। कचरे से पानी तथा वायु के प्रदूषण की समस्या पैदा होती है। यदि कचरा समय से हटाया नहीं गया तो स्वास्थ्य के लिए खतरा पैदा हो सकता है। गलत स्थान पर गड्ढ़ों के भराव करने से भूमिगत जल का प्रदूषण होता है। तेज बारिश के समय सतही पानी में भी प्रदूषण हो सकता है। वायु प्रदूषण का कारण कचरे को जलाने से प्राप्त होता है। अनुमान है कि दिल्ली में कचरे को जलाने से प्रतिदिन 7 हजार घनमीटर मीथेन भी उत्सर्जित होती है जो ग्रीन हाऊस प्रभाव को बढ़ावा देती है। कचरे का निपटान करने वाले कर्मी को चर्मरोग से पीड़ित पाया गया है। संक्रमित धूल में साँस लेने के कारण उन्हें साँस तथा आँखों के रोग हो जाते हैं तथा अल्सर और संक्रमित घाव भी होते रहते हैं। अध्ययन द्वारा यह पाया गया है कि 15 प्रतिशत मेहतर (स्वीपर) क्षयरोग से ग्रस्त हैं। यही नहीं कम्पोस्टिंग संयंत्र में छंटाई का काम करने वाले कामगार घावों तथा खून के संक्रमण से पीड़ित हो जाते हैं। इसके अतिरिक्त ऐसे कामगार रोगवाहक कीटों से त्रस्त रहते हैं। इस प्रकार हम यह पाते हैं कि अपशिष्टों की मात्रा तथा जटिलता मानव के लिए वर्तमान समय में एक प्रकार की चुनौती बन बैठी है।

घरेलू कचरे को नदी-नाले में मिलाने से मुख्य रूप से कोलीफार्म बैक्टीरिया की संख्या और जैव रासायनिक आक्सीजन की माँग बढ़ जाती है। जैव आक्सीजन की माँग बढ़ने से जल में घुलनशील आक्सीजन की मात्रा कम हो जाती है। कुछ स्थानों पर तो इसकी मात्रा शून्य तक हो जाती है। इस प्रकार के प्रदूषित जल का सेवन करने से विभिन्न प्रकार के रोग होने का खतरा बढ़ जाता है।

नगरीय ठोस अपशिष्ट अधिक मात्रा में उत्पादित होने के कारण इनका सही प्रबंध होना आवश्यक है। यदि इनका प्रबन्धन नहीं किया जाता है तो इसके कारण नगर में गंदगी व बीमारियों के फैलने की सम्भावना बढ़ जाती है। नगरीय ठोस अपशिष्ट में घरेलू, व्यापारिक, औद्योगिक तथा अस्पतालों में उत्पादित होने वाले अपशिष्ट सम्मिलित हैं।

नगरीय ठोस अपशिष्टों के अत्याधिक मात्रा में उत्पादित होने के कारण उन्हें पुनः उपयोग में लाना ही सबसे बढ़िया उपाय है। ठोस अपशिष्ट का 60 प्रतिशत भाग गद्ढ़ों को भरने के काम में आता है। इस प्रकार की भूमि को सैनिटरी लैण्ड फिल द्वारा समतल किया जाता है।

नगरीय अपशिष्टों से ऊर्जा का उत्पादन भी किया जा सकता है। इन अपशिष्टों में जैवीय पदार्थ अधिक होने के कारण इनमें तीन विभिन्न विधियों द्वारा ऊर्जा की प्राप्ति की जा सकती है :–

1. अपशिष्टों का भस्मीकरण कर उससे उत्पादित ऊर्जा का प्रयोग
2. अपशिष्टों के एनारोबिक डाइजेशन द्वारा बायोगैस का उत्पादन तथा
3. अपशिष्टों का पैलेट बनाकर ईंधन के रूप में उपयोग

नगरीय ठोस अपशिष्ट का एक मुख्य उपयोग कम्पोस्ट तैयार करना है जिसे कृषि कार्यों में खाद के रूप में इस्तेमाल किया जा सकता है।

17.4 औद्योगिक ठोस अपशिष्ट

औद्योगिक ठोस अपशिष्ट दो प्रकार होते हैं। ये हैं खतरनाक तथा गैर खतरनाक। अधिकांश तौर पर खतरनाक अपशिष्ट अधिक होते हैं। इस प्रकार के अपशिष्ट की अधिक मात्रा की प्राप्ति से इनके प्रबन्धन में कठिनाइयाँ आती हैं। इन अपशिष्टों के कुछ उपयोग निम्न प्रकार हैं :–

फ्लाई ऐश का उपयोग

हमारे देश में विद्युत का लगभग 65 प्रतिशत भाग ताप विद्युत गृहों से प्राप्त किया जाता है। इन ताप विद्युत गृहों से लगभग 3-4 करोड़ टन कोयला राख के रूप में वायुमण्डल में उत्सर्जित होता हैं जो वायु को प्रदूषित करता है। इस समस्या के समाधान हेतु फ्लाई ऐश को विभिन्न कार्यों में उपयोग किया जा रहा है–

1. राख का उपयोग ईंट बनाने में किया जा रहा है। इस हेतु राख व मिट्टी को 2:1 के अनुपात में मिलाकर ईंट बनाया जाता है।

2. राख का उपयोग सड़क बनाने में, रेल पटरी के किनारे डालने में तथा गड्ढ़े आदि भरने में किया जाता है।
3. राख का उपयोग सेल्यूलर व पोलीमर कंकरीट के उत्पादन में किया जाता है।
4. राख के चूने से अभिक्रिया करने के कारण इसका उपयोग सीमेन्ट बनाने हेतु भी किया जाता है।
5. राख के क्षारीय स्वभाव के होने से इसका उपयोग अम्लीय भूमि को खेती योग्य बनाने के लिए भी किया जाता है।
6. राख में लगभग 60 प्रतिशत सिलिका के होने से इसका उपयोग काँच उद्योग में किया जाता है।
7. राख को पिघलाकर इससे टाइल्स तथा अन्य वस्तुएँ बनाई जाती हैं।

17.5 औद्योगिक अपशिष्ट

औद्योगीकरण में जो भी कच्चा माल प्रयोग में लाया जाता है उन सभी से अपशिष्ट प्राप्त होता है। प्राय: इन अपशिष्टों को बिना शोधन के भूमि पर निपटाने की विधि अपनाई जाती है। औद्योगीकरण में अधिक वृद्धि के कारण अपशिष्टों की इतनी मात्रा प्राप्त होती जा रही है कि अन्य विकास तथा कृषि कार्यों के लिए भूमि की कमी पड़ती जा रही है। सभी उद्योगों से प्राप्त अपशिष्ट ठोस, द्रव या गैसीय स्वभाव के होते हैं। ऐसा अनुमान है कि भारत में इतने अधिक लघु उद्योग हैं जिनसे प्राप्त अपशिष्टों की मात्रा बड़े उद्योगों के समान होती है।

उद्योगों से बड़ी मात्रा में कचरा तथा उपयोग में लाये गये पदार्थों के अपशिष्टों में धातु के टुकड़े, रासायनिक पदार्थ, विषैले, ज्वलनशील पदार्थ, तेजीय पदार्थ, अम्लीय तथा क्षारीय पदार्थ, जैव अपघटनशील पदार्थ तथा राख आदि सम्मिलित हैं।

17.5.1 ताप बिजली उद्योग

ऊर्जा की प्राप्ति बिजलीघरों से की जाती है जिसमें कोयला मूल आधार होता है। अनुमान किया जाता है कि प्रति यूनिट बिजली की प्राप्ति में लगभग 6 किलो कोयले का दहन होता है 16 किलोग्राम कार्बन डाईआक्साइड और 2 किलोग्राम राख तथा तापघरों की चिमनियों के धुएँ में सल्फर डाईआक्साइड और नाइट्रस आक्साइड गैसों के उत्सर्जन से जनजीवन संकटमय तो होता ही है, पेड़-पौधे भी प्रभावित होते हैं।

17.5.2 खनन उद्योग

खनन उद्योग पर्यावरण को असंतुलित करने में विशिष्ट योगदान देता है। इस उद्योग में खुली कास्ट परियोजना के पृथ्वी पर होने से कृषि और वन क्षेत्र प्रभावित हो रहे हैं। इस विधि में एक टन कोयला प्राप्त करने हेतु लगभग तीन टन मलबे को हटाना पड़ता है जिसके कारण पर्यावरण असंतुलित हो जाता है। इस मलबे को एकत्र करने हेतु समीपवर्ती क्षेत्रों के पेड़-पौधों को हटाना पड़ता है। इस मलबे के कारण वायु प्रदूषण की मात्रा में वृद्धि हो जाती है।

इस उद्योग में भूगर्भ खनन परियोजनाएँ जमीन की सतह से अधिक नीचे होती है। भूगर्भ में सांस लेने योग्य वायु में कमी होती है और खनन क्षेत्र की धरती में दरार पड़ जाने से वायुमण्डल की आक्सीजन खदानों तक पहुँचकर कोयला खदानों में स्वत: दहन की प्रक्रिया में योगदान देती है। यही कारण है कि कोयला क्षेत्र में प्राय: आग लग जाती है।

17.5.3 रासायनिक उद्योग

आपत्तिजनक रसायनों की संख्या तथा उनके उत्पादन में निरंतर वृद्धि होती जा रही है। रासायनिक उद्योगों द्वारा वातावरण में रासायनिक और धातु कणों की मात्रा बढ़ती जा रही है। इन कणों में लोहा, सीसा, कैडमियम, निकल, फ्लोराइड आदि के अधिक होने से वायु प्रदूषण बढ़ता जा रहा है। इन रासायनिक उद्योगों से प्राप्त अपशिष्ट पदार्थों से जल भी प्रदूषित हो जाता है। प्रदूषकों के कारण जल की क्षारीयता, कार्बनिक तत्व, रासायनिक आक्सीजन माँग तथा जैव रासायनिक आक्सीजन की मात्रा में परिवर्तन से अनेक समस्याएँ उत्पन्न हो रही हैं।

17.5.4 पेट्रोलियम उद्योग

तेल उत्पादन की प्रक्रिया में बहुत अधिक मात्रा में नमकीन पानी निकलता है जिसके कारण समीपवर्ती कृषि क्षेत्र तथा पेड़-पौधों को हानि पहुँचती हैं। यह नमकीन पानी समीपवर्ती जलाशयों तथा जलकूपों के जल को प्रदूषित कर देता है। तटीय तथा अपतटीय क्षेत्रों में तेल का उत्पादन तथा तेल परिवहन नदियों में पाइपों द्वारा किया जाता है। इन पाइपों के रिसाव के कारण नदियों का जल प्रदूषित हो जाता है।

17.5.5 इस्पात उद्योग

लोहा और इस्पात कारखानों में ब्लास्टफर्नेस, सिन्टर प्लांट, लोहा गलाने की भट्टियाँ प्रयोग में लाई जाती है। इन स्रोतों से धूलकण, सल्फर डाईआक्साइड,

नाइट्रस गैसें, कार्बन मोनोआक्साइड और हाइड्रोकार्बन फीनाल, सायनाइड, थायोसल्फेट और अमोनिया जैसे प्रदूषक प्राप्त होते हैं। ये सभी प्रदूषक वायु और जल को प्रदूषित कर देते हैं। इनके अतिरिक्त ध्वनि प्रदूषण भी अधिक मात्रा में होता है।

17.6 पशु अपशिष्ट

वर्तमान समय में भारत देश के लगभग पाँच लाख गाँवों के अधिकांश लोगों का जीविकोपार्जन का आधार गाय, भैंस, घोड़े एवं पालतू पशु आदि ही हैं। भारत में पशुओं की संख्या लगभग 41 करोड़ 12 लाख है। अनुमान है कि प्रति पशु प्रतिदिन 400-425 ग्राम अपशिष्ट विसर्जित करता है। पशुओं द्वारा विसर्जित इतनी मात्रा में अपशिष्ट का प्रबंधन भी एक गंभीर समस्या है।

सभी कस्बों तथा नगरों में पशु अपशिष्ट को एकत्र कर दूसरे स्थानों पर पहुँचाने एवं उसके विदोहन का कोई निर्धारित ढंग तथा व्यवस्था उपलब्ध नहीं है। यही कारण है कि यह अपशिष्ट नगरों तथा गाँवों के लिए समस्या बनती जा रही है। विदित है कि हम लोगों पर पर्यावरण का दबाव बढ़ता जा रहा है जो विकास का परिणाम है। ऐसी दशा में पशु अपशिष्ट का नियंत्रण एवं व्यवस्थित करना बहुत ही आवश्यक एवं महत्त्वपूर्ण कार्य है। देश में कारखानों एवं नगरों का विकास तेजी से होने के कारण पशु अपशिष्ट के कचरे की सुव्यवस्था नितांत आवश्यक है। यदि इसका प्रबंधन उचित ढंग से नहीं किया गया तो विभिन्न प्रकार की बीमारियों के उत्पन्न होने का खतरा बना रहेगा।

पशु अपशिष्ट को रासायनिक खाद के रूप में प्रयोग किया जा सकता है। कम्पोस्ट खाद इसी से तैयार की जाती है। कम्पोस्ट खाद, नाइट्रोजन, फास्फेट तथा पोटाश की दृष्टि से बहुत उपयोगी होती है। गोबर गैस प्लांट इसका प्रमाण है। गोबर गैस प्लांट द्वारा भोजन पकाने के लिए गैस तो उपलब्ध होती ही है बचे हुए पदार्थ को खाद के रूप में भी प्रयोग किया जा सकता है। हमें ज्ञात होना चाहिए कि कम्पोस्टिंग भारत की प्राचीन समय से ही खाद प्राप्त करने की सर्वोत्तम विधि मानी गयी है। इस विधि से किया गया अपशिष्ट प्रबंधन सबसे उत्तम होने के अतिरिक्त सरल तथा सभी को ग्राहकारी होगा।

कम्पोस्टिंग द्वारा नगर को गंदगी, बदबू तथा कई प्रकार की बीमारियों से बचाया जा सकता है। कम्पोस्टिंग की एक अन्य विधि है जिसे एरोविक कम्पोस्टिंग कहते हैं। इस विधि में 2-3 सप्ताह का समय लग सकता है। पशु अपशिष्ट का

प्रबंधन जलाने के लिए ठोस गोले के रूप में भी किया जा सकता है। अनेक बड़े शहरों में लगभग 50 टन कूड़ा-करकट, गोबर आदि को प्रतिदिन जलाने वाले ठोस गोलों में परिवर्तित किया जाता है जिसे घरों तथा कारखानों में प्रयोग में लाया जाता है।

गोमूत्र तथा गोबर श्रेष्ठतम उर्वरक होने के साथ-साथ सशक्त मल शोध भी है। उनमें निहित निम्न जीवाणु हानिकारक शत्रु जीवाणुओं तथा विषाणुओं का नाश करते हैं भूमि तथा उसमें उगने वाली फसल तथा उससे प्राप्त अन्न आदि का उपयोग करने वालों में भी यह एक प्रतिरोधक शक्ति का निर्माण करते हैं। उससे कृषि उत्पादन पर आने वाले व्यय में कमी होगी, किसान की आय बढ़ेगी, विदेशी मुद्रा बचेगी, बेरोजगारों को रोज़गार मिलेगा तथा प्रदूषण में भी कमी आयेगी।

माल की उपलब्धता तथा अपशिष्ट निपटान दोनों ही दृष्टिकोण से बहुत ही कम पर्यावरण प्रदूषण की समस्या उत्पन्न करते हैं। एक अनुमान के अनुसार भारत में प्रतिवर्ष लगभग 600 मिलियन टन फसलों के अवशेष कृषि उद्योग द्वारा अपशिष्ट के रूप में प्राप्त होते हैं। इन अवशेषों में मुख्य हैं धान, ज्वार, गेहूँ और चने के तृण, कपास की डंडियाँ, मक्का के डंठल तथा गुल्लियाँ, सरसों की टहनियाँ, बाजरा और जौ के तृण, गन्ने की सीठी आदि। इन अपशिष्टों का उपयोग सामान्य तथा विभिन्न कार्यों के लिए किया जाता है जैसे पशु आहार, ईंधन, खेतों की खाद तथा निर्माण कार्य आदि। उद्योगों द्वारा वस्तुओं की माँग बढ़ने के कारण कृषि कार्यों से प्राप्त अवशेषों का उपयोग विभिन्न उद्योगों में किया जा रहा है। इसके कुछ उदाहरण तालिका 17.1 में अंकित किए गए हैं।

इस प्रकार हम यह देखते हैं कि कृषि जन्य अवशेषों का उपयोग विभिन्न प्रकार के लाभकारी कार्यों हेतु किया जा रहा है। चीनी उद्योग से प्राप्त बगासी का उपयोग ईंधन के रूप में न कर पल्प तथा पेपर बनाने के लिए किया जा रहा है। इसी प्रकार अनेकों ऐसे उद्योग हैं जहाँ ईधन के रूप में कोयले का उपयोग न कर धान की भूसी का इस्तेमाल किया जा रहा है। यदि सर्तकता से भट्ठियों में धान की भूसी जलाई जाए तो बिजली उत्पादन में यह कोयले की अपेक्षा अधिक सस्ती पड़ती है। यही नहीं उसकी ऊर्जा का मान भी अधिक होता है। इस क्षेत्र में पंजाब हमारे देश में सबसे आगे है। बिजली की प्राप्ति अधिकांश रूप से धान की भूसी जलाकर की जा रही है।

तालिका 17.1 : कृषि अवशेषों का उपयोग

क्र.सं.	उद्योग	अपशिष्ट
1.	औषधि निर्माण	सूक्ष्म जीव कार्बनिक रसायन
2.	कपड़ा	रेशम एवं व्यर्थ कपड़ा
3.	रासायनिक	कच्चा माल, उत्पाद
4.	पेट्रोलियम	रसायन
5.	उर्वरक	ठोस
6.	तापीय ऊर्जा संपन्न	राख
7.	रबर	रबर
8.	कोयला उद्योग	कोयला तथा उसके उत्पादों की प्राप्ति
9.	पेट्रोलियम उद्योग	पेट्रोलियम तथा प्राकृतिक गैसों की प्राप्ति
10.	धातु कर्म उद्योग	खनन तथा अयस्क की शुद्धि, अयस्क से धातु निकालना
11.	इलेक्ट्रोप्लेटिंग उद्योग	मेटल फिनिशिंग करना, दर्पण बनाना
12.	रासायनिक उद्योग	प्राथमिक कार्बनिक और अकार्बनिक रसायनों, कीटनाशकों, दवाओं, धुलाई साबुनों आदि का उत्पादन
13.	पेंट तथा सम्बद्ध उद्योग	स्याही, वार्निश, पेंट, फोटोग्राफी से सम्बद्ध उत्पादों, रबर, कृत्रिम सुगन्ध, विस्फोटकों की प्राप्ति
14.	चमड़ा उद्योग	चमड़े की रंगाई तथा रंग उत्पादन से जुड़े उत्पादन

तालिका 17.2 : औद्योगिक कचरे की मात्रा एवं उपयोग

कृषि अवशेष	वर्तमान उपयोग	सम्भावित उपयोग
धान तृण	ईंधन के रूप में	कागज, गत्ता, बायोगैस, बिजली उत्पादन
गेहूँ तृण	ईंधन, पशु भोजन	गत्ता तथा बायोगैस निर्माण कार्य
मक्के का डंठल	जानवरों का भोजन, ईंधन	कागज या कागज के बने बोर्ड
ईख की पत्ती तथा सीठी	चारा, ईंधन तथा खाद	पल्प और कागज, प्लास्टिक तथा लिनोलियम
कपास की पत्ती	कम्पोस्ट खाद	कार्बनिक अम्ल (सिट्रिक)
नारियल का खोल	ईंधन	परफ्यूरल

कृषि कार्यों में पर्यावरण पर सबसे घातक प्रभाव कृत्रिम उर्वरकों, कीट नाशकों तथा कवकनाशकों के प्रयोग से होता है। इससे पर्यावरण प्रदूषण की समस्या उत्पन्न होती है। कृषि जन्य अवशेष जल तथा वायु दोनों को प्रदूषित करते हैं। धान की भूसी जलाने से आस पास का वातावरण प्रदूषित हो जाता है क्योंकि इसके कण चारों तरफ फैल जाते हैं। ज्ञातव्य है कि धान की भूसी से प्राप्त राख में अधिक मात्रा में सिलिका पाई जाती है जो पर्यावरण की एक अहम समस्या है।

17.7 अपशिष्टों का प्रभाव

इस प्रकार हम यह देखते हैं कि अपशिष्टों की प्राप्ति विभिन्न स्रोतों से होती है। इनमें प्राय: मनुष्यों की लापरवाही, अज्ञानता तथा गंदी आदतों के कारण अपशिष्टों की अधिक मात्रा की प्राप्ति होती है। इन सभी चीजों में यदि आवश्यकतानुसार सुधार कर लिया जाये तो अपशिष्टों की मात्रा को न्यूनतम किया जा सकता हैं। अपशिष्टों की मात्रा में कमी करने के लिए अपशिष्टों का पुन: उपयोग तथा पुन चक्रण विधियों को प्रयोग में लाना आवश्यक है। यही नहीं विपत्तिजनक अपशिष्टों को भौतिक, रासायनिक तथा जैविक विधियों द्वारा निरापद बनाया जा सकता है। उपरोक्त विधियों के उपरान्त शेष अपशिष्टों का उपयोग विभिन्न प्रकार के कार्यों के लिए किया जा सकता है। इनमें मुख्य हैं कम्पोस्ट खाद बनाना।

अपशिष्टों के एकत्रित होने से इनका दुष्प्रभाव मनुष्यों तथा पर्यावरण दोनों पर पड़ता है। अपशिष्ट पदार्थों के कारण जल, वायु तथा भूमि में प्रदूषण की मात्रा में वृद्धि होती है। इनके सड़ने-गलने से प्राप्त दुर्गन्ध से स्थानीय वातावरण दूषित होने के साथ-साथ जीवन नरकीय हो जाता है। ऐसे अपशिष्ट जिनमें मल जल तथा डिटर्जेंट उपस्थित होता है, जल प्रदूषित करने के साथ विभिन्न प्रकार के रोगों के जन्मदाता होते हैं। यही नहीं औद्योगिक अपशिष्ट से भूमि की उर्वरा शक्ति भी क्षीण हो जाती है। सामान्यत: ऐसा पाया गया है कि नगरीय अपशिष्ट पदार्थों के एकत्रित होने से कलिन बस्तियों का विस्तार हो जाता है। ऐसी बस्तियाँ सामाजिक बुराइयों की स्रोत मानी जाती हैं। ऐसी बस्तियों का धीरे-धीरे विस्तार होना चिंता का विषय बनता जा रहा है।

अपशिष्टों के कारण मानव पर हो रहे दुष्प्रभाव, प्रदूषण की बढ़ती मात्रा तथा विभिन्न प्रकार के रोगों के कारण यह आवश्यक हो गया है कि अपशिष्टों का ठीक तरह से प्रबंधन किया जाये।

17.8 कचरा प्रबन्धन

कचरा प्रबंधन मूलत: टेक्नोलाजीमुखी रहा है तथा इस के सामाजिक, आर्थिक व इकोलोजी संबंधी तथ्यों पर ध्यान नहीं दिया गया है। यही कारण रहा कि कचरा निपटाने में अनेकों कठिनाइयाँ तथा अक्षतमाएँ पैदा होती हैं। कचरा प्रबंधन के संसाधन संरक्षण, प्रदूषण नियंत्रण, स्वास्थ्य व रोजगार के अवसरों पर ध्यान नहीं दिया गया।

भारत देश की अर्थव्यवस्था में पुर्नचक्रीकरण उद्योग की अनेकों सम्भावनाएँ हैं। इस प्रकार की गतिविधि में लोगों को बड़ी संख्या में रोजगार मिलने की गुंजाइश है। सूखे कचरे के अतिरिक्त जैव पदार्थों का भी पुनर्चक्रीकरण आवश्यक है। इस दिशा में अभी तक अधिक प्रयास नहीं किए गए हैं। जैव पदार्थों को कम्पोस्ट में परिवर्तित किया जा सकता है जो रासायनिक उर्वरक का स्थान ले सकता है। इसी प्रकार से सड़ता कचरा मीथेन गैस उत्पन्न करता है जिसे ईंधन के रूप में उपयोग किया जा सकता है। अनुमान है कि एक टन कचरे से लगभग 100 टन मीटर बायोगैस प्राप्त हो सकती है।

जिस कचरे को हम फेंक देते हैं उसे फिर काम के योग्य बनाया जा सकता है। अध्ययन द्वारा ज्ञात हुआ है कि एशिया में 8 प्रतिशत कूड़े के निपटान की व्यवस्था अभी हमारी सरकार नहीं कर पा रही है। इसमें कोई शक नहीं कि कचरे का निपटान एक लघु उद्योग बन सकता है जो भविष्य में नए रोजगार के लिए नये स्रोत पैदा कर सकता है।

ज्ञातव्य है कि अवैज्ञानिक तरीके से कचरे का प्रबंधन जनस्वास्थ्य के लिए खतरनाक समझा जाता है। कचरों के वैज्ञानिक उपयोग से अनेक प्रकार के आर्थिक तथा सामाजिक लाभ प्राप्त हो सकते हैं। कचरा ऊर्जा का एक अच्छा स्रोत है। अधिकांश ठोस कचरे का उपयोग किया जा सकता है। कुछ ऐसे औद्योगिक कचरे भी हैं जिनसे बहुमूल्य धातुएँ तथा रसायन प्राप्त किये जा सकते हैं। भारत में कचरे के उपयोग और पुनःचक्रण की प्राचीन परम्परा रही है। यह सत्य है कि भारत के लाखों परिवार इसी कचरे के उपयोग और पुन: चक्रण विधि पर अपना जीवननिर्वाह करते हैं। बच्चे तथा औरते इन कचरों से रद्दी कागज, पॉलीथीन, प्लास्टिक, लोहे का सामान, कांच के टुकड़े, टिन के डिब्बे, बोतल, पीतल तथा एल्युमीनियम आदि प्राप्त कर धन की प्राप्ति करते हैं।

मलजल का कचरा कीचड़ की तरह होता है जिसमें कार्बनिक पदार्थ प्रचुर मात्रा में पाया जाता है। एनारोबिक डाइजेस्टर द्वारा इस कचरे से बायोगैस या मीथेन गैस प्राप्त की जाती है। मीथेन गैस एक आदर्श गैस मानी जाती है जिससे विद्युत भी उत्पादित की जा सकती है। इस प्रक्रिया के पश्चात् प्राप्त अवशेष में नाइट्रोजन, फास्फेट तथा पोटैशियम की उपस्थिति के कारण इसे एक उत्तम प्रकार का उर्वरक माना जाता है। यदि इस उचारित जल से फसलों की सिंचाई की जाए तो भूजल, नदी, तालाब तथा झील के पानी पर आधारित सिंचाई पर निर्भरता और रासायनिक खादों की खपत को कम किया जा सकता है।

वैज्ञानिक तकनीकों द्वारा कचरों के प्रबंधन की आवश्यकता है। शहरों तथा उद्योग की योजनाएँ बनाने के लिए यह आवश्यक है कि कचरा कैसा भी हो उसका उपयोग किया जा सकता है। अधिकांश कचरे स्वयं ऊर्जा के स्रोत होते हैं। कचरे का अनुचित ढ़ेर जमीन के एक बड़े हिस्से को घेर कर रखता है जबकि कचरे एवं भूखण्डों के अन्य कई उपयोग हो सकते हैं। कचरे से विभिन्न प्रकार के लाभ प्राप्त किए जा सकते हैं। इनका वर्णन निम्न प्रकार से किया गया है :–

1. रेडमड

तांबा और एल्यूमीनियम धातुओं के उत्पादन की प्रक्रिया में रेडमड नामक कचरा निकलता है जो बहुत क्षारीय होता है और सूखने के बाद सख्त हो जाता है। रेडमड का अभी कहीं उपयोग नहीं होता पर प्रयत्न करके इससे लोहा (स्पेज आयरन) एल्यूमीनियम, वैनडियम और टाइटेनियम जैसी धातुएँ प्राप्त की जा सकती हैं। इसके अतिरिक्त इससे छतों पर डालने के लिए सीमेंट और एस्बेस्टस चादरें बनाई जा सकती हैं।

2. फास्फेट उर्वरक

फास्फेट उर्वरक उद्योगों से फास्फोजिप्सम नामक कचरा उत्पन्न होता है। इसमें फ्लोराइड की मात्रा 0.5 से 1.7 प्रतिशत के बीच होती है। उद्योगों से लगातार निकलते रहने और ठीक तरीके से किसी उपयोग में नहीं ला पाने के कारण विभिन्न उद्योगों के परिसर या आसपास के क्षेत्रों में सम्मिलित तौर पर करीब एक करोड़ टन फास्फोजिप्सम बेकार पड़ा हुआ है। कुछ क्षेत्रों में फास्फोजिप्सम के कारण भूजल में फ्लोराइड की बहुलता पायी गयी है। जल में फ्लोराइड की अधिकता से मनुष्यों में फ्लोरोसीस नामक रोग होता है। फास्फोजिप्सम से अमोनियम सल्फेट बनाया जा सकता है तथा भवन निर्माण में इसका प्रयोग सदियों से होता आया है। ईसा से पूर्व

3700 वर्ष में मिश्र में पिरामिड बनाने में इसका प्रयोग किया गया था। फास्फोजिप्सम के अन्य प्रमुख उपयोग हैं प्लास्टर बोर्ड, टाइल्स, ईंट और बोर्ड बनाना तथा दीवारों पर प्लास्टर करना।

3. फ्लाइऐश

ताप बिजलीघरों के निकलने वाली राख (फ्लाइऐश) से जल और वायु दोनों प्रकार के प्रदूषण का खतरा रहता है। इसका कोई उपयोग नहीं हो पाने के कारण यह राख तालाबों में जमा होती रहती है। अनुमान है कि मेगावाट बिजली उत्पादन करने में निकली राख को एकत्रित करने के लिए 0.7 एकड़ भूमि की आवश्यकता होती है। राख में हानिकारक धातुओं के अंश मिले रहते हैं इस कारण भूजल के विषाक्त होने की संभावना बनी रहती है।

यह बात उभरकर आयी है कि इस राख के प्रयोग से ईंट, पोर्टलैण्ड, सीमेंट, टाईल्स और इसी प्रकार की अन्य वस्तुएँ बनाई जा सकती है। राख का प्रयोग बेकार खानों को भरने तथा सड़क बनाने में भी किया जाता है।

तालिका 17.3 : उद्योगों से उत्पन्न विशेष कचरे की मात्रा तथा संभावित उपयोग

क्र.सं.	कचरे का प्रकार	मात्रा (लाख टन/वर्ष)	संभावित उपयोग
1.	राख (फ्लाईऐश)	500	भवन निर्माण, भराव करना, नहर का किनारा बनाना
2.	स्टील स्लैश	350	सड़क बनाना, बन्द खानों को भरना
3.	फास्फोजिप्सम	45	भवन निर्माण, सीमेंट उद्योग, कृषि कार्य हेतु
4.	रेडमड	20	ऐस्बेस्ट्स के बदले चादरें बनाने में
5.	चूने की पंक	30	सीमेंट उद्योग, ईंट टौर चूने के रंग बनाने में

4. ऊर्जा स्त्रोत

अनेक प्रकार के कचरे स्वयं ऊर्जा के बेहतर स्रोत होते हैं। उद्योगों से लगभग 120 लाख घनमीटर निस्राव उत्पन्न होता है। जिससे एनोरोबिक डाईजेशन की प्रक्रिया प्रतिवर्ष 3000 लाख घनमीटर बायोगैस प्राप्त किया जा सकता है। इसके समुचित उपयोग से 3 लाख टन कोयले की खपत प्रतिवर्ष कम की जा सकती है। बायोगैस एक अच्छा ईंधन है।

5. प्रेसमड

लुगदी उद्योगों में भी निस्राव से बायोगैस बनायी जा सकती है। शहरी कचरों का प्रयोग कर विद्युत उत्पादन किया जा सकता है। चीनी उद्योग द्वारा उत्पन्न कचरा, पेसमड अब तक व्यर्थ समझा जाता था पर अब इससे भी बायोगैस बनायी जा रही है। भारत के कुछ प्रमुख शहरों में प्रतिदिन उत्पन्न होने वाले कचरे की मात्रा निम्नलिखित तालिका 17.4 में दी गयी है :–

तालिका 17.4 : प्रमुख शहरों का कचरा

शहर	कचरा प्रतिदिन (टन)	शहर	कचरा प्रतिदिन (टन)
दिल्ली	4500	बम्बई	4200
मद्रास	2819	बंगलौर	2800
अहमदाबाद	2200	कानपुर	3142
पूणे	2000	लखनऊ	1600

18
प्लास्टिक कचरा

आज जीवन के हर क्षेत्र में प्लास्टिक का उपयोग बढ़ता जा रहा है। घरेलू सामान या उपभोक्ता वस्तुएँ, कृषि, दूरसंचार, रासायनिक उद्योग या पैकेजिंग में प्लास्टिक का उपयोग खुलेआम हो रहा है। अंतरिक्षयानों तक में प्लास्टिक को उपयोग में लाया जा रहा है। अब तो विविध किस्म के प्लास्टिक बाजार में आ गये हैं। इसका टिकाऊ तथा मनचाही आकृति में ढ़ाले जा सकने के अपने चमत्कारी गुणों के कारण प्लास्टिक ने लोकप्रियता प्राप्त कर ली है। धातु, लकड़ी, काँच, कागज तथा रूई आदि से तैयार होने वाली उपभोक्ता वस्तुओं का निर्माण अब प्लास्टिक पदार्थों से होने लगा है। कागज के लिफाफे या थैलियों की जगह पॉलीथीन की थैलियों ने ले ली है। काँच की बोतलों का स्थान प्लास्टिक की बोतलों तथा लकड़ी के फर्नीचर की जगह प्लास्टिक ने ले ली और इसी तरह रूई से बनने वाले वस्त्रों की जगह नायलान, टेरीलिन आदि प्लास्टिक के कृत्रिम रेशों से तैयार किये जाने लगे हैं।

अपनी विविध विशेषताओं के कारण प्लास्टिक आधुनिक युग का अत्यंत महत्त्वपूर्ण पदार्थ बन बैठा है। टिकाऊपन, मनमाने रंगों में उपलब्धता और विविध आकारों–प्रकारों में मिलने के कारण प्लास्टिक का उपयोग आज जीवन के हर क्षेत्र में हो रहा है। रसोईघर के बर्तन, कृषि के उपकरण, परिवहन वाहन, भवन, रक्षा उपकरण, इलेक्ट्रोनिक्स सहित अनेक क्षेत्रों में आज प्लास्टिक का बोलबाला हो गया है। वैज्ञानिकों ने तो मनुष्यों के कृत्रिम हृदय को भी प्लास्टिक ही से बनाने में सफलता प्राप्त की है।

तमाम खूबियों के बाद यही प्लास्टिक जब उपयोग के बाद फेंक दिया जाता है तो यह अन्य कूड़ों की तरह नष्ट नहीं हो पाता है। एक लम्बे समय तक समाप्त

न होने के कारण प्लास्टिक लगातार एकत्रित होता जाता है और एकत्रित होने के कारण विभिन्न समस्याओं को जन्म देता है। यह बहुत ही चिंतनींय होता जा रहा है।

प्लास्टिक की प्राप्ति वर्ष 1835 में पॉलीस्टाइरीन नामक बहुलक से हुई पर वास्तविक रूप में प्लास्टिक युग का शुभारम्भ 1909 में हुआ जब बेल्जियम मूल के अमेरिकी वैज्ञानिक लिओ हेनड्रिक बेकेलाइट के द्वारा बेकेलाइट के आविष्कार से हुआ। जहाँ प्लास्टिक में इतने गुण तथा लाभ हैं वहीं इसका एक सबसे बड़ा दोष है उसका जैवविघटनीय न होना। पूर्णतया नष्ट होने में इसे लगभग 500 वर्ष तक लग जाते हैं। इस कारण लैण्डफिल क्षेत्रों में एकत्रित करते रहने से अधिकांश स्थान एक प्लास्टिक कचरे ही से घिर जाती है। प्लास्टिक थैलियों तथा अन्य रूपों में बहुतायत में इस्तेमाल के कारण प्लास्टिक के बढ़ते कचरे ने घोर पर्यावरणीय समस्याओं को जन्म दिया है। कूड़े के ढ़ेर में तथा इधर-उधर रहने के कारण पॉलीथीन की थैलियों को पशु खा लेते हैं जिससे प्रायः उनकी मृत्यु भी हो जाती है।

प्लास्टिक का उत्पादन जहरीली प्रक्रिया से जुड़ा है जो बड़े पैमाने पर मृदा, जल तथा वायु को प्रदूषित करने वाला कचरा प्रदान करता है। लम्बे समय तक अपघटित न होने के कारण प्लास्टिक अनेकों विषाक्त प्रभाव छोड़ता है। उदाहरण के लिये पाइपों, खिड़कियों और दरवाजों के निर्माण में प्रयुक्त पी.वी.सी. प्लास्टिक विनाइल क्लोराइड के बहुलीकरण से बनाया जाता है। यह रसायन मस्तिष्क एवं यकृत में कैंसर पैदा कर सकता है। मशीनों की पैकिंग बनाने के लिये अत्यंत कठोर पॉलीकार्बोनेट प्लास्टिक को उपयोग में लाया जाता है। यह प्लास्टिक फास्जीन विसफिनाल यौगिकों के बहुलीकरण से प्राप्त किया जाता है। इनमें फास्जीन अत्यंत विषैली एवं दमघोटू गैस है। फार्मेल्डिहाइड का उपयोग अनेक प्रकार के प्लास्टिकों के निर्माण में किया जाता है। यह रसायन त्वचा पर दाने उत्पन्न कर सकता है और कई दिनों तक सम्पर्क में रहने से दमा तथा श्वास सम्बन्धी बीमारियाँ भी हो सकती हैं। प्लास्टिकों में लचीलापन पैदा करने के लिये प्लास्टिसाइजर वर्ग के कार्बनिक यौगिक मिलाये जाते हैं। ऐसे कुछ यौगिक हैं थैलेट तथा पॉलीएथिलीन ग्लायकाल जो कैंसर जनक होते है।

उपरोक्त सभी विषैले पदार्थों को प्लास्टिक निर्माण में उपयोग से तुरंत तो कोई खतरनाक प्रभाव नहीं दिखाई पड़ता है पर लम्बे समय तक इन प्लास्टिक बर्तनों में खाद पदार्थों को रखने पर प्लास्टिक का विषैला प्रभाव पड़ता है। इसी प्रकार कूड़े में लम्बे समय तक पड़े रहने के कारण वातावरण में इनका विषैला प्रभाव भी पड़ता है।

प्लास्टिक थैलियों का निस्तारण एक गंभीर समस्या है। यदि प्लास्टिक को जलाया जाये तो जहरीली गैस निकलती है और यदि जमीन के अंदर गाड़ दिया जाये तो सरलता से अपघटित नहीं होता है। पॉलीस्टीरीन प्लास्टिक को जलाने पर क्लोरो फ्लोरो कार्बन गैस निकलती है जो वायुमण्डल के ओजोन परत को हानि पहुँचाती है। इसी प्रकार पॉलीविनाइल क्लोराइड को जलाने पर क्लोरीन गैस, नाइलान और पॉलीयूरेथीन को जलाने पर नाइट्रिक आक्साइड जैसी विषाक्त गैसें उत्सर्जित होती हैं।

सीवर चोक को जितनी घटनाएँ होती हैं उनमें 70 प्रतिशत पॉलीथीन के थैले की वजह से होती है। मानव स्वास्थ्य के लिये भी इसका प्रयोग हानिकारक है। नगर के जिन क्षेत्रों में कूड़ा-करकट डाला जाता है वहाँ के बहुत बड़े भाग में विषाक्तता बढ़ जाती है। गर्मी के दिनों में प्लास्टिक पदार्थों की विषाक्ता बढ़ जाती है। ऐसे स्थानों से होकर गुजरने वालों को दुर्गन्ध का सामना करना पड़ता है। प्लास्टिक पदार्थों का उपयोग इसी तरह बढ़ता रहा तो इसके रासायनिक्र प्रतिक्रिया पूरे शहर के लिये खतरनाक हो सकती है।

प्लास्टिक निस्तारण की एक विधि पुनर्चक्रीकरण है जिसका अर्थ है प्लास्टिक कूड़े से पुनः प्राप्त कर प्लास्टिक की नयी चीजों का निर्माण करना। इस विधि का प्रारम्भ वर्ष 1970 में अमेरिका के शहर कैलीफोर्निया में हुआ था। इस विधि द्वारा अमेरिकी वैज्ञानिकों ने दूध की प्लास्टिक बोतलों से नालियों के लिये टाइल्स तैयार किये गये थे। यह विधि सरल नहीं होती है। इसका सबसे बड़ा कारण प्लास्टिक की विविधता है। प्लास्टिक की एक्र ही प्रकार की प्राप्ति कूड़े से संभव नहीं है। इसीलिये सर्वप्रथम एक ही प्रकार के प्लास्टिक को कूड़े से छांट लिया जाता है। छटाई के बाद सबसे पहले यह जानना आवश्यक होता है कि प्लास्टिक किस रासायनिक प्रकृति का है। रासायनिक प्रकृति के अनुसार प्लास्टिक को तीन समूहों में विभाजित किया जाता है। ये हैं (1) पॉली आलीफिंस, (2) स्टीरेमिक्स तथा (3) विनाइल्स। पॉली आलीफिन्स प्लास्टिक घनत्व के आधार पर दो प्रकार के होते हैं जैसे कम घनत्व वाले पाली एथिलीन- प्लास्टिक के थैले और कैरीबेग और अधिक घनत्व वाले पाली प्रापीलिंस जैसे प्लास्टिक की रस्सियाँ और प्याले आदि। स्टीरेनेक्स प्लास्टिक का उपयोग विद्युत रोधी उपकरण बनाने में किया जाता है जब कि विनायल्स प्लास्टिक, बोतलें, एक्स-रे फिल्म, खिलौने आदि बनाये जाते हैं। गुणवत्ता के आधार पर भी प्लास्टिक को अलग-अलग किस्मों में विभाजित किया जाता है।

प्लास्टिक की छटाई के बाद प्लास्टिक अवशेषों को उसी तरह प्लास्टिक उत्पादन में बदल दिया जाता है जिससे वह प्लास्टिक वस्तु बनी होती है। पर इस प्रकार पुन: प्राप्त प्लास्टिक वस्तुओं में पहले जैसी गुणवत्ता नहीं पायी जाती है। वैज्ञानिकों के अनुसार 50,000 पॉलीथीन बैग तैयार किये जाने में 17 किलो सल्फर डाईआक्साइड गैस वायुमण्डल में चली जाती है और मोनोआक्साइड, नाइट्रोजन और हाइड्रोकार्बन वायु में मिल जाते हैं। इसके अतिरिक्त कुछ जहरीले पदार्थ भी पानी में मिल जाते हैं। इसी प्रकार जब फाइबर बनाये जाते हैं तो उसमें कम से कम 13 किलो नाइट्रोजन आक्साइड और 12 किलो सल्फर डाईआक्साइड गैस वायुमण्डल में उत्सर्जित होती है। इन गैसों से पेड़-पौधों एवं फसलों को हानि पहुँचती है। पौधों की वृद्धि नहीं हो पाती। इस प्रकार प्लास्टिक के द्वारा पर्यावरण प्रभावित होता है।

पर्यावरण को प्लास्टिक के खतरे से बचाने के लिये वैज्ञानिकों ने ऐसे प्लास्टिक बनाये हैं जो प्राकृतिक ढंग से सड़ गल सकते हैं। ये प्लास्टिक दो प्रकार के होते हैं- एक तो वे जिन्हें जीवाणु या फफूँद वगैरह गलाकर नष्ट कर सकते हैं। दूसरे वे जो धूप की गर्मी से सड़ गल सकते हैं। पहले वर्ग के प्लास्टिक को जैव अपघट्य यानि बायोडिग्रेडेबल कहा जाता है जबकि दूसरे वर्ग के प्लास्टिक को प्रकाश अपघट्य यानि फोटोडिग्रेडेबल कहा जाता है। परन्तु ऐसे प्लास्टिकों के निर्माण में बहुत खर्च पड़ता है, इसी कारण यह विधि अधिक लोकप्रिय नहीं हो पायी है।

विश्व के अन्य देशों की तुलना में भारत में पॉलीथीन एवं इसी प्रकार के अन्य उत्पादों का प्रयोग काफी कम है। लेकिन जिस प्रकार इसका उपयोग बढ़ता जा रहा है उसको देखते हुये यह स्पष्ट होता है कि यदि प्लास्टिक के निस्तारण की दिशा में कारगर कदम नहीं उठाये गये तो आने वाले वर्षों में यह समस्या अधिक उग्र रूप धारण कर लेगी। पिछले 10 वर्षों में पॉलीथीन बैग का उपयोग अधिक बढ़ गया है। लगभग 10 वर्ष पूर्व शहरों में जो भी कूड़ा-कचरा निकलता था उसमें पॉलीथीन की मात्रा आधे प्रतिशत से अधिक नहीं होती थी लेकिन वर्तमान समय में अप्रत्याशित रूप से पॉलीथीन बैग की मात्रा बढ़ी है और कूड़े-कचरे में प्लास्टिक की मात्रा लगभग 10 प्रतिशत से भी अधिक पायी जाती है। भारत देश में तो प्लास्टिक का इतना व्यापक उपयोग किया जा रहा है कि "प्लास्टिक कल्चर" जैसे शब्द चलन में आ गया है।

प्लास्टिक पदार्थों के इस्तेमाल पर नियंत्रण के साथ यदि पर्यावरण सम्मत प्लास्टिक का निर्माण भी किया जा सके तो यह समस्या से निपटने की दिशा में

प्रभावी कदम होगा। इसी बात को ध्यान में रखते हुये वैज्ञानिकों को एक किस्म के जैवविघटनीय (बायो डिग्रेडेबल) प्लास्टिक के निर्माण में सफलता मिली है जिसके लिये वैज्ञानिकों ने पॉली हाइड्राक्सी व्यूटाइरेट (पी.एच.वी.) नामक जैविक पदार्थ का इस्तेमाल किया है। यह पदार्थ कुछ खास जीवाणुओं की कोशिकाओं में संचयित होता है। नाइट्रोजन, फास्फेट में मैग्नीशियम और सल्फेट की कमी वाले वातावरण में ये जीवाणु इस जैविक पदार्थ का बहुलता से उत्पादन करते हैं। शून्य डिग्री सेल्सियस से नीचे तापमान से लेकर लगभग 130 डिग्री सेल्सियस तक के तापमान तक लचीलेपन के अपने गुण को कायम रखने में पी.एच.वी. पूर्णतया सक्षम होता है। कुछ महीनों के अन्दर ही इसका पूर्ण विघटन कार्बन डाईआक्साइड और पानी में हो जाता है। परन्तु परम्परागत प्लास्टिक के मुकाबले अधिक मंहगा होने के कारण इसका इस्तेमाल सीमित चिकित्सकीय अनुपयोगों जैसे कि हड्डियों को जोड़ने के काम में आने वाले पेंचों, घावों और चीरों पर टांके लगाने वाले धागों तथा दवाइयों के कैप्सूल आदि में किया जा रहा है।

ब्रिटेन की ''सिफनी एनवायरनमेंटल कम्पनी'' ने एक बायो डिग्रेडेबल प्लास्टिक का निर्माण किया है जिसे 'स्पाईटेक' नाम से जाना जाता है। इस प्लास्टिक को बनाने में पॉलीथीन रेजिंन में तीन प्रतिशत मात्रा विशेष योगशील पदार्थ जैसे एडीटिन को मिलाया जाता है। इससे तैयार होने वाले प्लास्टिक की गुणवत्ता में कोई फर्क नहीं पड़ता। पर समय के साथ विघटित होने का गुण अवश्य सम्मिलित हो जाता है।

पर्यावरण प्रिय प्लास्टिक पदार्थों में पराबैंगनी किरणों और गर्मी के कारण विघटन की क्रिया प्रारम्भ होती है। विघटन की प्रक्रिया शुरू होने के बाद लम्बी शृंखला के बहुलक छोटी शृंखला वाले बहुलकों में परिवर्तित हो जाते हैं जो पानी में अघुलनशील तो होते हैं और अम्लीय और क्षारीय गुण नहीं पाया जाता पर ये भूजल को प्रदूषित नहीं करते हैं।

भारत को भी जैवविघटनीय प्लास्टिक (बायोडिग्रेडेबिल प्लास्टिक) के निर्माण में सफलता मिली है। तिरूअंतपुरम स्थित सेंट्रल ट्यूबर क्राप्स रिसर्च इंस्टीट्यूट के वैज्ञानिकों ने टैपियोका पौधों से प्राप्त कंदों से निकले स्टार्च की सहायता से एक बायोडिग्रेडेबल प्लास्टिक का निर्माण किया है। इस विधि में टैपियोका से प्राप्त स्टार्च के घोल को विशेष रासायनिक विधि द्वारा प्लास्टिक के साथ मिलाकर पॉलीथीन-स्टार्च ब्लेंडेड फिल्म का निर्माण किया जाता है जिसे

पौधों को पौधशाला में रखने, पैकेजिंग के कामों, थैलियों तथा लिफाफे आदि बनाने के लिये प्रयोग किया जाता है।

प्लास्टिक को लेकर एक अजीब सा विवाद बना हुआ है। पर्यावरणविदों का कहना है कि यह पारिस्थितिकी तंत्र के लिये खतरनाक है। परन्तु इसके पक्षधरों का मत है कि प्लास्टिक इकोफ्रेण्डली यानी पारिस्थितिकी संगत है क्योंकि यह लकड़ी और कागज का उत्तम विकल्प है। पैकेजिंग में इसका बढ़ता इस्तेमाल लकड़ी और कागज को बचा रहा है और अंततः उससे वनों का संरक्षण भी हो रहा है। भविष्य में प्लास्टिक का उपयोग बढ़ेगा क्योंकि इसकी उपयोगिता अतुलनीय है। बिजली, इलेक्ट्रानिक्स और दूरसंचार, जैसे क्षेत्रों में प्लास्टिक का कोई विकल्प नहीं है।

भारत में प्लास्टिक कचरे और उससे जुड़ी उद्यम क्षमता को दृष्टिगत रखते हुये यह प्रतीत होता है कि इससे रोजगार की समस्या का निदान भी होता है। आज प्लास्टिक कचरा एकत्रित करने वालों की संख्या लगभग 15 लाख हो गयी है। आज छोटे-बड़े लगभग 20 हजार से अधिक उद्यमी हैं जो तीन लाख से अधिक प्लास्टिक कचरा की रीप्रोसेसिंग करते हैं। रोजगार और व्यवसाय की बढ़ती संभावना को देखते हुये भारत में प्लास्टिक कचरा व्यापार एशिया का सबसे बड़ा बाजार बनने की ओर अग्रसर है।

प्लास्टिक कचरा उद्योग के बढ़ते आकार और प्रबंधन प्रणाली में एक तथ्य यह भी उभर कर आयी है कि समाज में हर स्तर पर प्लास्टिक कचरा प्रबंधन में सभी ने अपना-अपना योगदान दिया है। इसको बीनने वाले, इकट्ठा करने वाले व्यापारी, डीलर, रीप्रोसर्स सभी ने मिलकर प्रबंधन क्षमता को मजबूत किया है। यदि ऐसा नहीं होता तो प्लास्टिक कचरा न जाने किस-किस तरह की मुसीबतों को बढ़ावा देता। आज लगभग 80 प्रतिशत से अधिक प्लास्टिक कचरे को एकत्रित कर उसे पुनः उपयोग में लाने लायक बनाया जा रहा है। अतः कचरा बीनने वाले और उसे एकत्रित करने वाले लोग सामूहिक रूप से ऐसा कार्य कर रहे हैं जिससे पर्यावरण साफ रहता है।

प्लास्टिक की एक और विशेषता यह भी पायी जा रही है कि यह लगातार जंगल कटने से उत्पन्न पर्यावरणीय असंतुलन का एक प्रकार से वृक्षों के विकास के रूप में माना जाने लगा है। स्पेन की एक इंजीनियर ने प्राकृतिक वृक्षों के सम्भावित विकास के रूप में प्लास्टिक के पेड़ों को विकसित किया है। पॉलीयूरेथेन से बने ये कृत्रिम पेड़ रात्रि में अपनी सतह पर एकत्रित होने वाली ओस को सोखते हैं जिसे

दिन में धीरे-धीरे उसे हवा में छोड़ते हैं। इस कारण इस प्रक्रिया द्वारा आसपास के तापमान में कमी आ जाती है। तापक्रम में यही कमी वर्षा को प्रेरित करती है। प्लास्टिक के इन कृत्रिम पेड़ों को यदि रेगिस्तान में लगाया जाये तो इसके अच्छे परिणाम प्राप्त किये जा सकते हैं। इससे रेगिस्तान जैसे क्षेत्र में वर्षा क्रम को भी नियमित करने में सहायता मिल सकती है। इस कारण वनस्पतियों के पनपने में सहायता मिल सकती है। पॉलीयूरेथेन तथा फिनोलिकफोन के बने कृत्रिम पेड़ देखने में ताड़ के पेड़ के समान होते हैं। इन पेड़ों के तने की संरचना पॉलीयूरेथेन के कई परतों में होती है। प्लास्टिक के वृक्षों के रखरखाव में भी कुछ भी व्यय नहीं होता है। लीबिया, मोरक्को, अल्जीरीया आदि अनेक अफ्रीकी देशों में हरियाली वापस लाने के लिये प्लास्टिक वृक्षों को उपयोग में लाने का प्रयास किया जा रहा है।

19

अस्पताल का कचरा

प्रतिदिन समस्त अस्पतालों से अधिक मात्रा में कचरा खुले स्थानों तथा अन्य स्थानों पर फेंक दिया जाता है। इस कचरे में मानव के ऊतक, रक्त व मलमूत्र, दवाइयाँ, बेकार सुईयाँ, पट्टियाँ और प्लास्टर सम्मिलित होते हैं। अस्पतालों के अतिरिक्त क्लीनिक, डिस्पेन्सरियाँ, दंत चिकित्सा क्लीनिक, नर्सिंग होम आदि से भी कचरा निकलता है। अस्पतालों से निकलने वाले कचरे में निम्नलिखित पदार्थों का योगदान होता है–

1. मानव शरीर के रक्त, मवाद से लथपथ पदार्थ।
2. नुकीले पदार्थ जैसे सूई, ब्लेड, काँच के टुकड़े।
3. प्रयोगशालाओं और परीक्षण प्रयोगशालाओं से निष्कासित रसायन।
4. रेडियोऐक्टिव तथा न्यूक्लियर मेडिसिन में उपयोग आने वाले रेडियो आइसोटोप।
5. शरीर के कटे हुए अंग, मल, रक्त तथा शरीर के अन्य द्रव्य पदार्थ।

अनुमानित है कि अस्पताल में प्रति रोगी एक से दो किलोग्राम तक कचरा प्रतिदिन प्राप्त होता है। इन कचरों का लगभग 10 प्रतिशत भाग स्वास्थ्य के लिये अत्यधिक हानिकारक होता है। इन कचरों से उत्पन्न होने वाली मुख्य बीमारियां हैं– हिपेटाइटिस सी, बी, एच.आई.वी., मलेरिया आदि मुख्य हैं। परन्तु हिपेटाइटिस बी एवं एच.आई.वी. का प्रकोप अधिक गति से बढ़ता जा रहा है। दूषित रूई, प्लास्टर ड्रेसिंग एवं अन्य शल्य चिकित्सा और शव परीक्षा का कचरा जीवाणु, वायरस तथा सूक्ष्म जीवों के विकास के कारण अधिक खतरनाक माना जाता है।

अस्पताल के कचरे की समस्या और गम्भीर होती जा रही है क्योंकि भारत जैसे देश में इन कचरों के कुछ वस्तुओं को निम्न प्रकार से उपयोग में लाने की प्रवृत्ति बढ़ती जा रही है :–

1. अस्पतालों में प्रयोग में लाई गयी अधिकांश वस्तुएँ जैसे सीरिंज, बोतलें आदि को धोने के बाद पुनः उपयोग में लायी जाती हैं।
2. अस्पतालों से प्राप्त दूषित रूई तथा पट्टियों का इस्तेमाल रजाइयों तथा दरियों के बनाने का उपयोग में लाया जा रहा है।

अस्पताल के कचरों के कारण भारत देश की लगभग 9 प्रतिशत भूमि बंजर हो चुकी है। इनके कारण अधिकांश रूप में जल प्रणाली का बंद हो जाना और विषाक्त गैसों का उत्सर्जन आम बात होती जा रही है।

प्रायः अस्पतालों के कचरे का निपटान अविवेक ढंग से किया जा रहा है। इससे स्वास्थ्य पर खतरा बना रहता है। विभिन्न कचरों को निम्नलिखित विधियों द्वारा निस्तारण किया जा रहा है :–

तालिका 19.1

क्र.सं.	कचरा	निस्तारण विधि
1.	मानव शरीर का कचरा	भस्मीकरण तथा गहरे भूमि में निपटान
2.	जैव प्रौद्योगिकी कचरा	आटोक्लेव, भस्मीकरण
3.	नुकीला कचरा	आटोक्लेव, माइक्रोवेव
4.	व्यर्थ दवाइयाँ	भस्मीकरण, सुरक्षित लैण्डफिल में निपटान
5.	दूषित कचरा	भस्मीकरण, आटोक्लेव, माइक्रोवेव
6.	ठोस कचरा	आटोक्लेव, माइक्रोवेव
7.	द्रव्य कचरा	रसायनों द्वारा रोगाणुनाशन के बाद नाले में निपटान
8.	भस्मीकरण राख	सुरक्षित लैण्डफिल में निपटान
9.	रासायनिक कचरा	सुरक्षित लैण्डफिल में निपटान

ज्ञातव्य है कि ऊँची चिमनियों वाले इन्सीनरेटर वर्तमान समय में कचरा प्रबंध हेतु इस्तेमाल में लाये जा रहे हैं। इस विधि के उपयोग से कई समस्यायें जुड़ी हुई हैं। यह लगता है कि यह विधि सफल तरीका है पर शायद यह मालूम नहीं कि इन्सीनरेटर की चिमनी से निकलने वाला धुआँ वातावरण को कितना प्रदूषित करता

जा रहा है। इससे निकलने वाला गैस डाईआक्सीन, फ्रयरोन, डाइड्रोक्लोरिक ऐसिड इत्यादि वातावरण को लगातार दूषित करती जा रही हैं। अत: यदि इन्सीनरेटर का प्रयोग भी मानक के अनुसार नहीं किया जाये तो कचरा जलाने के बाद वातावरण में और भी हानिकारक होता जायेगा।

20

प्रदूषण का परिणाम

प्रदूषण आज विश्व की सर्वाधिक चर्चित और भयंकर समस्या है। प्रदूषण ने इतना अधिक विस्तृत और विकराल रूप धारण कर लिया है कि पूरे मानव समाज का अस्तित्व ही खतरे में पड़ गया है। एक अनुमान के अनुसार विश्व के लगभग 30 हजार लोग दूषित जल को पीने से प्रतिदिन मरते हैं। भारत की लगभग 70 प्रतिशत ग्रामीण जनता प्रत्यक्ष अथवा परोक्ष रूप से स्वच्छ जल के अभाव से ग्रसित है। वास्तव में अधिकतर नदियाँ तथा जल के अन्य स्रोत (झीलें, तालाब, कुएँ आदि) प्रदूषित हो चुके हैं जिनके मुख्य कारण हैं इन जलाशयों के किनारों पर बसी घनी आबादी, औद्योगीकरण का निरन्तर विस्तार और विकराल रूप लेते नगर।

मनुष्य ने अपनी सुख-सुविधाओं का जहाँ इतना अधिक विकास किया है वहीं प्रदूषण की समस्या भी उत्तरोत्तर बढ़ी है। अनगिनत कारखानों, मोटर वाहनों और ताप बिजलीघरों से निकला धुआ, कीटनाशी दवाओं के अंधाधुंध प्रयोग, कूड़ा-करकट और मलमूत्र के दोषपूर्ण निपटान या जमाव, वृक्षों की बेतहाश कटाई और परमाणु बिजलीघरों द्वारा फैली रेडियोधर्मिता से हमारा पर्यावरण उत्तरोत्तर प्रदूषित होता जा रहा है। विभिन्न प्रकार के कोलाहल मानव के लिए तनाव के कारण बन गये हैं। जिस हवा में हम साँस लेते हैं वह हवा तक प्रदूषित हो चुकी है। अनुमानित है कि विश्व में 80 प्रतिशत से अधिक शहरी जनता अर्थात् एक अरब 80 करोड़ लोग ऐसे वातावरण मे साँस लेते हैं जिसमें विषैली गैस होती है। प्रकृति ने हमें सूर्य की पराबैंगनी किरण के घातक प्रभाव से बचाने के लिए वायुमण्डल में ओजोन नामक गैस की एक छतरी सी तान रखी है, परन्तु वायुमण्डलीय प्रदूषण के कारण इस छतरी की भी क्षति होती जा रही है। जिसकी गति दिन व दिन बढ़ती जा रही है फलस्वरूप मानव शरीर पर इसके घातक प्रभाव पड़ने प्रारम्भ हो गये हैं।

प्रदूषण के कारण जीव-जन्तुओं तथा पेड़-पौधों की प्रजातियाँ लुप्त होती जा रही हैं। वर्तमान समय में पृथ्वी पर पाये जाने वाले सभी प्रकार के जीवों की प्रजातियों की कुल अनुमानित संख्या लगभग 52 लाख है जिनके वर्ष 2010 तक लगभग 30 लाख ही रह जाने की सम्भावना है। विभिन्न प्रकार के पौधे वनों से मिलते हैं जिनसे हमें दवाइयाँ प्राप्त होती हैं परन्तु बढ़ती आबादी और बढ़ते प्रदूषण के कारण यदि इसी गति से वन नष्ट होते रहे तो इन औषधियों का क्या होगा? यदि इसी तरह दिन प्रतिदिन पर्यावरण के प्रदूषित होने की समस्या उत्तरोत्तर गंभीर होती चली गयी तो आने वाले कुछ वर्षों के अंतराल में हमारी पृथ्वी रहने योग्य नहीं रह जाएगी।

पर्यावरण का संरक्षण अब हमारी आवश्यकता बन गयी है। आज प्रदूषण का कुप्रभाव केवल मनुष्य जाति तक ही सीमित नहीं रहा बल्कि भौतिक संरचनाएँ जैसे इमारतें इत्यादि भी इसके प्रभाव से वंचित नहीं रह गये हैं। पर्यावरण को और अधिक प्रदूषित होने से बचाने के लिए कारगर प्रयास सामूहिक रूप से अविलम्ब शुरू किया जाना चाहिए।

पर्यावरण शब्द का उपयोग केवल मनुष्य जाति के लिए ही नहीं होता परन्तु समस्त सजीव के लिए होता है जैसे पौधे, पक्षी, मनुष्य, जानवर इत्यादि। पर्यावरण के अन्तर्गत वे सभी परिस्थितियाँ भी आ जाती हैं जो हमारे जीवन पर प्रभाव डालती हैं। पर्यावरण के अन्तर्गत वायु, जल और भूमि भी आते हैं।

आमतौर पर लोग पर्यावरण को ही परिस्थितिकीय का पर्याय मानते हैं लेकिन यह सही नहीं है। वास्तव में परिस्थितिकी (इकोलॉजी) विज्ञान की वह शाखा है जिसके अन्तर्गत जीवों को प्राकृतिक वास स्थान का अध्ययन किया जाता है वास्तव में पर्यावरण में जन्मे और पलने वाले जीव परस्पर क्रियाओं द्वारा एक व्यवस्था को जन्म देते हैं उसे ही परिस्थितिकी कहा जाता है। पर्यावरण के अन्तर्गत हम केवल उन्हीं घटकों का अध्ययन करते हैं जिनका प्रभाव हमारे ऊपर पड़ता है जबकि परिस्थितिकी में धरती पर पाये जाने वाले उन समस्त वासस्थानों के बारे में अध्ययन किया जाता है जहाँ पेड़, पौधे, छोटे बड़े जीव, सूक्ष्म जीव और मनुष्य रहते हैं।

अन्न, हवा और पानी हमारे जीवन के लिए कितने आवश्यक हैं इसका अंदाजा इसी बात से लगाया जा सकता है कि मनुष्य बिना भोजन के 30 दिन तक बिना पानी के 3 दिन तक और बिना हवा के 3 मिनट तक तो जीवित रह सकता है। एक साधारण मनुष्य प्रतिदिन औसतन 22000 बार साँस लेता है जिसके द्वारा वह लगभग 30 पौण्ड या 15.7 लीटर हवा ग्रहण करता है। औसतन भारतीय प्रतिदिन

2.4 से 4.00 लीटर तक पानी पीता है और 0.77 किलोग्राम भोजन करता है। वर्तमान समय में हवा, पानी और भोजन तीनों प्रदूषित हो चुके हैं इसलिए जब हम सांस लेते हैं, पानी पीते हैं और भोजन करते हैं तब हम तीनों क्रियाओं के साथ प्रदूषित पदार्थ भी हमारे शरीर में प्रविष्ट कर जाते हैं, जिनका हमारे शरीर पर बहुत ही हानिकारक प्रभाव पड़ता है। फलस्वरूप हम तरह-तरह की छोटी-छोटी बीमारियों तथा कुछ घातक बीमारियों से ग्रस्त हो जाते हैं।

विश्व बैंक के अनुसार भारत की शहरी आबादी 1971 में दस करोड़ 90 लाख थी जो 1991 में बढ़कर 20 करोड़ 80 लाख हो गयी है। इससे पर्यावरण सम्बन्धी अनेक समस्याएँ उत्पन्न हो गयी हैं। विश्व बैंक के आंकड़ों के अनुसार एक अरब से अधिक आबादी अथवा विकासशील देशों की कुल आबादी का 45 प्रतिशत घातक रसायनों की वजह से जंगलों की कटाई वाहनों की बढ़ती संख्या और कार्बन डाईआक्साइड की बढ़ती मात्रा से त्रस्त है।

नदियों में रसायनयुक्त जल इस सीमा तक पहुँच रहा है कि अधिकांश नदियों का जल पीने योग्य नहीं रह गया है। रिपोर्ट के अनुसार भारत की नदियों का लगभग 80 प्रतिशत जल प्रदूषित है। विश्व स्वास्थ्य संगठन के अनुसार भारत का अधिकांश सतही जल प्रदूषित हो चुका है।

विश्व स्वास्थ्य संगठन और संयुक्त राष्ट्र पर्यावरण कार्यक्रम द्वारा प्राप्त रिपोर्ट के अनुसार दुनिया के अनेक बड़े शहरों में वायु प्रदूषण की गम्भीर समस्याएँ उत्पन्न हो रही है। वर्तमान समय में यह शहरी जीवन का एक अंग बन गया है। विश्व के 20 बड़े शहरों में जिनकी आबादी एक करोड़ तक पहुँच गयी है या वर्ष 2000 तक पहुँच जाने की आशा है इनमें 47 प्रतिशत लोग नगरीय क्षेत्रों में रहने लगेंगे। रिपोर्ट में कहा गया है कि अधिकांश वायु प्रदूषक मनुष्य को श्वास और हृदयवाहिका प्रणालियों द्वारा सीधे हानि पहुँचा सकते हैं। अधिक मौतें, बीमारियाँ और विकलांगता सल्फर डाईआक्साइड तथा निलम्बित कणों के कारण हो सकती है। आँख व नाक और गले में जलन पैदा कर सकती है। कार्बन डाईआक्साइड रक्त में जाकर हृदय वाहिका और स्नायुतंत्रीय रोग पैदा कर सकते हैं। इसका प्रभाव अस्थि मज्जा पर होता है। यह यकृत और गुर्दे की कार्य प्रणालियों को भी प्रभावित करता है, स्नायुतंत्र को खराब करता है और बच्चों के मानसिक विकास को सीमित करता है। महानगरों के लिए गाड़ियों का यातायात वायु प्रदूषण का सबसे बड़ा कारण है। विश्व में मोटर वाहनों की संख्या 63 करोड़ है जो अगले 20-30 वर्षों में दुगुनी हो जाएगी।

पर्यावरण को प्रदूषित करने वाले प्रदूषकों को प्राकृतिक प्रदूषण और मानव निर्मित प्रदूषक के रूप में जाना जाता है। प्रदूषकों में कुछ दृश्य होते हैं और कुछ अदृश्य। दृश्य प्रदूषकों जैसे कचरा, मलमूत्र, रसायन आदि का प्रबन्धन आसान है किन्तु अदृश्य प्रदूषकों का प्रबन्धन कठिन होता है क्योंकि काफी क्षति के बाद उनका प्रभाव प्रकट होता है जैसे क्लोरो फ्लोरो कार्बन से ओजान परत की क्षति या पौधों की अनुवांशिकी में परिवर्तन से जैविक क्षमता का विनाश। जैविक प्रदूषक उसे कहते हैं जो पर्यावरण तत्वों की गुणवत्ता प्रकृति की अव्यवस्था के तहत नष्ट करते हैं जैसे बैक्टीरिया, विषाणु वाइरस, टिड्डी प्रकोप, जैविक महामारी आदि। सांस्कृतिक प्रदूषक सामाजिक कुव्यवस्था से जन्म लेते हैं जैसे जनसंख्या का विस्फोट, गरीबी, कुपोषण, गंदगी, सामाजिक विद्रोह, प्रकृति के प्रति उपेक्षा आदि। पर्यावरण प्रदूषकों की विविधता इनकी उपस्थिति की परिस्थितियां, सघनता, पर्यावरण के तत्वों की सहन क्षमता और गुणात्मक परिवर्तन जैसे प्रभाव।

ऐसा अनुभव किया जाता है कि पर्यावरण की समस्या बहुत हद तक आधुनिक विकास के कारण उत्पन्न हुई है किन्तु यह एक विडम्बना है कि आधुनिक युग को विज्ञान और तकनीकी का युग कहा जाता है जबकि पर्यावरण के सन्दर्भ में सबसे अधिक विनाशकारी प्रकोप इसी युग में हुए हैं। इस प्रकार प्रदूषण एक ऐसी अवांछनीय स्थिति है जिसमें भौतिक, रासायनिक और जैविक परिवर्तनों द्वारा वायु, जल और धरातल अपनी नैसर्गिक गुणवत्ता खो बैठते हैं और जीवधारियों के लिए हानिकारक प्रमाणित होने लगते हैं तो इस कारण जीवन प्रक्रिया बाधित हो जाती है, प्रगति रूक जाती है और सांस्कृतिक जीवन को क्षति पहुँचती है।

उपरोक्त परिस्थितियों में पर्यावरण प्रदूषण से उबरने के लिए अब सम्पूर्ण विश्व समुदाय को एकजुट होने का समय आ गया है क्योंकि यह समस्या बहुत व्यापक होती जा रही है। अतः जो भी उपाय प्रदूषण नियंत्रण के लिए खोजे जायें उनका व्यापक स्तर पर प्रचार एवं प्रसार करना आवश्यक है।

20.1 पर्यावरण प्रदूषण – पश्चिम देशों की नकल

यह सत्य है कि पर्यावरण खतरे में है और उसके संरक्षण के कदम उठाये जाने चाहिए। हमारी पर्यावरणीय समस्याएँ बहुत कुछ पश्चिमी रंग ढंग को अपनाने के साथ जुड़ी हुई है। आज न तो हम बिजली के बिना काम चला सकते हैं और न ही मोटर, टी.वी. तथा तमाम आधुनिक उपकरण के बिना। इन सबको बनाने के लिए कारखानें चाहिए। जिनसे प्रदूषण होता है। वन की कटाई हम भोजन के लिए नहीं

करते हैं बल्कि पश्चिमी रहन-सहन को कायम रखने के लिए कर रहे हैं। वास्तव में हमें ऐसा रहन-सहन अपनाना चाहिए जिससे कम से कम पर्यावरणीय हानि हो। ऐसे रहन-सहन में न तो कारों का महत्त्व होगा और न ही बिजली का वह कुछ-कुछ महत्त्व होगा जैसा महात्मा गांधी जी ने कल्पना की थी।

वास्तव में आज पर्यावरण विनाश के जिस कगार पर पहुँच गया है उसके लिए पश्चिम की उपभोग संस्कृति जिम्मेदार हैं। आज यदि पर्यावरण प्रदूषण द्वारा प्रलय की आशंका बढ़ने लगी है तो उसके लिए पश्चिम की भोगविलासिता पूर्ण जीवनशैली जिम्मेदार है। सामान्य तौर पर देखने से पर्यावरण विनाश के लिए समस्त मानव समाज जिम्मेदार है। मगर जिम्मेदारी में हिस्सेदारी और उसके कारणों को देखते हुए सबकी जिम्मेदारी अलग-अलग है। पर्यावरण के विनाश के लिए विश्व के 23 प्रतिशत वे लोग सर्वाधिक जिम्मेदार हैं जिन्हें उच्च वर्ग कहा जाता है। दुनिया के इन 23 प्रतिशत लोगों के पास विश्व की 50 प्रतिशत से भी अधिक जमीन है, ये अपने उपभोग हेतु 60 प्रतिशत से भी ज्यादा ऊर्जा का इस्तेमाल करते हैं।

वास्तव में इन्हीं 23 प्रतिशत लोगों के रहन-सहन के चलते दुनिया न केवल मौत के कगार पर पहुँच गयी है बल्कि इनकी अय्याशी की कीमत पूरी दुनिया को मौत के खतरे के रूप में उठानी पड़ रही है। अकेले अमेरिका प्रतिवर्ष 350 अरब मैट्रिक टन सी.एफ.सी. का उत्पादन करता है। अमेरिका का एक व्यक्ति 3000 ग्राम रसायनों का इस्तेमाल प्रतिवर्ष करता है वहीं एक भारतीय 10 ग्राम रसायनों का इस्तेमाल करता है। एक भारतीय पूरे वर्ष में 250-300 कि.ग्रा. तक कोयले का इस्तेमाल करता है वहीं एक अमेरिकन 11000 कि.ग्रा. कोयला प्रतिवर्ष जलाते हैं। वह भी तब जबकि उनके पास ऊर्जा के दर्जनों वैकल्पिक साधन उपलब्ध हैं। एक औसत अमेरिकन प्रतिदिन 300-500 लीटर तक पानी का इस्तेमाल करता है जबकि एक भारतीय के लिए 3-5 लीटर पानी प्रतिदिन प्रयोग में लाता है। एक अमेरिकन या विकसित देश का नागरिक प्रतिवर्ष औसतन 1545 कि.ग्रा. वसा का इस्तेमाल करता है जबकि विकासशील देशों का औसत नागरिक प्रतिवर्ष 45 कि.ग्रा. वसा ही पाता है। अफ्रीका में तो यह 30 किलोग्राम ही है। उपभोक्ता वस्तुओं का यह असमान वितरण साफ-साफ बताता है कि पृथ्वी के पर्यावरण को नाश करने में किसका कितना हाथ है।

पश्चिमी देश न तो अपनी विलासिता को कम करना चाहते हैं और न ही अपनी विलासिता के स्थान पर पर्यावरण रक्षा कोष में भागीदारी कर सकते हैं। रियो सम्मेलन इसलिए असफल रहा क्योंकि वैज्ञानिकों तथा पर्यावरणविदों द्वारा 125

अरब डालर के कोष के सुझाव में विकसित देशों ने सिर्फ 13–14 अरब डालर का योगदान ही दिया। जबकि हकीकत यह है कि विश्व पर्यावरण को नष्ट करने में विकसित देशों का 90 प्रतिशत हाथ है। इसलिए पर्यावरण सुधार कोष में उन्हें 90 प्रतिशत धनराशि देनी चाहिए। अमेरिका ने न तो जैव विविधता संधि पर हस्ताक्षर किए और न क्लोरो फ्लोरो कार्बन उत्सर्जन निषेध संधि पर।

20.2 पर्यावरणीय समस्याएँ तथा विश्वव्यापी प्रयास

इस बात से आम सहमति है कि अब पर्यावरणीय समस्याओं ने विश्वव्यापी आयाम धारण कर लिया है। विश्वव्यापी प्रयास के अन्तर्गत पृथ्वी को एक कुटुम्ब के रूप में देखा जाना होगा तथा एक राष्ट्र को दूसरे राष्ट्र की सामाजिक एवं आर्थिक विविधता को ध्यान में रखकर कार्य करना होगा और आवश्यकताओं के अनुरूप पर्यावरणीय प्राथमिकताओं को निर्धारित करते हुए विकास के फलों को समानता में वितरित करना होगा।

विश्व की अधिकांश औषधियों की उत्पत्ति प्राकृतिक सम्पदा पर निर्भर करती है। आज से लगभग 42 वर्ष पूर्व जब कभी शिशुओं को रक्त कैंसर होता था तो उनके बचने की संभावना केवल 20 प्रतिशत थी। आज वैज्ञानिकों ने ट्रापिकल राष्ट्रों के जंगलों में पाये जाने वाले सदाबहार जैसे एक साधारण पेड़ से एक औषधि विनकीस्ट्रीन निकाली है जिससे रक्त कैंसर से बचने की संभावना 80 प्रतिशत हो गयी है।

विश्व की लगभग 25 लाख पादप प्रजातियों में से लगभग एक-तिहाई खाने योग्य हैं तथा मनुष्य द्वारा कभी न कभी इन प्रजातियों में से 3000 प्रजातियों का प्रयोग खाद्य पदार्थ के रूप में किया गया है। हमें लगभग केवल 20 प्रतिशत प्रजातियों में से ही अपनी खाद्य पदार्थों के नये संसाधन ढूँढने होंगे।

21

महिला एवं पर्यावरण संरक्षण

पर्यावरण के असंतुलन का मुख्य कारण स्वयं मनुष्य है। अनादि काल से मानव का पर्यावरण से बहुत ही निकट का संबंध रहा है। मानव के लिये ही इस सृष्टि की रचना हुई, परन्तु मानव ही अब इसके विनाश का कारण बन गया है। भारतीय संस्कृति के अनुरूप महिलाओं को प्रकृति का संरक्षक माना जाता है। प्राचीन काल से ही महिलाएँ पर्यावरण संरक्षण के प्रति जागरूक रही है। शकुन्तला नियमित रूप से वृक्ष को सींचती थी। इसी प्रकार पार्वती ने देवदार वृक्ष को पुत्र मान कर उनका पालन-पोषण किया था।

सामाजिक प्रथाओं और रीति-रिवाजों को दृष्टिगत करें तो यह पता चलता है कि प्राचीन काल से ही महिलाएँ पर्यावरण संरक्षण के प्रति जागरूक रही हैं जिसका प्रत्यक्ष उदाहरण आज भी महिलाओं द्वारा व्रत त्योहार के अवसर पर पूजा-अर्चना के अनेक वृक्षों-पीपल, तुलसी, आंवला, अशोक, बेल, शमी, नीम, आम आदि वृक्षों तथा अनेक वृक्षों एवं विभिन्न पशुओं- गाय, बैल, चूहा, घोड़ा, सांप, बंदर, उल्लू आदि को सम्मानित करना एवं उनकी पूजा-अर्चना के माध्यम से संरक्षण प्रदान करना दोनों को मिलता है।

भारतीय महिलाओं में न केवल पेड़-पौधों अपितु पशु-पक्षियों के प्रति भी संरक्षण की कल्पना प्राचीन काल से ही विद्यमान है। यही नहीं जलस्रोतों के प्रति भी संरक्षण की भावना महिलाओं में प्राचीनकाल से ही चली आ रही है। उदाहरण के लिये गंगा पूजन, कुँओं की पूजा करना अथवा तालाब की पूजा करना। इस प्रकार हमारी भारतीय संस्कृति में महिलाओं द्वारा प्रकृति संरक्षण अथवा पर्यावरण संरक्षण की यह भावना पीढ़ी दर पीढ़ी चली आयी है जो आज भी देखने को मिलती है।

प्राकृतिक संसाधनों जैसे वन, मिट्टी एवं जल से महिलाओं का सीधा एवं गहरा संबंध है। विशेषतौर पर आदिवासी लोगों में तो वन सम्पदा की अर्थव्यवस्था पूर्णतया महिलाओं की ही मानी जाती है। यही कारण है कि पर्यावरण संरक्षण, विशेष रूप से संरक्षण में महिलाओं की भागीदारी अत्यंत ही महत्त्वपूर्ण हो गयी है और महिलाएँ इसके प्रति जागरूक हैं। पर्वतीय क्षेत्रों में अपनी पहचान बना चुके 'चिपको आंदोलन' ने पर्यावरण संरक्षण की दिशा में एक नयी चेतना पैदा की है। यह आन्दोलन पूर्णतया महिलाओं से जुड़ा है। 'चिपको आंदोलन' इसका ज्वलंत उदाहरण है कि इस आंदोलन की मुख्य संचालक महिलाएँ ही हैं। राजस्थान की बिश्नोई जाति की महिलाओं ने इस सम्बन्ध में एक अनोखा उदाहरण पेश किया है। थार रेगिस्तान के मध्य बिश्नोई जाति की बस्ती एक नरबलि स्नान की भाँति दृष्टिगोचर होती है। यह इस जाति की महिलाओं का पेड़ों के प्रति प्रेम का ही कारण है कि उनके समाज में यह लोककथा प्रचलित है कि प्राचीनकाल में जब राजा के नौकर एवं कर्मचारी राजमहल बनाने के लिए वृक्षों को काटने आते थे तो इस जाति की महिलाएँ पेड़ों को काटने से बचाने की दृष्टि से पेड़ों से ही लिपट जाती थीं और कर्मचारी पेड़ों के साथ निर्दयतापूर्वक महिलाओं को भी काट देते थे। इस प्रकार जिन 363 बिश्नोइयों ने अपनी जान दी थी उनमें अधिक संख्या में महिलाएँ ही थीं। इस प्रकार बिश्नोई जाति की महिलाओं ने न केवल उस समय पेड़ों की सुरक्षा की, अपितु एक इतिहास रच डाला जो आज भी महिलाओं के लिए प्रेरणा का काम करता है और आज भी पहाड़ों पर महिलाएँ यही प्रक्रिया अपनाकर पेड़ों को बचाने में लगी हुई हैं।

चिपको आंदोलन उत्तराखण्ड के पर्वतीय क्षेत्रों, चमोली, कुमाऊँ, गढ़वाल, पिथौरागढ़ में प्रारम्भ हुआ था, और जंगलों के विरुद्ध सफल आंदोलन के रूप में पूरी दुनिया में सराहा जा रहा है। सबसे प्रमुख बात यह है कि इस आन्दोलन का संचालन करने वाली महिलाएँ पहाड़ी ग्रामीण क्षेत्रों की रहने वाली निरक्षर एवं अनपढ़ महिलाएँ हैं। यह आन्दोलन उनका अपनी जीवन रक्षा का आंदोलन है। इन महिलाओं ने अपने आंदोलन को इस तरह संगठित किया है कि उनके गाँवों का प्रत्येक परिवार जंगलों की रक्षा के लिये सुरक्षाकर्मी तैनात करके सामूहिक चन्दा अभियान से उनके भुगतान की व्यवस्था करता है।

राजस्थान में उदयपुर के निकट ग्रामीण क्षेत्रों की महिलाएँ पुरुषों के साथ कंधे से कंधा मिलाकर उसर एवं रेतीली भूमि को हरा-भरा खेतों में परिवर्तित कर रही हैं। "सेवा मण्डल" नामक एक संस्था ने पिछड़े भील समुदाय को इतना अधिक

प्रेरित किया है कि अब वह सैकड़ों वर्षों से वीरान पड़ी भूमि को हरा-भरा बनाने में जुट गये हैं।

हिमाचल प्रदेश की महिलाएँ भी पर्यावरण संरक्षण कार्यक्रम में किसी से पीछे नहीं है। यहाँ की महिलाएँ छोटे-छोटे गुट बनाकर आंदोलन में सक्रिय भागीदारी निभा रही हैं। हिमाचल प्रदेश में रामपुर गाँव की महिलाओं ने देवदार के वृक्षों को काटने से बचाकर तहलका मचा रखा है।

'नर्मदा बचाओ' आंदोलन को लेकर मेधा पाटेकर भी काफी चर्चित रही है। पर्यावरण संरक्षण में इनकी सक्रिय भूमिका को देखते हुये इन्हें अंतर्राष्ट्रीय "ग्रीन रिवन" पर्यावरण पुरस्कार से सम्मानित किया जा चुका है। यह पुरस्कार नोबल पुरस्कार के समकक्ष है। पूर्व प्रधानमंत्री श्रीमती इंदिरा गाँधी, मेनका गाँधी द्वारा पर्यावरण संतुलन क्षेत्र में किये गये योगदान की अत्यन्त सराहना की गयी है।

अंतर्राष्ट्रीय स्तर पर नार्वे की प्रधानमंत्री ब्रन्टलैण्ड ने विगत कुछ वर्षों में विश्व पर्यावरण को सुरक्षित रखने में अनूठा योगदान दिया है। ग्रीन पीस जैसी अंतर्राष्ट्रीय संस्था में सम्मिलित महिलाएँ पर्यावरण संरक्षण की दिशा में कार्यरत हैं। इसमें अतिशयोक्ति नहीं होगी यदि यह कहा जाए कि जीवनदायिनी महिला का दूसरा नाम है जीवन दायिनी पर्यावरण।

सुश्री वन्दना शिवा भी इसी तरह पर्यावरण संरक्षण की जुझारू कार्यकर्ता हैं। पर्यावरण संरक्षण में किये गये कार्यों के फलस्वरूप इन्हें भी अंतर्राष्ट्रीय पर्यावरण पुरस्कार से सम्मानित किया जा चुका है।

अंतर्राष्ट्रीय स्तर पर भी महिलाओं की सक्रिय भागीदारी के प्रयत्न जारी हैं। 1992 में ब्राजील की राजधानी रियो डि जनेरो में आयोजित घाटी शिखर सम्मेलन में भी उपस्थित प्रतिनिधि देशों ने वन संरक्षण में महिलाओं की भूमिका पर बल दिया। केन्या देश के उजड़े वनों के पुनर्वास में महिलाएँ महत्त्वपूर्ण भूमिका निभा रही हैं।

इस प्रकार स्पष्ट है कि पर्यावरण संरक्षण में महिलाओं ने विशेष भूमिका निभाई है और विशेष तौर पर ग्रामीण क्षेत्रों की महिलाओं के योगदान को तो कभी भुलाया ही नहीं जा सकता है।

22

यज्ञ एवं पर्यावरण संरक्षण

प्रकृति के अनेकों मनोहर दृश्य प्रदूषण के प्रभाव से विकृत हो गये हैं। प्राचीन अट्टालिकाओं तथा पुरावशेषों की भव्यता भी अधिक क्षीण हुई है। प्रदूषण के कारण ही प्रकृति की खाद्य शृंखला, नाइट्रोजन चक्र तथा कार्बन डाईआक्साइड चक्र भी प्रभावित हुई है। दुर्भाग्य है कि हम अपने स्वार्थ की पूर्ति हेतु पर्यावरण संरक्षण के लिये तनिक भी चिंतित नहीं है। यदि इसी प्रकार का क्रम चलता रहा तो शीघ्र ही एक दिन ऐसा भी आयेगा जब सम्पूर्ण जीवमण्डल ही पृथ्वी से समाप्त होने के कगार पर आ जायेगा।

हमारे प्राचीन मनीषियों ने बहुत पहले से ही पर्यावरणों की सुरक्षा हेतु यज्ञ विधि का भरपूर उपयोग किया था। उन लोगों का मानना था कि विभिन्न गुणों से युक्त सुगन्धित पदार्थों को अग्नि में जलाने से जो धुआँ प्राप्त होता है उससे पर्यावरण की रक्षा होती है। भारत सहित विश्व के अनेक देशों में यज्ञ से संबंधित अनुसंधान किये जा रहे हैं। सोवियत रूस के एक वैज्ञानिक शिरोविच ने अपनी पुस्तक में इस बात का वर्णन किया है कि दूध, मक्खन, घी, गोमूत्र, गोबर इत्यादि से पर्यावरण संरक्षण में अधिक योगदान प्राप्त होता है। उन्होंने बताया है कि गाय के दूध में व्यापक आणविक विकिरण के प्रभाव से रक्षा करने की अद्‌भुत क्षमता होती है। गाय के गोबर से लीपा गया स्थान आणविक विकिरण के प्रभाव से पूर्ण सुरक्षित रहता है। गाय के घी को अग्नि में डालने पर उससे उत्सर्जित धुआँ आण्विक विकिरण के प्रभाव को काफी हद तक कम कर देता है।

कोयला एवं खनिज तेल को जलाने पर वातावरण में कार्बन मोनोआक्साइड तथा कार्बन डाईआक्साइड का उत्सर्जन होता है जिससे ग्रीन हाऊस प्रभाव में वृद्धि

होती है। पर यज्ञ में विशिष्ट लकड़ियों के प्रज्वलन से दहन की क्रिया मंदगति से होती है जिसके कारण आक्सीजन की अल्पमात्रा ही व्यय होती है और कार्बन डाईआक्साइड का उत्सर्जन भी कम होता है इस प्रकार हम यह पाते हैं कि प्रकृति में कार्बन डाईआक्साइड, सुगंधित तेलों तथा कीटनाशक पदार्थों की गैसों का मिश्रण है जिसका परिणाम सुगंधयुक्त रसायनों में परिवर्तित होकर पर्यावरण के शोधक का कार्य करते हैं।

यज्ञ में प्रयुक्त होने वाले पदार्थ निम्न प्रकार हैं–

1. *लकड़ियाँ–* आम, पलाश, चन्दन, देवदार, बेल, बरगद, पीपल, गुलर आदि।
2. *सुगंधित पदार्थ–* कस्तूरी, कपूर, चन्दन, चूर्ण, जायफल, इलायची, जावित्री, गुग्गुल आदि।
3. *पौष्टिक वसायुक्त पदार्थ–* घी, दूध, सूखे नारियल की गिरि।
4. *अनाज–* जौ, गेहूँ, चावल, मूँग, चना, मटर।
5. *मीठा पदार्थ–* शक्कर, मधु, किशमिश, छुहारा।
6. *सोमलता–* अमला, ब्राह्मी, शंखपुष्पी, सौंठ, लौंग, हल्दी, मुलहटी, रक्त चन्दन, बहड़ा, दालचीनी।

इन पदार्थों के यज्ञ में प्रयुक्त होने से विभिन्न प्रकार के रासायनिक परिवर्तन होते हैं। यज्ञ के अग्नि का तापमान 250-600 के बीच का होता है जबकि प्रज्वलित पदार्थों के कारण तापक्रम में 1200-1300 के बीच की वृद्धि के कारण विभिन्न पदार्थों में उपस्थित सेल्यूलोज तथा कार्बोहाइड्रेट का दहन हो जाता है। दहन के कारण कार्बनिक पदार्थों से हाईड्रोजन युक्त होकर वायुमण्डल के आक्सीजन के साथ संयोग कर वाष्प की रचना करती है। वाष्प के निर्माण के साथ अधिक मात्रा में धुआँ भी उत्सर्जित होता है। घी के वसायुक्त होने के कारण लकड़ियों के सेलूलोज तीव्रगति से जलते हैं जो अग्नि को प्रज्वलित करने में सहायक होते हैं। इस प्रकार की अभिक्रिया से प्राप्त हाइड्रोकार्बन का दहन धीरे-धीरे होता है जिसके कारण सुगंधित पदार्थ वाष्पीकृत होकर वायु में विसरित हो जाते हैं और सुगंध की अनुभूति होती है। सभी वाष्पशील पदार्थों के विसरित हो जाने के बाद सूर्य के प्रकाश के साथ प्रकाश रासायनिक अभिक्रिया प्रारम्भ होती है। इस प्रकार के रासायनिक अभिक्रिया के कारण ही सर्वदा यज्ञ सूर्य के प्रकाश ही में सम्पन्न किये जाते हैं।

22.1 यज्ञ द्वारा उत्सर्जित गैसें

यज्ञ द्वारा वायुमण्डल में उत्सर्जित कार्बन मोनोआक्साइड, कार्बन डाईआक्साइड तथा नाइट्रोजन आक्साइड, प्रदूषकों की सांद्रता को नियंत्रित करने में सहायक होता है। यज्ञ द्वारा वातावरण में आक्सीजन की मात्रा में वृद्धि होती है। यज्ञ में विभिन्न पदार्थों के अपचयन क्रियाओं द्वारा वायुमण्डल में इलेक्ट्रान की अधिकता पायी जाती है। इसके अतिरिक्त जल में जैविक आक्सीजन माँग तथा रासायनिक आक्सीजन माँग की मात्रा भी नियंत्रित होती है। इस प्रकार का नियंत्रण जल जीवों के लिये अति आवश्यक समझा जाता है। यज्ञ द्वारा जल प्रदूषण भी नियंत्रित होता है। यज्ञ द्वारा परिशोधित जल तथा वायु मनुष्यों के लिये ही नहीं अपितु वृक्षों तथा लताओं के लिये भी उपयोगी होता है।

22.2 यज्ञ और रोग

यज्ञ द्वारा रोगाणुओं को नष्ट करने की क्षमता में वृद्धि होती है। पाश्चात्य चिकित्सा शास्त्री एम. मोनियर के अनुसार रोगों के कीटाणुओं को समाप्त करने के लिये यज्ञ से सरल तथा सुलभ कोई अन्य पद्धति भी नहीं उपलब्ध है। आयुर्वेद के सुप्रसिद्ध ग्रंथ चरक संहिता में यह अंकित है कि क्षयरोग के कीटाणुओं को नष्ट करने के लिये सरल विधि के रूप में चिकित्सा पद्धति यज्ञ ही है। फ्रांस के प्रोफेसर टिलबर्ट का मानना है कि शक्कर के दहन से उत्पन्न धुएँ में पर्यावरण परिशोधन की अद्‌भुत क्षमता होती है। ब्रिटिश शासन काल में भारत में प्लेग के बीमारी फैलने पर घी, चावल तथा केसर को मिलाकर हवन करने से प्लेग को नियंत्रित किया गया था। वर्ष 1994 में सूरत में प्लेग की बीमारी के फैलने पर स्थानीय चिकित्सा अधिकारियों ने वातावरण को विषाणु रहित बनाने के लिये भी मिश्रित धूप, हल्दी तथा कपूर जलाने का कार्य किया। तथा यह भी पाया कि किशमिश, मुनक्का, मखाना आदि सूखे मेवे का हवन करने से उत्सर्जित धुआँ सन्निपात के ज्वर के विषाणुओं को शीघ्र ही समाप्त करने में सक्षम होता है। यही नहीं, तनाव मिरगी इत्यादि मानसिक बीमारियों का प्रभाव भी यज्ञ की ऊष्मा के प्रभाव से उनका प्रभाव या तो कम हो जाता है या नष्ट हो जाता है। फ्रांसीसी चिकित्सक का यह भी मानना है कि शक्कर तथा घी के मिश्रण को जलाने से सभी प्रकार के रोगाणुओं का विनाश हो जाता है।

22.3 यज्ञ और मंत्र

ऐसा देखा गया है कि पदार्थों के अतिरिक्त मंत्रों के प्रभाव को औषधियों से अधिक प्रभावशाली माना गया है। दहन की सामान्य प्रक्रिया में अग्नि में डाला गया पदार्थ तो केवल सुगंध ही फैलाता है परन्तु मंत्र के साथ अग्नि को समर्पित सामान्य पदार्थ भी असामान्य शक्ति वाला होता है। यह सत्य है कि यज्ञ में प्रयुक्त सभी वस्तुएँ जैसे पात्र एवं जल को मंत्रों द्वारा पवित्र किया जाता है। कीटाणुरहित इन सामग्रियों को धोकर स्वच्छ करने के बाद उन्हें सुखा कर उपयोग में लाया जाता है। मंत्रों के उच्चारण से अपना ध्वनि तथा अग्निदाता के पूजन से उत्पन्न ऊर्जाएँ संयुक्त रूप से भौतिक, मनोवैज्ञानिक तथा आध्यात्मिक लाभ देती हैं। अमेरिकी वैज्ञानिक डॉ. हावर्ड का कहना है कि गायत्री मंत्र के स्वर से एक सेकण्ड में, 1 लाख 10 हजार तरंगें उत्पन्न होती हैं जो दुर्भावनाओं को अधिक हद तक शांत कर देती हैं।

23

वृक्ष एवं पर्यावरण संरक्षण

23.1 वन

वृक्षों के समूह को 'वन' कहते हैं। वनों का जीवों का शाश्वत सम्बन्ध है। मानव का विकास तथा उत्पत्ति वनों ही में हुई है। मानव तथा अन्य समस्त प्राणी सृष्टि के आरम्भ से ही अपने जीवन, आहार, आवास, वस्त्र, ईंधन, शुद्ध वातावरण एवं औषधि के लिये वनों पर ही निर्भर रहा करते थे। जीवन के अस्तित्व को बनाये रखने के लिये प्राचीनकाल ही से भारत की रमणीयता तथा सुन्दरता की प्राप्ति वृक्षों तथा वनों से ही हुई थी।

प्राचीन सभ्यता में वृक्षों का देवत्व का आरोपण किया गया था। उनकी पूजा की जाती थी और उनके साथ मनुष्यों की भाँति आत्मीयता भी बरती जाती थी। इसके अतिरिक्त वृक्षों के सुख-दुःख का भी ध्यान रखा जाता था, यही कारण है कि देवता की भाँति पीपल वृक्ष की पूजा प्राचीन परम्परा है। स्त्रियाँ व्रत रखकर पीपल वृक्ष की परिक्रमा करती हैं और अक्षत, फूल तथा जल अर्पण करती हैं। केले के वृक्ष का पूजन भी शास्त्रों में उल्लेखित है। तुलसी के पौधे की पूजा आज उतना ही महत्त्व रखती है जितना कि भगवान अराधना की होती है। बेल के पत्रों की पवित्रता के कारण ही इसे भगवान शिव के मस्तक पर चढ़ाया जाता है। 'सर्व तेरा हरी निम्नः' कहकर नीम के वृक्ष को प्रणाम किया जाता था। प्राचीनकाल में संध्या के बाद किसी वृक्ष के पत्ते तोड़ना निषिद्ध था। हरे वृक्षों को काटना पाप समझा जाता था तथा लोग कहा करते थे कि जो हरे वृक्षों को काटता है, उसकी संतान मर जाती है।

कदम्ब को भगवान् श्रीकृष्ण का, कमल को विष्णु का, कचनार को लक्ष्मी और नीम को मां काली का प्रिय समझकर लोग उन्हें श्रद्धा से प्रणाम करते थे। अशोक का वृक्ष शुभ और मंगलदायक समझा जाता था।

वृक्ष हमारे नैतिक शिक्षा के मूल गुरु हैं। वृक्षों से हमें परकल्याण तथा परोपकार की शिक्षा मिलती है। जिस प्रकार वृक्ष अपने द्वारा पैदा किये हुए फलों को स्वयं नहीं खाते उसी प्रकार मनुष्य को भी अपने को दूसरे के कल्याणों के लिये कार्य करना चाहिये।

23.2 वृक्ष और मानव

किसी भी देश की वन सम्पदा का सूचक उस देश का वन क्षेत्र होता है। सामान्य रूप से भौगोलिक क्षेत्र का 33 प्रतिशत भाग वनाच्छादित होना वांछित है। देश के आर्थिक, सामाजिक एवं परिस्थितिकीय विकास में वनों को बहुत बड़ा योगदान है। वन चाहे हरे-भरे हों या सूखे हों। उनमें उगे वृक्ष निरंतर ऐसे पर्यावरण का निर्माण करते हैं जो समस्त जीवधारियों के स्वास्थ्य के लिये आवश्यक होता है। भारत देश में लगभग 40 प्रतिशत ऊर्जा वनों द्वारा ही पूरी की जाती है।

वृक्ष मानव जीवन और प्राणि जगत के लिये प्रकृति के अमूल्य वरदान है। वृक्ष सदैव मनुष्य मात्र का उपकार करते रहे हैं, अत: उनके माध्यम से मनुष्य सदैव प्रकृति से जुड़ा रहा और प्रकृति के साथ उसका गहरा सम्बन्ध बना रहा। मनुष्य जीवन पर उपकार करने वाले वे ही वृक्ष आज मनुष्य की दया पर आश्रित हैं।

सम्पूर्ण मानव जाति का अस्तित्व मात्र वन सम्पदा पर टिका हुआ है। हमारे ऋषिमुनियों एवं साधु संतों ने मानव जीवन में वृक्षों एवं वनों की महत्त्वपूर्ण भूमिका को गहराई से समझा था। यही कारण है कि वे स्वयं भी वनों में विचरण तथा प्रकृति की गोद में निवास करते थे। यही कारण है कि प्राचीन भारत में ऋषि मुनियों ने अपने आश्रमों के माध्यम से अरण्य संस्कृति को विकसित किया।

वेदों में वृक्ष के महत्त्व को स्वीकार करते हुए उन्हें पूज्य एवं आदरणीय माना गया है। वृक्ष के प्रत्येक अंग में देवों के निवास की परिकल्पना कर उन्हें नमस्कार योग्य बनाया गया है। मत्स्य पुराण एवं अग्नि पुराण में एक वृक्ष को दस पुत्रों के समान माना गया है। वृक्ष के मूल में ब्रह्मा का निवास रहता है और त्वचा में विष्णु का। वृक्ष की शाखाएँ भगवान शंकर से व्याप्त हैं तथा वृक्ष के पत्ते समस्त देवताओं से सम्पन्न है।

23.3 वृक्ष और पर्यावरण

पर्यावरण के संतुलन को बनाये रखने में प्रकृति ने विभिन्न वनस्पतियों और पेड़-पौधों की सृष्टि की है, जिससे उनके माध्यम से प्रदूषण को रोका जा सके और पर्यावरण को बनाये रखा जा सके। किन्तु मनुष्य समाज अपने स्वार्थ के कारण

प्रकृति से वरदान के रूप में हमें प्राप्त हुए पेड़-पौधों का विनाश जिस निर्दयता से कर रहा है उससे स्वयं मनुष्य समाज अपने आप को विनाश की ओर ले जा रहा है। वनस्पतियाँ तथा पेड़-पौधें न केवल उन विषैली गैसों और कार्बन डाईआक्साइड को सोखने की क्षमता रखती है अपितु उनके बदले में वे प्राणवायु आक्सीजन छोड़ते हैं जो मनुष्यों तथा अन्य पशु-पक्षी आदि जीवधारियों के लिये जीवनदात्री हैं।

यह प्रकृति का सामान्य नियम है कि विश्व के सभी प्राणी अपनी श्वसन क्रिया द्वारा प्राण वायु आक्सीजन ग्रहण करते हैं और शरीर के दूषित कणों से युक्त दूषित वायु को शरीर से बाहर निकालता है। मनुष्य एवं जीवधारियों द्वारा छोड़ी गयी कार्बन डाईआक्साइड को पेड़-पौधे अपनी पत्तियों द्वारा ग्रहण कर प्रकाश संश्लेषण (फोटो सिन्थेसिस) क्रिया के द्वारा उसे ग्लूकोज में परिवर्तित करती है और बदले में प्राण वायु (आक्सीजन) के रूप में वायुमण्डल में विसर्जित करते हैं। यहं क्रम अनवरत चलता रहता है। इस प्रकार प्राणी जगत को प्रदूषण से बचाने के लिये पेड़-पौधे प्रकृति के वरदान हैं।

वृक्ष हवा की नमी को आकर्षित कर वर्षा करते हैं तथा वर्षा के पानी को सोख कर भूमिगत जल को नियंत्रित करते हैं। वृक्ष, हवा और आँधी की भीषणता को कम करते हैं जिससे भूमि की कटाव में कमी होती है। वृक्ष उपजाऊ मिट्टी के संरक्षण एवं बहाव को रोकने की क्षमता रखते हैं। वृक्ष जड़ी-बूटियों की खान हैं।

23.4 वृक्षों का विभिन्न क्षेत्रों में योगदान

प्राचीन काल में हमारे ऋषिमुनियों ने वनों के सौम्य, शुद्ध एवं शांत वातावरण में गहन चिंतन करके वेदों तथा पुराणों की रचना की। उनका मानना था कि वृक्ष प्रत्यक्ष तथा अप्रत्यक्ष रूप से हमें लाभ पहुँचाते हैं। इन्हें काटने न देने के लिए वृक्षों की महत्त्व को चार रूपों में रेखांकित किया गया है।

23.4.1. धार्मिक महत्त्व

प्राचीन भारतीय संस्कृति एवं सभ्यता में वृक्षों में देवत्व का आरोपण किया गया था। उनकी पूजा की जाती थी और उनके साथ मनुष्यों की भाँति आत्मीयता बरती जाती थी तथा उनके सुख-दु:ख पर ध्यान दिया जाता था। आज भी देवता की भाँति पीपल के वृक्ष की पूजा-अर्चना प्राचीन परम्परा है। स्त्रियाँ व्रत रखकर उनकी परिक्रमा करती हैं। केले के वृक्ष का पूजन भी शास्त्रों में उल्लिखित है। तुलसी के पौधे की पूजा उतना ही महत्त्व रखती है जितनी की भगवद् आराधना की जाती है। बेल के पत्तों की पवित्रता के कारण ही उसे भगवान शिव के मस्तक पर चढ़ाया

जाता है। 'सर्वरोग हरो निम्नः' कहकर नीम के वृक्ष को प्रणाम किया जाता था। संध्याकाल में वृक्षों के पत्तों को तोड़ना निषिद्ध था। हरे वृक्षों को जो काटता है उसकी संतान मर जाती है, केवल सूखने पर वृक्षों को घरेलू उपयोग के लिए काटा जाता था।

वृक्ष हमारे नैतिक शिक्षा के मूल गुरु हैं। वृक्षों से हम पर कल्याण तथा परोपकार की शिक्षा मिलती है। जिस प्रकार वृक्ष अपने द्वारा पैदा किए हुए फलों को स्वयं नहीं खाते उसी प्रकार मनुष्यों को भी अपनी विभूति दूसरों के कल्याण हेतु प्रयोग में लाना चाहिए। वनों का पर्यावरण संरक्षण में बहुत अधिक महत्त्व है। वन क्षेत्र शांत, लाभकारी, जलवायु युक्त वाले होते हैं। प्राचीन काल में हमारे ऋषि मुनियों के आश्रम भी वनों के बीच हुआ करते थे।

वृक्षों को हमारे विभिन्न प्रकार के धार्मिक संस्कारों, रीति-रिवाजों तथा सामाजिक एवं सांस्कृतिक गतिविधियों के साथ जोड़कर धार्मिक आस्था का प्रतीक बना दिया था। यही कारण है कि भारतीय धर्म, संस्कृति, नीतिशास्त्र, आचारशास्त्र आदि में वृक्षों की बड़ी महिमा प्रतिपादित की गयी हैं। इसी आधार पर सदियों से लोग वृक्षों की पूजा करते आये हैं। भारत के ग्रामीण अंचलों में रहने वाला शायद ही कोई ऐसा परिवार मिले, जिसमें वृक्षों/पौधों के प्रति धार्मिक मान्यता और आस्था प्राप्त न हो तथा किसी न किसी रूप में उनकी पूजा न करते हों। वनों के प्रति श्रद्धा हमारे समाज एवं संस्कृति के लिए कोई नई बात नहीं है। ईसा पूर्व 1500 वर्ष रामायण तथा महाभारत में भी वनों का विस्तृत वर्णन किया गया है। विष्णु पुराण में इस बात का स्पष्ट संकेत है कि भारत में वनों को काफी महत्त्व दिया जाता था। चन्द्रगुप्त मौर्य के शासनकाल में तो वनों की व्यवस्था के लिए एक अलग ही विभाग बनाया गया था।

हमारे प्राचीनतम ग्रंथ ऋग्वेद में तो पर्यावरण को पिता, धरती को माता, चन्द्रमा को भाई और अदिति को बहन का स्थान दिया गया है। हमारे पूर्वजों ने प्रकृति ही को नहीं अपितु सम्पूर्ण ब्रह्माण्ड को मानव का अंग माना था और जब उन्हें पर्यावरण की महत्ता का आभास हुआ तो उन्होंने उसे धर्म के साथ जोड़ दिया। हमारे पूर्वज पूर्णरूपेण वृक्षों पर आश्रित रहे जो आज भी अकाट्य सत्य है। भारत में रहने वाली सभी जातियाँ वृक्षों की उपयोगिता को स्वीकार करते हुए उन्हें सम्मान देती थीं, उनकी पूजा-अर्चना किया करती थीं।

हड़प्पाकालीन मोहरों में पीपल वृक्ष अंकित किया गया है। वेदों में प्रकृति अंग बादल, सूर्य, जल और वृक्षों से जुड़े हुए हैं। अथर्ववेद में बेल और गूलर की

तुलना सज्जन व्यक्ति से की गयी है। रामचरितमानस, रामायण तथा महाभारत में वृक्षों के महत्त्व को वर्णित किया गया है। महाभारत में कहा गया है कि वृक्षों के पुष्पों से देवताओं, फल से पितरों तथा छाया से अतिथि की सेवा होती है अतः उनकी पूजा अनिवार्य एवं पुण्यदायक है।

वृक्ष मानव जीवन और प्राणी जगत के लिए प्रकृति के अमूल्य वरदान है। वृक्ष सदैव मनुष्य मात्र का उपकार करते आये हैं। मनुष्य जीवन पर उपकार करने वाले वे ही वृक्ष आज मनुष्य की दया पर आश्रित हैं। यह निर्विवाद सत्य है कि प्राचीन भारतीय समाज में धर्म और धार्मिक आस्था का परिपालन एक अनिवार्यता था जिसे टालना व्यक्ति या समाज के लिए सम्भव नहीं था। पर्यावरण के प्रति पूर्वजों की यह सजगता इतनी स्पष्ट है कि जो आधुनिक परिवेश में कतई नजर नहीं आती। यदि पर्यावरण के प्रति यह सख्ती न रही होती और प्रकृति का दोहन बेरोकटोक होता रहता और वर्तमान पीढ़ी का संभवतः जन्म भी नहीं हो पाता।

23.4.2. वैज्ञानिक महत्त्व

वर्तमान में वृक्षों के महत्त्व को वैज्ञानिक रूप से रेखांकित किया जा रहा है। पेड़-पौधे तथा वनस्पतियाँ न केवल विषैली गैसों और कार्बन डाईआक्साइड को सोखते हैं अपितु उसके बदले में प्राण वायु आक्सीजन छोड़ते हैं जो मनुष्यों तथा पशुओं, पक्षियों आदि जीवधारियों के लिए जीवनदायिनी है। यह प्रकृति का एक सामान्य नियम है कि विश्व के सभी प्राणी अपनी श्वसन क्रिया आक्सीजन द्वारा ग्रहण करते हैं और दूषित कार्बन डाईआक्साइड शरीर से बाहर निकालते हैं। कार्बन डाईआक्साइड को पेड़-पौधे अपनी पत्तियों द्वारा ग्रहण कर प्रकाश संश्लेषण क्रिया द्वारा उसे ग्लूकोज में परिवर्तित करते हैं और बदले में प्राणवायु आक्सीजन को वायुमण्डल में विसर्जित करते हैं। इस प्रकार प्राणी जगत् को आक्सीजन देने के लिए पेड़-पौधे प्रकृति के वरदान हैं।

ज्ञातव्य है कि मनुष्य के स्वस्थ जीवन-यापन के लिए आक्सीजन अपरिहार्य है। आक्सीजन के बिना मनुष्य नहीं रह सकता और कम आक्सीजन की मात्रा मनुष्य को रोग से ग्रसित कर देता है। एक मनुष्य प्रतिदिन 22 हजार बार साँस लेता है और लगभग 16 किलो ग्राम आक्सीजन श्वसन द्वारा ग्रहण करता है। एक मनुष्य को एक वर्ष में श्वास के माध्यम से जितनी आक्सीजन की आवश्यकता होती है उतनी आक्सीजन सामान्यतः एक टन कोयला जलाने अथवा एक कार द्वारा 1000 किलोमीटर यात्रा करने में व्यय होती है। लम्बी यात्रा करने वाला जेट विमान अपनी

एक उड़ान से 40-100 टन आक्सीजन की खपत कर डालता है। प्राप्त गणना के अनुसार एक हेक्टेयर वन प्रतिवर्ष 3 मैट्रिक टन कार्बन डाईआक्साइड ग्रहण कर 2 मैट्रिक टन प्राणवायु आक्सीजन एवं खाद्य पदार्थ (कार्बोहाइड्रेट स्टार्च) देता है।

वनों के प्रभाव से अधिकतम स्थानों के अधिकतम एवं न्यूनतम दोनों तापमानों में कमी होती है। घने वन तथा उससे लगे वनरहित क्षेत्रों के तापमान में पर्याप्त अंतर पाया जाता है। इस प्रकार का अंतर गर्मी के दिनों में सबसे अधिक पाया जाता है। ऐसा पाया गया है कि गर्मी के दिनों में वनरहित क्षेत्रों की अपेक्षा वन क्षेत्रों को तापमान 10 डिग्री सेल्सियस कम हो जाता है। तापमान के कम होने से कई लाभ होते हैं, जैसे बिजली की कम खपत तथा सिंचाई हेतु कम पानी की आवश्यकता आदि।

23.4.3 औषधीय महत्त्व

भारत में वृक्षों का केवल धार्मिक महत्त्व ही नहीं अपितु उनका औषधीय महत्त्व भी बहुत अधिक है। देश में अत्यन्त प्राचीन काल से लोगों का स्वास्थ्य, रक्षा और रोगोपचार की विधि सुलभ कराने की दृष्टि से जीव विज्ञान और चिकित्सा पद्धति के रूप में आयुर्वेद प्रचलित रहा है जिसका वर्णन वेदों, पुराणों, धर्मशास्त्र एवं अन्य ग्रंथों में प्रचुर रूप में मिलता है। आयुर्वेद शास्त्र में लगभग सभी पेड़-पौधों और लताओं का औषधीय उपयोग तथा गुणधर्मों का उत्पादन करते हुए महत्त्व बतलाया गया है। यही कारण है कि प्रत्येक भारतीय एक ओर यदि अपनी धार्मिक भावनाओं के कारण वृक्षों से जुड़ा हुआ है तो दूसरी ओर वह औषधीय गुणधर्मों से परिचित होने के कारण आवश्यकता पड़ने पर उनका औषधीय प्रयोग भी करता है। आंवला का औषधीय दृष्टि से विशेष महत्त्व है। आंवले वृक्ष के नीचे बैठने से जो प्राणवायु प्राप्त होती है वह फेफड़ों को स्वस्थ रखने में सहायक होती है। इससे फेफड़े के रोग, श्वास रोग आदि नहीं होते हैं। विकार और पित्त की उष्णता से होने वाले समस्त विकारों में आंवला का सेवन लाभदायक होता है। इसी प्रकार बेलपत्र का औषधीय महत्त्व भी कम नहीं है। यह सभी पित्त विकारों और शरीर की गर्मी को शांत करता है। मधुमेह में बेल की पत्तियों का नियमित रूप से सेवन किया जाता है।

प्रत्येक घर के आंगन में तुलसी जैसा पौधा लगाया जाता है क्योंकि इसकी सुगंध स्वास्थ्य की दृष्टि से वायु को प्रदूषण मुक्त रखती है। इस पौधे में इस प्रकार के औषधीय गुण विद्यमान है जिनसे विविध रोगों को आराम मिलता है। बरगद और पीपल के पेड़ गाँव के पास इसलिए लगाए जाते हैं कि पथिक रास्ते से गुजरते हुए

बरगद के सघन पेड़ के नीचे आश्रय ले सकें और लोग पीपल के पेड़ से वह ताजा आक्सीजन प्राप्त कर सके जो जीने के लिए अत्यन्त आवश्यक है। पीपल का पेड़ मिट्टी को पुष्ट बनाता है। इसकी छाल औषधीय गुणधर्म रखती है जिसका प्रयोग नासूर तथा चर्म रोगों से बचने के लिए किया जाता है।

अधिकांश लोग अनार का पेड़ अपने घर के आंगन तथा सब्जी बागानों में लगाते हैं क्योंकि यह मूल्यवान आहार सामग्री तथा औषधि के रूप में महत्त्वपूर्ण हैं। इसके रक्तिमभरी छालें, पत्तों, छिलकों और बीजों से औषधियाँ बनायी जाती रही हैं, जो अनेकों रोगों को ठीक करती है।

23.4.4 पर्यावरणीय महत्त्व

प्रत्येक वृक्ष में एक विशेष गुण निहित है जो प्राय: मनुष्य तथा अन्य प्राणियों के लिए बहुत ही लाभदायक है। इस प्रकार हम यह देखते हैं कि वृक्ष हमारे पर्यावरण को संतुलित करने में एक अकथनीय कार्य करते हैं। संतुलन चाहे प्रदूषण का हो अथवा विभिन्न प्रकार के जीवों के सम्बन्ध का हो, मौसम का हो, आर्थिक स्थिति का हो, जनसंख्या वृद्धि की समस्या का हो या औद्योगिक इकाइयों में कच्चे माल का हो वृक्ष हर तंत्र में एक महत्त्वपूर्ण स्थान रखते हैं। वृक्षों से निम्नलिखित महत्त्वपूर्ण कार्य सम्पादित होते हैं :–

1. वृक्ष सागर से उठने वाली हवा की नमी को आकर्षित कर वर्षा कराते हैं तथा वर्षा के पानी को सोखकर भूमिगत जल को नियंत्रित करते हैं।
2. वृक्षों द्वारा हवा तथा आँधी की भीषणता कम होती है।
3. वृक्ष उपजाऊ मिट्टी के सरंक्षण एवं बहाव को रोकने में सहायक होते हैं।
4. पौधों द्वारा हमें खाने के लिए शाक-सब्जी, फल, मसाले तथा औषधि व मकान या भवन निर्माण हेतु साम्रगी, जैसे लकड़ी तथा जानवरों के लिए आहार मिलता है।
5. पेड़-पौधे, जल के बहाव, बाढ़, मृदा क्षरण, मृदा की उर्वरकता, तापमान और प्रदूषण आदि को नियंत्रित करते हुए हमारे वातावरण की रक्षा एवं शुद्धि भी करते हैं।
6. पौधें वायुमण्डल की कार्बन डाईआक्साइड को आक्सीजन में परिवर्तित कर हमारे वातावरण को स्वास्थ्यप्रद बनाते हैं।
7. पेड़-पौधे सौर विकिरण को सोख लेते हैं। सूर्य की तेज किरणों को रोककर अथवा छानकर हमें शीतल छाया प्रदान करते हैं। अनुमान है कि

50-100 मीटर चौड़ा हरित क्षेत्र शहरों में 3-5 डिग्री सेल्सियस तक तापमान को कम कर देता है।

8. पौधे वायुमण्डल को नमी भी प्रदान करते हैं।
9. पेड़-पौधे वायुमण्डल के धुएँ और धूल को हमारे पास आने से रोकते हैं।
10. एक कार 25 हजार किलोमीटर चलने पर जितना प्रदूषण करती है उतना प्रदूषण एक बड़े आकार का वृक्ष अवशोषित कर लेता है।
11. पौधे धूल का अवशोषण करते हैं और वायु को शुद्ध करते हैं। जिन शहरों में सड़कों के किनारे वृक्षों की कतारे नहीं है वहाँ के वायुमण्डल में चार गुना अथवा उससे भी अधिक धूल कण होते हैं। बरगद, पीपल, टीक, जंगल जलेबी, आम, अशोक और टयूलिस्के के पौधे धूल कण के अच्छे अवशोषक होते हैं।
12. पौधे, सूर्य की तथा प्रकाश के अन्य स्रोतों की तीखी चौंध भी कम कर देते हैं।
13. एक हेक्टेयर वन 3,333 घन मीटर पानी रोक सकता है। नदी के बाढ़ को ये 60 प्रतिशत तक कम करते हैं।
14. एक पीपल का वृक्ष 1712 किलोग्राम प्रति घण्टे की दर से आक्सीजन देता है और 2252 किलोग्राम प्रति घण्टे की दर से कार्बन डाईआक्साइड सोखता है।
15. अशोक, जामुन, पीपल, बरगद, नीम और आम के वृक्षों से 100 मीटर दूरी पर लगे वृक्ष 1.5-2.5 डिग्री सेल्सियस तापक्रम कम कर देता है।
16. 30 मीटर चौड़ी हरित पट्टी 7 डेसीबल का ध्वनि प्रदूषण कम करती है।
17. वृक्ष गर्मियों में 33 किलोमीटर वायु वेग को 13 किलोमीटर/प्रति घण्टा तथा वर्षा ऋतु में 46 किलोमीटर प्रति घण्टा को 20 किलोमीटर/प्रति घण्टा की दर से कम करता है।
18. एक हेक्टेयर में लगे वृक्ष 30-50 टन धूल प्रतिदिन सोख लेते हैं।
19. 500 मीटर चौड़ा हरित क्षेत्र SO_2 तथा NO_2 की सान्द्रता को क्रमशः 70 प्रतिशत और 67 प्रतिशत कम कर देता है।
20. 1.5 वर्ग किलोमीटर चौड़ी हरित क्षेत्र धुएँ को 27 प्रतिशत कम कर देता है।

उपरोक्त बातों से स्पष्ट है कि पर्यावरण को संतुलित करने में वृक्षों का बहुत बड़ा योगदान होता है। भौतिक तथा आध्यात्मिक दोनों दृष्टिकोणों से वृक्षारोपण जैसा पुनीत कार्य महत्त्वपूर्ण है।

एक वृक्ष की औसत आयु 50 वर्ष की होती है। अपनी 50 वर्ष की उम्र में एक मध्यम आकार के वृक्ष द्वारा जो पर्यावरण सेवाएँ प्राप्त होती हैं वह निम्न प्रकार है–

तालिका 23.1 : वृक्षों से लाभ

सेवा	मूल्य (रूपयों में)
आक्सीजन उत्पादन	2,50,000.00
जैव प्रोटीन उत्पादन संवर्धन	20,000.00
मिट्टी उर्वरता एवं अपरदन की रोकथाम	3,00,000.00
पक्षियों, कीटों और पौधों को आश्रय	2,50,000.00
वायु प्रदूषण नियंत्रण	5,00,000.00
	15,70,000.00

24

केचुआ और कचरे का प्रबंधन

मानव की बढ़ती जनसंख्या के कारण कूड़ा-कचरे में अत्यधिक वृद्धि होने के कारण विभिन्न प्रकार के दुष्परिणामों का सामना करना पड़ रहा है। वर्तमान परिस्थिति के कारण यह प्रमुख समस्या बनी हुई है कि कूड़े-कचरे से किस प्रकार निपटा जाये तथा उसे कैसे उपयोगी भी बनाया जाये। इस दिशा में देश में सतत प्रयास चल रहे हैं। कृषि वैज्ञानिकों का मत है कि शहरों के कूड़े-कचरे से बहुत ही लाभदायक परिणाम प्राप्त हो सकेगा। ऐसे कचरे को केचुओं की मदद से खाद में परिवर्तित कर मृदा प्रदूषण की समस्या को अधिक हद तक नियंत्रित किया जा सकता है। वैज्ञानिकों के मतानुसार इन केचुओं द्वारा कचरे से प्राप्त खाद मृदा के जरूरी पोषक तत्त्वों को पूरा करने में समर्थ होता है।

24.1 केचुआ और खाद

गोबर, सूखे तथा हरे पत्ते, घास-फूस, धान का पुआल, मक्का की ठूँठ डण्ठल को खाने के बाद केचुएं द्वारा प्राप्त मल से खाद तैयार होती है। इसे कृमि खाद कहा जाता है और इस विधि को वर्मी कम्पोस्टिंग या वर्मी टेक्नोलोजी के नाम से जाना जाता है। इस विधि द्वारा प्राप्त खाद हर प्रकार के पेड़-पौधे, फल वृक्षों, सब्जियों तथा फसलों के लिये पूर्ण रूप से सम्पूर्ण प्राकृतिक तथा संतुलित आहार है। कारण यह है कि यह कार्बनिक उर्वरकों के अतिरिक्त जन्तु प्रोटीन भी उपलब्ध कराता है। इससे अधिक जो महत्त्वपूर्ण तथ्य है कि यह तकनीक भूमि तथा पर्यावरण को किसी भी तरह से प्रदूषित नहीं करता है और साथ ही साथ रोजगार के अवसर भी प्राप्त होता है।

केचुएं शहरी कचरे के अधिकतर तत्त्वों को हजम कर लेते हैं और इसके बाद जो कुछ भी पेट से निकालते हैं वह अच्छी किस्म की खाद होती है। परीक्षणों द्वारा यह प्राप्त हुआ है कि गोबर खाद में नाइट्रोजन की मात्रा केवल 0.5 प्रतिशत होती है जबकि केचुएं द्वारा प्राप्त खाद में नाइट्रोजन 2.5 से 3.0 प्रतिशत तक पाया जाता है। गोबर की खाद में फास्फोरस की मात्रा 0.25 प्रतिशत और पोटाश 0.50 प्रतिशत होता है जबकि केचुएं की खाद में इसकी मात्रा क्रमश: 3.0 प्रतिशत और 1.5 प्रतिशत होती है।

24.2 केचुएँ की प्रजातियाँ

वैसे तो केचुओं की प्रजातियों की संख्या 300 से अधिक पायी जाती है। पर मुख्य रूप से तीन प्रकार के प्रकृति में पाये जाने वाले केचुएं भूमि की उर्वरक शक्ति बढ़ाने में सहायक होते हैं, ये हैं- (1) एपीजेइक, (2) इण्डोजेइक तथा (3) डयोजेइक। इनमें एपीजोइक किस्म के केचुएं सबसे अधिक उपयोगी होते हैं। केचुओं की कुछ प्रजातियाँ जमीन में लगभग 5 से.मी. की गहराई पर तथा कुछ प्रजातियाँ बीच और निचले भाग में पायी जाती है। निचले हिस्से में पायी जाने वाली प्रजातियाँ मिट्टी खाती हैं और रात के समय ऊपरी सतह से अकार्बनिक पदार्थ को निचली सतह में लाकर खाती हैं तथा इसे मिट्टी में मिलाती है। यह जमीन का भुरभुर भी खाती हैं तथा ऊपरी सतह पर कास्टिंग करती रहती है। बीच की सतह में पाये जाने वाले केचुएं मिट्टी को चाटकर और कूड़ा-करकट को खाकर जमीन के अंदर लगातार मल निरंतर करती रहती हैं। तीनों किस्मों के केचुएं मिट्टी में विटामिन बी-12 को सात गुना तक बढ़ा देते हैं। इसकी उपस्थिति के कारण पौधों पर रोगों के आक्रमण का असर नहीं पड़ता है।

केचुएं लगभग 100 टन नम जैविक कचरे को 300 टन सूखी अच्छी प्रकार की कृमि खाद में परिवर्तित कर सकते हैं। ये केचुएं प्रतिदिन अपने भार के बराबर जैविक कचरा खा जाते हैं। प्राप्त आंकड़ों से यह ज्ञात होता है कि एक वर्ष में केचुएं 250-500 कि.ग्रा. नाइट्रोजन प्रति हेक्टेयर पैदा कर सकते हैं। यही नहीं केवल 45-60 दिनों में एक किलो केचुएं करीब 10 किलो कृमि खाद पैदा कर सकते हैं।

24.3 वर्मी टैक्नोलोजी – वर्मी कम्पोस्टिंग

खाद तैयार करने की यह कृत्रिम विधि बहुत ही सरल है। इसमें ठंडे व छायादार स्थान पर किसी चबूतरे या गड्ढे में घरों के कूड़ा-करकट एवं खरपतवारों को एकत्रित करते हैं जिसमें केचुएं की प्रजातियाँ जो बाजार में मिलती है उन्हें छोड़

देते हैं। ये केचुएँ इन अवयवों को खाकर मिट्टी के रूप में मल उर्वर मिट्टी बनाते हैं जिसे कृमि खाद कहते हैं।

घरेलू स्तर पर कृमि पालन का तरीका बहुत ही आसान है, इसमें प्लास्टिक के बक्से (90 से.मी. × 45 से.मी. × 45 से.मी.) उपयोग में लाये जा सकते हैं। इनकी तली में नारियल की रेशों व फार्म खाद की 10 से.मी. मोटी परत बिछायी जाती है। इस परत के ऊपर 500 केचुओं को रखकर ऊपर पुन: 10 से.मी. खाद की मोटी परत को बिछा दिया जाता है। इसे गनी बैग से ढ़क दिया जाता है। केचुएँ तेजी से बढ़ते हैं। अनुमानित है कि केचुएँ का एक जोड़ा वर्ष भर में 250 केचुएँ पैदा कर सकता है। इस प्रकार से प्राप्त कृमि खाद नाइट्रोजन व कार्बोहाइड्रेट से भरपूर होती है।

यह आवश्यक है कि ऊपरी भार से कचरा भरकर पानी से सींच दिया जाये। बाक्स को ढ़क देने से केचुएँ अपना काम अच्छी तरह से करते हैं। प्रारम्भ में केचुएँ मुलायम चीज खाते हैं इसलिये गेहूँ और सोयाबीन का चोकर गोबर में मिलाकर डाला जा सकता है। केचुओं का आदर्श तापमान 26^0 से.-35^0 से. होता है। खाद तैयार होने में 2 माह का समय लग जाता है।

24.4 गृह वाटिका के लिये वर्मीकम्पोस्टिंग

घर के कूड़ा-करकट या रसोई घर की जूठन से घरों के वाटिका/बगीचे के लिये अच्छी वर्मीकम्पोस्ट बनाया जा सकता है। इस हेतु एक लकड़ी या प्लास्टिक का बक्सा लेकर उसके निचले भाग में छेद कर देवे। छेद करने के बाद इस बाक्स में लकड़ी का बुरादा, धान की भूसी, पुआल आदि को निचली सतह पर बिछा दें। इसके स्थान पर अखबार या रद्दी कागज को भी प्रयोग में लाया जा सकता है। इसके बाद बाक्स को रसोई के जूठन तथा कूड़ा करकट से भर दें। याद रहे कि बाक्स में कूड़ा डालते समय उसमें पुरानी गोबर की खाद भी मिलायें तथा ऊपरी सतह पर टूटे बिस्कुट को महीन करके, चोकर, बकरी की लेड़ी, अण्डा आदि के साथ डाल दें। इससे केचुओं की संख्या में वृद्धि शीघ्रता से होती है। ऐसा करने के बाद बाक्स को बोरे में ढ़क कर पानी से तर कर दें। इसके 15 दिन के बाद इसमें केचुओं को डाल दें। 24" × 24" × 8" बाक्स के आकार के लिये 500 केचुएँ डाले जा सकते हैं। ऐसा करने के बाद बाक्स को किसी छायादार स्थान पर रख दें। नमी की स्थिति का अवलोकन करने के लिये समय-समय पर बोरे को उठाकर देखते रहे। 50-60 दिनों के बाद् बाक्स के ऊपरी सतह पर एक परत दाने के रूप में परिणित हुई हो तो प्राप्ति के बाद एक या दो दिन तक पानी न दें। ऐसा करने पर केचुआँ निचली सतह

में चले जाते हैं। इसके बाद ऊपरी सतह से दाने की परत को निकालकर एक बर्तन में रख लें। इस प्रक्रिया को वर्मीकम्पोस्ट हार्वेस्टिंग कहते हैं। इस प्रकार हार्वेस्टिंग करने के बाद पुनः बाक्स के ऊपरी सतह को कूड़ा-करकट से भर दें, उसे बोरे से ढ़क दें तथा पानी देने की प्रक्रिया को निरंतर करते रहें। 15-20 दिनों के बाद दोबारा वर्मीकम्पोस्ट हार्वेस्ट कर सकते हैं।

इस प्रकार से प्राप्त वर्मीकम्पोस्ट में बैक्टीरिया और फफूँदी भी प्रचुर मात्रा में पायी जाती है। वर्मीकम्पोस्ट खाद में सभी तत्त्व पानी में घुलनशील होते हैं और पौधों को तुरंत प्राप्त हो जाते हैं। इससे एक अतिरिक्त लाभ यह भी प्राप्त होता है कि केचुएँ के कारण वातावरण का शुद्धीकरण भी होता रहता है। ऐसा इसलिये होता है क्योंकि केचुएँ वातावरण में पाये जाने वाले बहुत से विषैले पदार्थों को सोखकर अपने शरीर की कार्यिकी एवं उपाचय क्रियाओं में उपयोग कर लेते हैं। इस तरह वातावरण को साफ रखने में इनका बहुत योगदान होता है। केचुओं के शरीर में अपने प्रकार के आवश्यक अमीनो एसिड एवं विटामिन पाये जाते हैं जिनकी उपयोगिता चिकित्सा विज्ञान में किया जा सकता है।

24.5 कृमि खाद से लाभ

कृमि खाद के प्रयोग करने से भूमि की भौतिक, रासायनिक और जैविक अवस्थाओं में महत्त्वपूर्ण सुधार होता है। इनके कुछ उदाहरण निम्न प्रकार हैं-

1. केचुओं द्वारा उत्सर्जित एक प्रकार का रेंजिन जैसा तत्त्व प्राप्त होता है। इस प्रकार से प्राप्त रेजिन मृदा की जल ग्रहण क्षमता को बढ़ाने में सहायता करता है।
2. केचुओं द्वारा उत्सर्जित रेजिन वास्तव में एक पॉली सैकराइड होता है। यह पॉली सैकराइड केचुएँ की आँतों में पाये जाने वाली बैक्टीरिया को उत्पन्न करते हैं जो मृदा कणों के लिये गोंद का काम करता है और साथ ही साथ मृदा अपरदन को रोकता है।
3. केचुआ मृदा में अत्यधिक मात्रा में बिल बनाते हैं जो कि मृदा को ढीली करता है। इस प्रकार मृदा में वायु की मात्रा में वृद्धि होती है जिसके बढ़ने से जड़ों के विकास में महत्त्वपूर्ण योगदान प्रदान करता है।
4. केचुएँ की आँत द्वारा निष्कासित पेरीट्रोफिक परत, कृमि खाद के ऊपर एकत्रित होकर एक प्रकार का पारदर्शक परत बनाती है जिससे वाष्पोत्सर्जन की दर में कमी होती है।

5. केचुओं द्वारा ह्यूमस का उत्पादन तीव्र गति से बढ़ता है क्योंकि केचुएँ मृदा में घूम-घूमकर कार्बनिक कूड़ा-करकट खाते रहते हैं और पॉली सैकेराइड्स तथा माइलेज, लाइपेज, सेल्यूलोज और क्यूटिनेज जैसे एन्जाइम का उत्सर्जन करते रहते हैं। इस प्रकार से प्राप्त विभिन्न प्रकार के एन्जाइम जैव पदार्थों को साधारण तत्त्वों में परिवर्तित करते रहते हैं।
6. केचुएँ द्वारा उत्सर्जित मल में सूक्ष्म जीवों की संख्या अधिक होती हैं। ऐसा इसलिये होता है क्योंकि केचुएँ के शरीर में सूक्ष्म जीवों के लिये उपयुक्त वातावरण उपस्थित होता है।
7. कृमि खाद, नाइट्रोजन स्थिरीकरण बैक्टीरिया, फास्फोरस विलायकों, सेलूलोज विखण्डकों व जैव कवकों के लिये उपयुक्त माध्यम है।
8. केचुएँ, पादप रोग जनकों का नाश करते हैं तथा उनके द्वारा उत्सर्जित सीलोमिक द्रव्य बैक्टीरियारोधी होता है।

24.6 कृमि खाद के उपयोग में सावधानियाँ

कृमि खाद के उपयोग करने में कुछ सावधानियों का विशेष रूप से ध्यान रखना पड़ता है। ये सावधानियाँ निम्न प्रकार हैं-

1. कृमि खाद को पौधों में डालने के बाद पत्तों से अवश्य ढ़क देना चाहिये।
2. कृमि खाद के साथ रासायनिक उर्वरक, कीटनाशी फफूँदनाशी व खरपतवारनाशी को प्रयोग में नहीं लाना चाहिये।

25

नवग्रह वाटिका एवं पर्यावरण प्रबन्धन

प्राप्त सूचनाओं के आधार पर यह पता चलता है कि विश्व में खरबों आकाशीय पिण्ड है पर यूनानी तथा भारतीय मनीषियों ने नौ आकाशीय पिण्डों के मानव जीवन पर पड़ने वाले प्रभावों का विशेष अध्ययन किया। इसका कारण यह था कि भार और दूरी के कारण ये सभी पिण्ड मानव जीवन पर उल्लेखनीय प्रभाव डालने की क्षमता रखते हैं। भारतीय मान्यताओं के हिसाब से नवग्रहों के नाम इस प्रकार हैं–सूर्य, चंद्र, मंगल, बुध, बृहस्पति, शुक्र, शनि, राहू और केतु। इनमें सूर्य और चन्द्र क्रमशः तारा तथा उपग्रह हैं। राहू और केतु की पहचान स्पष्ट नहीं है। भारतीय मान्यता में इन्हें छायाग्रह कहा जाता है।

प्राचीन समय से इन ग्रहों के कुप्रभावों को कम करने के लिये अनेकों वैज्ञानिक पद्धतियों का निर्धारण किया गया था जिनमें ध्यान, मणिधारण, उपचार तथा हवन आदि प्रमुख थे। ग्रहों के कुप्रभाव को कम करने के लिये मणि के रूप में वनस्पतियों के जड़ों का प्रयोग किया जाता था। ग्रहों के कुप्रभाव से रक्षा हेतु वनस्पतियों को यज्ञ के समीक्षा के रूप में उपयोग किया जाता था।

वास्तव में यज्ञ एक चिकित्सा विज्ञान है जिसमें औषधियों के गंध चिकित्सा तथा मंत्रों से ध्वनि चिकित्सा के विशिष्ट उपयोग से वांछित लाभ प्राप्त होता है। ग्रहीय यज्ञ आज भी प्रचालन में है। आये दिन लोगों को यज्ञों हेतु सही समीक्षा प्राप्त करने के लिये परेशान होते देखा जाता है। नवग्रह की यह वनस्पतियाँ हर स्थान पर उपलब्ध न होने के कारण यह आवश्यक समझा जाता है कि नवग्रह वाटिका के निर्माण से पर्यावरण संरक्षण में भी योगदान प्राप्त हो सकेगा।

ग्रहों के प्रभाव को कम करने के लिये प्राचीन काल से ही वनस्पतियों की जड़ों को मणि के रूप में प्रयोग किया जाता था। जैसे त्रिशूली (वेता), हनीरिका

(खिरनी), गोजिह्वा (गाजवो), ब्रह्मयष्टि (बभनेरी), सिंहपुच्छी (पृश्निपर्णी), सफेद चन्दन व अश्वगंधा की जड़ें क्रमशः सूर्य आदि ग्रहों के दोषों के निवारणार्थ प्रयुक्त होते हैं।

नवग्रह पूजा या यज्ञ के समय वेदी के निकट नवग्रहों की स्थापना की जाती है। इस स्थापना के लिये एक मानचित्र निर्धारित है जिसमें हर ग्रह के लिये निर्धारित स्थान पर इस ग्रह के प्रतिनिधि रंग सूर्य व मंगल (लाल), चन्द्र व शुक्र (सफेद), बुध (हरा), बृहस्पति (पीला), शनि (काला) व केतु (नीला व काला) का अन्न या रंगा हुआ चावल स्थापित किया जाता है।

ग्रहों और वनस्पतियों का सम्बन्ध निम्न प्रकार हैं :

ग्रह	वनस्पति	ग्रह	वनस्पति
सूर्य	मदार	शुक्र	गूलर
चन्द्र	काक	शनि	शमी
मंगल	खैर	राहू	दूव
बुध	आपाभाग	केतु	कुश
गुरु	पीपल		

ग्रहों से संबंधित वनस्पतियों के औषधीय गुण तथा धार्मिक महत्त्व को निम्नलिखित तालिका में अंकित किया गया है :

तालिका 25.1

क्र.सं.	ग्रह	वनस्पति	औषधीय गुण	धार्मिक गुण
1.	सूर्य (रवि)	मदार	दस्तावर, कोप, खुजली, विष, बवासीर, उदर रोग और मल कृमि को नष्ट करता है।	सूर्य भगवान का परमप्रिय हैं। सफेद मदार की जड़ को गणेश का रूप मानकर पूजा की जाती है तथा लोग इसे तिजोरी में भी रखते हैं।
2.	चंद्रमा (सोम)	काक (पलाश)	दस्तावर, संग्रहणी, बवासीर तथा कृमि नाशक है।	पलाश के पत्तों पर भोजन, प्रसाद बांटना, पवित्र व स्वास्थ्यवर्धक माना जाता है। पार्वती जी के श्राप से ब्रह्मा जी पलाश के वृक्ष हो गये थे।
3.	मंगल (खैर)	खैर	खुजली, खाँसी, ज्वर, सूजन, पित्त, रूधिर	प्रजापति की अस्थियों से खैर पैदा हुआ। इस कारण

क्रमशः

क्र.सं.	ग्रह	वनस्पति	औषधीय गुण	धार्मिक गुण
			विकार, कोढ़ तथा कफ को नष्ट करता है।	यह कठोर होता है।
4.	बुध	साटजीरा	दस्तावर, कड़वा, पाचक, रुचिकारक, कफ, हृदय रोग, बवासीर, खुजली, उदर तथा उपचय को दूर करता है।	शक्ति सम्पन्न दैत्य व मुनि के वध करने, उसके सिर से अधमार्ग का पौधा उत्पन्न हुआ जिसकी सहायता से इन्द्र अन्य समस्त दैत्यों कों मार सकने में समर्थ हुए। व्रत के अवसर पर महिलाएँ इसको दातून के रूप में उपयोग करती है।
5.	बृहस्पति	पीपल	देर से पचने वाला शीतल कसैला, योनि को शुद्ध करने वाला और पित्त, कफ को नियंत्रित करता है।	भगवान विष्णु का स्वरूप है, भगवान बुद्ध को इस वृक्ष के नीचे मोक्ष की प्राप्ति हुई थी।
6.	शुक्र	गूलर	शीतल, कसैला, पित्त, कफ तथा विकार नाशक है।	इसकी लकड़ी अति पवित्र मानी गयी है। यह वृक्ष जहां होगा वहाँ सुख शान्ति निरोग तथा फसल की उत्पादकता बढ़ेगी।
7.	शनि	शमी	कड़वा, कसैला, कोढ, बवासीर तथा कृमि नाश करे। इसका फल केशो तथा नाखूनों को नष्ट करता है। पत्तियों का धुआँ आँखों के रोग में लाभदायक है।	
8.	राहू	दूव	कफ, पित्त तथा त्वचा रोग को नष्ट करता है।	इसकी उत्पत्ति नाग की पीठ से हुई थी।
9.	केतु	कुश	कफ, पित्त और वात नाशक है, पथरी तथा रुधिर विकार नाशक है।	किसी व्यक्ति को पवित्र करने के लिये कुश का पानी छिड़कते हैं तथा पिलाते भी हैं। इसमें क्रोध को कम करने के गुण विद्यमान होते हैं।

26
संयुक्त वन प्रबंधन

संयुक्त वन प्रबन्धन एक नयी अवधारणा है। इसमें वन विभाग तथा ग्रामीण समुदाय द्वारा एकजुट होकर वनों का संरक्षण किया जाता है। इस प्रबन्धन द्वारा विकृत वनों के हरे-भरे होने तथा दीर्घावधि तक लाभकारी बने रहने की आशाएँ प्रबल हो गयी हैं। संयुक्त वन प्रबन्धन कार्यक्रम वर्ष 1988 की राष्ट्रीय वन नीति पर आधारित है। इस नीति में वन भूमि के विकास और उसके संरक्षण में जन सहभागिता के महत्त्व को स्वीकार किया गया है।

संयुक्त वन प्रबन्धन कार्यक्रम के अंतर्गत अब तक 16 राज्यों में लगभग पन्द्रह हजार से अधिक सामुदायिक समूह वन विभाग के साथ मिलकर पन्द्रह लाख हेक्टेयर से अधिक वनों का प्रबन्धन किया जा चुका है। यह कार्यक्रम केवल उत्तर-पूर्व राज्यों में नहीं चल पा रहा है। उत्तर पूर्व में अधिकतर जंगलों पर स्थानीय समुदाय का स्वामित्व है। त्रिपुरा में तो अपने अलग तरीके से संयुक्त वन प्रबन्धन कार्यक्रम किया जा रहा है। मेघालय तथा अरूणाचल प्रदेश भी वर्तमान में संयुक्त वन प्रबन्धन की दिशा में प्रगतिशील है।

26.1 संयुक्त वन प्रबन्धन की विशेषताएँ

1. इस कार्यक्रम में वृक्षारोपण हेतु ईंधन, चारा और इमारती लकड़ी देने वाले पौधों को प्राथमिकता दी जाती है। इसके अतिरिक्त फलदार वृक्ष, फलदार पौधे, घास, औषधीय पौधे आदि भी लगाये जाते हैं। इस प्रकार ग्रामीण समुदायों की आवश्यकताओं की पूर्ति के साथ ही विकृत भूमि को हरा बनाकर मिट्टी एवं जल का संरक्षण भी किया जा सकता है।

2. इससे ग्रामीण समुदायों, स्वयं सेवी संस्थाओं तथा वन विभाग के बीच भागीदारी का विकास होगा।
3. इससे वनों को पुनः हरा-भरा बनाने का अवसर मिलता है तथा इसका लाभ सभी इच्छुक ग्रामीण समुदायों को समान रूप से उपलब्ध होता है।
4. ग्रामीण समुदायों को गैरवनीय उत्पादों, उदाहरणतः घास, पेड़ों की टहनियाँ और छोटे-मोटे वन उत्पादों को प्राप्त करने का अधिकार सम्मिलित है।
5. वन विभाग संयुक्त वन प्रबन्धन कार्यक्रमों पर होने वाले व्यय की प्राप्ति सामाजिक वानिकी कार्यक्रम के लिये आबंटित धन से करेगा जो उसे भूमि संरक्षण, नर्सरी तैयार करने तथा पौधों के संरक्षण के लिए आबंटित किया जाता है।
6. वन भूमि पर पट्टे सम्बन्धी अधिकार नहीं होगा।
7. वन प्रबन्धक ग्रामीण समुदायों के परामर्श से वन प्रबन्धन एवं तकनीकी कार्यों के विषय में योजना बनायेगा।
8. पौधों से पैदावार लेने अथवा घास चराने के विषय में नियमों का कठोरता से पालन किया जाता है।

26.2 संयुक्त वन प्रबन्धन कार्यक्रम

संयुक्त वन प्रबन्धन का कार्यक्रम जिन राज्यों में चलाया जा रहा है उनमें मुख्य हैं पश्चिम बंगाल, हरियाणा, उड़ीसा, हिमाचल प्रदेश, बिहार, कर्नाटक, मध्य प्रदेश, महाराष्ट्र, पंजाब, त्रिपुरा और राजस्थान।

पश्चिम बंगाल में संयुक्त वन प्रबन्धन के अन्तर्गत सामुदायिक संरक्षण हेतु पशु चराने पर प्रतिबंध लगाया गया है तथा बहुमूल्य पौधों के रोपड़ के माध्यम से राज्य के दक्षिण-पश्चिम भाग में एक लाख हेक्टेयर से अधिक विकृत साल वन को फिर से हरा-भरा बनाने में तेजी आयी है। हरियाणा में शिवालिक की पहाड़ियों में संयुक्त वन प्रबन्धन के परिणामस्वरूप घास के क्षेत्रों तथा बबूल के वनों को पुनः हरा-भरा बनाया जा रहा है। इस प्रबन्धन द्वारा अनुमानित है कि चारे की घास के उत्पादन में 40 गुना और प्राकृतिक घास के उत्पादन में लगभग तीन गुना वृद्धि हुई है। इस कारण वर्षा के जल की मात्रा के बहकर बाहर जाने की मात्रा में अधिक कमी पायी गई है।

अनुमानित है कि संयुक्त वन प्रबन्धन द्वारा लगभग तीन करोड़ विकृत वनों को पुनः प्राकृतिक रूप से हरा-भरा बनाया जा सकता है। इसके हरा-भरा होने से

ईंधन, चारा, लघुवन उत्पादों की आपूर्त्ति में वृद्धि, ग्रामीणों के लिये रोजगार में बढ़ोत्तरी, वनस्पति आच्छादन से मिट्टी तथा जल संरक्षण की आपूर्त्ति में बढ़ोत्तरी तथा वन विभाग और ग्रामीण समुदायों के बीच संघर्ष में कमी होगी।

देश के विभिन्न राज्यों में वनों की किस्में तथा सामाजिक आर्थिक आंकड़े अलग-अलग होने के कारण संयुक्त वन प्रबन्धन का कार्यक्रम अलग-अलग है।

संयुक्त वन प्रबन्धन के क्रियान्वयन में जो कठिनाइयाँ उजागर हो रही हैं वे निम्न प्रकार हैं-

1. इसका क्रियान्वयन अन्य सरकारी कार्यक्रमों की तरह करने के कारण सरकारी लक्ष्यों तक ही सीमित होकर रह जाता है।
2. संयुक्त वन प्रबन्धन का कार्यक्रम, लोगों को और अधिकार देने का कार्यक्रम नहीं बन सका है।
3. संयुक्त वन प्रबन्धन कार्यक्रम में वनों की अंतिम उत्पाद की भागीदारी देने पर आधारित है, जबकि स्थानीय समुदाय रोजमर्रा की आवश्यकताओं की पूर्ति की इच्छा करता है।

27

वन्य जीवन संरक्षण

वन्य जीवन से मनुष्यों को अनेकों लाभ होते हैं। इनके कई कारण हैं उदाहरण के लिये हम दैनिक जीवन में कई ऐसी वस्तुएँ काम में लाते हैं जो वन्य जीवन के उत्पाद हैं। अनेकों पौधों एवं जीवाणुओं का औषधीय मूल्य होता है। इनसे मनुष्य जाति को विभिन्न प्रकार की दवाइयाँ प्राप्त होती हैं जैसे पेनिसिलियम से पेनिसिलिन, सिन्कोना से अमैन, पोस्ता से मार्फीन, केकड़ों और लावस्टर से निकाला गया कवकीय संक्रमण के लिये औषधि आदि। इसी प्रकार फसल तथा पशुधन सुधारने हेतु महत्त्वपूर्ण पादप और प्राणी जीवों की आवश्यकता पड़ती है। ऊष्ण कटिबंध में स्थित अनेकों अनुवांशिक भण्डार लगभग सभी मूल्यवान जीवाणुओं, प्राणियों तथा पौधों के स्रोत हैं।

मनोरंजन तथा पर्यटन उद्योग के लिये वन्य जीवन आय का प्रमुख स्रोत हैं। वन्य सरस फलों का स्वाद, वन्य पुष्पों अर्थात् जंगली फूलों की ताजा महक और मांस बेड की कोमलता का कोई आर्थिक मूल्य नहीं होता है। फिर भी उनका सौन्दर्य मूल्य हमें विवश कर देता है कि हम उनका संरक्षण करें। कृषि वैज्ञानिकों के लिये जीन कोश बहुत ही महत्त्वपूर्ण हैं। सभी घरेलू फसलें और पशुधन पौधों और प्राणियों से विकसित हैं। इन सभी जातियों की नई अनुवांशिक विशेषताएँ अभी भी आवश्यक हैं। हमारी वर्तमान और भविष्य की खाद्य उत्पादन समस्याओं को हल करने में इन विशेषताओं की सहायता आवश्यक है। यदि हम संकटमय जातियों को सुरक्षित रखने के लिये उचित कदम नहीं उठायेंगे तो जीन कोश समाप्त हो जायेगा।

27.1 राष्ट्रीय उद्यान

राष्ट्रीय उद्यान एक ऐसा क्षेत्र है जो पर्यावरण, प्राकृतिक और ऐतिहासिक वस्तुओं को संरक्षित करने तथा उस पर्यावरण में रहने वाले वन्य जीवन को सुरक्षा

तालिका 27.1 : राष्ट्रीय उद्यान और वन्य जीवन विहार

क्र.सं.	राष्ट्रीय उद्यानों / विहारों के नाम	राज्य / प्रान्त	प्राणिजात
1.	पाखल वन्य जीवन विहार	आंध्र प्रदेश	बाघ, चीता, लकड़बग्घा, जंगली बिल्ली, लोमड़ी
2.	काजी रंगा राष्ट्रीय उद्यान	आसाम	भैंसा, मोर, मृग, बाघ, चीता, जंगली सूअर, लंगूर
3.	हजारी बाग राष्ट्रीय विहार	बिहार	बाघ, चीता, रीछ, जंगली कुत्ता, लकड़बग्घा, नीलगाय, जंगली सुअर
4.	गिर राष्ट्रीय उद्यान	गुजरात	भारतीय शेर, तेंदुआ, लकड़बग्घा, नीलगाय, जंगली सुअर, चीतल
5.	सुल्तानपुर झील पक्षी विहार	हरियाणा	पक्षी प्रवासी
6.	डाचीगाम वन्य जीवन विहार	जम्मू कश्मीर	कस्तूरी, मृग, काला भालू, भूरा भालू, पक्षी, प्राणिजात
7.	बादीपुर राष्ट्रीय उद्यान	कर्नाटक	हाथी, चीतल, जंगली सुअर, बाघ, चीता, रीछ, लंगूर, पक्षी
8.	पेरियार वन्य जीवन विहार	केरल	हाथी, बाघ, चीता, रीछ, जंगली कुत्ता, नीलगाय, जंगली सुअर
9.	कान्हा राष्ट्रीय उद्यान	मध्य प्रदेश	बाघ, चीता, चीतल, काली बत्तख
10.	ठोंकना कोसकंज वन्य जीवन विहार	महाराष्ट्र	बाघ, तेंदुआ, रीछ, जंगली सुअर, पक्षी जीवन
11.	सिझिपाल राष्ट्रीय उद्यान	उड़ीसा	हाथी, चीता, बाघ आदि
12.	अवोहर वन्य जीवन विहार	पंजाब	ब्लैक वन तथा पक्षियों की अनेक जातियाँ
13.	रणथम्भौर	राजस्थान	बाघ, चीता, जंगली बिल्ली, रीछ, नीलगाय, चीतल, सुअर
14.	मधुमलाई वन्य जीवन विहार	तमिलनाडु	बाघ, चीता, हाथी, शेर, चीतल, रीछ, जंगली कुत्ता
15.	जिम कोर्बेट राष्ट्रीय उद्यान	उत्तर प्रदेश	बाघ, चीता, रीछ, हाथी, चीतल, जंगली सुअर, मगरमच्छ
16.	सुन्दरवन बाघ परियोजना	पश्चिम बंगाल	बाघ, चीता, जंगली सुअर, पक्षियां, मगरमच्छ

प्रदान करता है। वन्य जीवन विहारों में पक्षियों तथा स्तनियों की किसी जाति को मारना, उसका शिकार करना, गोली मारना या पकड़कर कैद करना मना है। कोई भी क्षेत्र जहाँ पर वन्य जीवन को विशेष रक्षा दी जाती है उसे रक्षित क्षेत्र घोषित कर दिया जाता है।

आज भारत देश में राष्ट्रीय उद्यान और वन्य जीवन विहार क्रमश: 99682 वर्ग कि.मी. तथा 27.761 वर्ग कि.मी. क्षेत्र में फैले हुये हैं। इसके अतिरिक्त 17 बाघ आरक्षित स्थल हैं। इस प्रकार देश के भौगोलिक क्षेत्र का रक्षित क्षेत्र कुल मिलाकर लगभग 4% हैं। कुछ महत्त्वपूर्ण राष्ट्रीय उद्यान और वन्य जीवन विहार तालिका 27.1 में दिए गए हैं।

27.2 जीवमण्डल रिजर्व

जीवमण्डल रिजर्वों के माध्यम से पौधों और जानवरों की अनेक ऐसी जातियाँ जो दुर्लभ तथा संकटग्रस्त हो गयी हैं, उनकी सुरक्षा की जाती है। जैवमण्डल रिजर्व का उद्देश्य सम्पूर्ण पारिस्थितिकी और विस्तृत भूभाग तथा उसके पर्यावरण, राष्ट्रीय पार्कों और अन्य जीव अभयरण्यों के एक अथवा कुछ जातियों की सुरक्षा प्रदान करना है। अभी तक पूरे विश्व में 193 भौगोलिक प्रान्तों में से 90 प्रान्तों में फैले 65 देशों में 243 जैवमण्डल रिजर्व हैं। भारत देश में जैवमण्डल रिजर्व हेतु 14 स्थल हैं जो भौगोलिक क्षेत्रों में से 9 वन आवरणों में फैले हुये हैं।

जैवमण्डल रिजर्व के उद्देश्य निम्न प्रकार हैं–

1. प्राकृतिक पारिस्थितिकी तंत्र में जैवीय समुदायों की एकता तथा भिन्नता बनाये रखना।
2. जातियों की अनुवांशिक भिन्नता की रक्षा करना।
3. शिक्षण और प्रशिक्षण के लिये सुविधाएँ उपलब्ध कराना।
4. पारिस्थितिकी और पर्यावरणीय अनुसंधानों के लिये क्षेत्र उपलब्ध कराना।

जैवमण्डल के रिजर्व के विभिन्न अंचल

जैवमण्डल रिजर्व को पाँच अंचलों में विभाजित किया गया है। ये हैं–

1. केन्द्रीय अंचल (कोर जीन)
2. परिचालन (वानिकी) अंचल
3. परिचालन (पर्यटन) अंचल

4. परिचालन (कृषि) अंचल
5. पुनः प्रतिष्ठत अंचल

जैवमण्डल रिजर्वों के नाम राज्य निम्न तालिका 27.2 में अंकित है।

तालिका 27.2

क्र.सं.	जैव मण्डल	राज्य	प्राणिजात
1.	नीलगिरि	कर्नाटक, केरल तथा तमिलनाडु	स्तनपायी, पक्षी, सरीसृप और उभयचर
2.	नंदा देवी	उत्तर प्रदेश	स्तनपायी, पक्षी, सरीसृप और उभयचर
3.	नामदप्पा	अरूणाचल प्रदेश	स्तनपायी, पक्षी, साँप
4.	उत्तराखण्ड	उत्तर प्रदेश	स्तनपायी, पक्षी, सरीसृप, मछलियाँ
5.	उत्तरी खण्डमान	अण्डमान तथा निकोबार	स्तनपायी, पक्षी, सरीसृप, उभयचर, मछलियाँ
6.	मन्नार की खाड़ी	तमिलनाडु	–
7.	काजीरंगा	असम	स्तनपायी, पक्षी, साँप
8.	मानस	असम	स्तनपायी, पक्षी, सरीसृप, मछलियाँ
9.	सुन्दरवन	पश्चिम बंगाल	स्तनपायी, पक्षी, सरीसृप, उभयचर
10.	नोकेक	मेघालय	स्तनपायी
11.	कान्हा	मध्य प्रदेश	पक्षी
12.	थार मरुस्थल	राजस्थान	पक्षी, स्तनपायी
13.	कच्छ की रन	गुजरात	–
14.	ग्रेट निकोबार	अण्डमान एवं निकोबार	वाटर लीजर्ड, बन्दर, पिंग

28

प्रदूषण नियंत्रण के कुछ उपाय

आज पर्यावरण प्रदूषण की समस्या केवल भारत ही नहीं अपितु पूरी विश्व की समस्या बन गई हैं। हमारे देश में अशिक्षा तथा जागरूकता में कमी भी इस समस्या में वृद्धि का प्रमुख कारण है। प्रदूषित वातावरण में निवास करने वाले लोग सामान्यत: अशिक्षित एवं पर्यावरणीय सुरक्षा के नियमों के प्रति जागरूक नहीं होते हैं। तथा वे अपना पूरा जीवन प्रदूषित वातावरण में ही व्यतीत करते हैं। अशिक्षित होने के कारण वे नागरिक अपने मौलिक अधिकारों का भी प्रयोग नहीं कर पाते हैं तथा सरकारी अधिकारी जो इसके लिये जिम्मेदार हैं वे भी रुचि नहीं लेते हैं। उपरोक्त सभी कारण मुख्य रूप से प्रदूषण नियंत्रण में बाधक हैं।

28.1 वायु प्रदूषण नियंत्रण

वायु प्रदूषण के कारण वायु में गैसों की मात्रा असंतुलित हो गई है। प्रदूषित एवं घातक विषैली गैसों के कारण वायु दिन-प्रतिदिन विषैली होती जा रही है। इस प्रकार वायु प्रदूषण को गंभीरता से लेना होगा तथा इसके नियंत्रण हेतु प्रभावी कदम उठाने होंगे। वायु प्रदूषण नियंत्रण हेतु कुछ सुझाव दिए जा रहे हैं जो कि निम्नलिखित हैं-

- पेड़-पौधे वायु में उपस्थित कार्बन मोनोआक्साइड को ग्रहण करते हैं तथा उसका उपयोग प्रकाश संश्लेषण (भोजन निर्माण) में करते हैं। इस प्रकार वायु प्रदूषण नियंत्रण हेतु वृक्षारोपण आवश्यक है।
- मोटर-वाहनों द्वारा उत्सर्जित गैसें वायु प्रदूषण का मुख्य कारण है। मोटर वाहनों द्वारा उत्सर्जित गैसों का जाँच मानक के अनुरूप कराना चाहिए। जिससे उनके द्वारा उत्सर्जित गैसों का नियंत्रण किया जा सके।

- कल-कारखानों के चिमनियों की ऊँचाई, निर्धारित मानक के अनुसार होनी चाहिए। जिससे वायु प्रदूषण नियंत्रित किया जा सकें।
- जहरीली गैसों को अवशोषित करने वाले वृक्षों का वैज्ञानिक तरीकों से वृक्षारोपण किया जा सके।
- कल-कारखानों एवं लघु उद्योगों को जनसंख्या वाले क्षेत्रों से बाहर स्थापित किया जाना चाहिए जिससे इसके दुष्प्रभावों से बचा जा सके।
- ऐसे कानून जो वायु प्रदूषण की सीमा को सुनिश्चित करता है उनका शक्ति से पालन किया जाए तथा आम जन-मानस को इसके प्रति जागरूक किया जाए।

28.2 जल-प्रदूषण नियन्त्रण

जल-प्रदूषण के लिये कल-कारखानों से निकले अपशिष्ट, बहिस्राव, कचरा निस्तारण, वाहित मल-मूत्र, कृषि भूमि से बहिस्राव, डिटरजेन्ट, कार्बनिक रसायन आदि प्रमुख कारक हैं। जल-प्रदूषण नियंत्रण हेतु कुछ सुझाव निम्न हैं-

- जल स्रोतों के आस-पास सफाई एवं स्वच्छता रखनी चाहिए।
- कल-कारखानों द्वारा निष्कासित अपशिष्ट को समुचित रूप से उपचारित करने की व्यवस्था होनी चाहिए।
- शहरी मलबों आदि को जलाशयों में डालने से रोकना चाहिए।
- शहरी मल-मूत्र तथा प्रदूषित जल को संशोधित करने के यन्त्रों की स्थापना होनी चाहिए।
- मृतक शरीरों, मृत पशुओं, जानवरों आदि को जलाशयों में डालने पर रोक लगानी चाहिए तथा सामान्य जनमानस को इससे उत्पन्न होने वाले खतरों से अवगत कराकर जागरूक बनाना चाहिए।
- जल प्रदूषण नियंत्रण के निर्धारित मानकों का शक्ति से अनुपालन होना चाहिए। तथा इसके लिये आम जनमानस को जागरूक बनाना चाहिए।

28.3 ध्वनि-प्रदूषण नियन्त्रण

आधुनिकता के इस युग में यातायात के साधनों, बाह्य यंत्रों तथा कल-कारखानों से उत्पन्न शोर ध्वनि प्रदूषण का प्रमुख कारण है। इसके नियंत्रण हेतु कुछ निम्नलिखित सुझाव हैं :-

- जनसंख्या (घनी आबादी) वाले क्षेत्रों में भारी ट्रकों या वाहनों के हार्न आदि पर प्रतिबन्ध लगाया जाए।
- ध्वनि अवशोषक यन्त्रों का प्रयोग किया जाए।
- जन-साधारण को ध्वनि-प्रदूषण के खतरों से अवगत कराया जाए।
- ध्वनि प्रदूषण नियंत्रण हेतु निर्धारित मानकों का शक्ति से पालन किया जाए।
- सड़कों के किनारे ध्वनि अवशोषक वृक्षों की वैज्ञानिक तरीके से वृक्षारोपण किया जाए।

29

पर्यावरण संरक्षण संबंधी नियम

मनुष्यों ने अपनी सुख-सुविधा हेतु प्रकृति का अत्यंत दोहन किया है। इस दोहन के कारण जमीन की उर्वरकता घटी है एवं हवा तथा पानी प्रदूषित हुआ है। वन्य जीवों के साथ-साथ स्वयं भी मनुष्य के अस्तित्व पर प्रश्न चिह्न लगना प्रारम्भ हो गया है। यही नहीं सामाजिक, राजनैतिक, आर्थिक तथा औद्योगिक विकास के अतिरिक्त मान के सभी गतिशील तत्व प्रभावित हुए हैं।

पर्यावरण संरक्षण एवं पारिस्थितिक संतुलन से संबंधित अनगिनत समझौतों, घोषणाओं तथा योजनाओं के अतिरिक्त अब तक लगभग दो सौ संधियाँ अंतर्राष्ट्रीय स्तर पर हो चुकी हैं। इन संधियों में दो-तिहाई संधियाँ वर्ष 1972 में स्वीडन में आयोजित प्रथम विश्व पर्यावरण शिखर सम्मेलन के बाद हुई हैं। इन संधियों में प्रमुख हैं-

1. रेडियोधर्मी अपशिष्ट प्रतिवेध संधि (1972)
2. संकटापन्न प्रजाति व्यापार प्रतिबंध संधि (1973)
3. समुद्र कानून संधि (1982)
4. ओजोन संरक्षण संधि (1987)
5. खतरनाक कचरे को दूसरे देशों में ''डम्पिंग'' पर नियंत्रण हेतु संधि (1989)
6. जलवायु परिवर्तन संधि (1992)
7. जैव विविधता संधि (1992)
8. मरुस्थल विस्तार नियंत्रण संधि (1994) आदि।

अंतर्राष्ट्रीय संधियों में कुछ ऐसे उदाहरण हैं जहाँ आशातीत सफलता प्राप्त हुई है। उदाहरण के लिये 1979 की वायु प्रदूषण निवारण संबंधी ट्रांसबाउण्ड्री संधि के कारण यूरोप में वायु प्रदूषण की मात्रा अधिक कम हो गयी है। इसी तरह ओजोन संबंधी मांट्रियल संधि से ओजोन परत को क्षीण करने वाली रसायन सी.एफ.सी. के उत्सर्जन में अधिक कमी हुई है पर विश्व स्तर पर्यावरण की स्थिति में आशातीत सफलता प्राप्त नहीं हो सकी है। मरुस्थलों में विस्तार, खाद्यान्नों के अभाव, भूखमरी, शहरीगंदी बस्तियों का प्रसार, निम्न स्तरीय सेनीटेशन, जल तथा वायु प्रदूषण, जैव विविधता में कमी तथा बीमारियों में वृद्धि आदि ऐसी पर्यावरणीय समस्यायें हैं जिनसे पूरा विश्व प्रभावित है।

पर्यावरण संधियों के परिणामों से यह स्पष्ट हो चुका है कि इनसे कोई विशेष लाभ नहीं होने वाला है।

प्रथम बार भारत में वर्ष 1853 में पर्यावरण सम्बन्धी कानून बनाया गया, जो केवल बम्बई तथा कोलाबा के लिये बना था। इसे शोर एक्ट के नाम से जाना जाता था। इसके बाद पर्यावरण संरक्षण सम्बन्धी बनाये गये कानूनों की प्रगति बहुत ही धीमी रही। वर्ष 1972 में स्टाकहोम में आयोजित मानव तथा पर्यावरण विषय पर अन्तर्राष्ट्रीय गोष्ठी की संस्तुतियों के अनुरूप पर्यावरण सम्बन्धी एक कमेटी का गठन किया जिसके सुझावों पर वर्ष 1976 में भारत के संविधान के अनुच्छेद 48(क) में कहा गया कि "राज्य देश के पर्यावरण के संरक्षण तथा सुधार और वनों तथा वन्य जीव की रक्षा का प्रयास करेगा।" संविधान के अनुच्छेद 51(क) में कहा गया है कि "भारत के हर नागरिक का यह कर्त्तव्य होगा कि वह वनों, झीलों, नदियों तथा वन्य-जीवन सहित प्राकृतिक पर्यावरण का संरक्षण और सुधार करें और सभी सजीव प्राणियों के प्रति करुणा रखें।"

पर्यावरण संरक्षण के विषय में सातवीं पंचवर्षीय योजना में प्रथम बार यह स्वीकार किया गया कि पर्यावरण और पारिस्थितिकी संबंधी अनिवार्यता को पिछली सभी पंचवर्षीय योजनाओं में की गयी उपेक्षा के कारण पर्यावरण प्रदूषण की समस्याओं ने गम्भीर रूप धारण कर लिया है।

इस प्रकार भारत एक ऐसा देश था, जहाँ पर्यावरण संरक्षण और सुधार को मूलभूत कर्त्तव्यों में सम्मिलित किया गया और इस प्रकार इसे सरकार और नागरिकों का संवैधानिक दायित्व दिया गया।

23 मार्च 1974 को राष्ट्रपति से स्वीकृत होने के बाद जल प्रदूषण निवारण और नियंत्रण अधिनियम 1974 में लागू हुआ। इस अधिनियम के विभिन्न प्रावधानों

के कार्यान्वयन हेतु आर्थिक आवश्यकताओं को ध्यान में रखते हुए वर्ष 1977 में जल प्रदूषण नियंत्रण के लिये वायु प्रदूषण निवारण एवं नियंत्रण अधिनियम वर्ष 1981 में पारित हुआ। उपरोक्त प्रावधानों को बृहत रूप देने तथा खतरनाक रसायनों एवं अपशिष्टों को ध्यान में रखते हुए केन्द्रीय सरकार ने पर्यावरण संरक्षण अधिनियम 1986 में लागू किया।

29.1 जल (प्रदूषण निवारण और नियंत्रण) अधिनियम

इस अधिनियम का क्षेत्र बहुत ही व्यापक है। इसमें झरने, सोते, नदियाँ, तालाब, सरोवर, भूमिगत जल, समुद्र और ज्वार भाटों का जल भी शामिल किया गया है। जल प्रदूषण को नियंत्रित करने तथा इसे रोकने के लिये केन्द्र और राज्य स्तर पर प्रशासनिक एजेन्सियों के रूप में जल प्रदूषण बोर्ड बनाने की व्यवस्था और जल प्रदूषित करने पर दण्ड का प्रावधान किया गया है। इन बोर्डों में प्रतिनिधित्व का क्षेत्र काफी व्यापक है।

जल अधिनियम में विषैले, हानिकारक और प्रदूषण फैलाने वाले कचरों को नदियों और कुओं में फेंकने पर रोक लगाने का प्रावधान है। अधिनियम के अनुसार प्रदूषण बोर्डों का मल, जल तथा व्यापारिक अवशेषों को नदी, नाले में बहाने के मामले पर मुख्य रूप से ध्यान देने की बात की गयी है। बोर्ड को यह अधिकार है कि वे प्रदूषण पर रोक लगाने की शर्तें लागू कर प्रदूषण फैलाने वालों के खिलाफ कार्यवाही करें। बोर्ड ऐसे लोगों पर मुकदमा भी चला सकता है।

29.2 वायु (प्रदूषण निवारण और नियंत्रण) अधिनियम

वर्ष 1981 में वायु अधिनियम लागू किया गया। इस अधिनियम में मुख्य रूप से मोटर गाड़ियों और अन्य कारखानों से निकलने वाले धुएँ और गन्दगी का सार निर्धारित करने और उसे नियंत्रिण बोर्ड को ही वायु प्रदूषण अधिनियम के लागू करने का भी अधिकार दिया गया है। इसी बोर्ड से परामर्श करके सम्बन्धित राज्य सरकारें किसी भी क्षेत्र को वायु प्रदूषण नियंत्रण क्षेत्र घोषित कर सकती है और वहाँ स्वीकृत ईंधन के इस्तेमाल की मनाही कर सकती है। इस अधिनियम में यह भी प्रावधान है कि कोई भी व्यापक राज्य बोर्ड की पूर्व अनुमति के बिना वायु प्रदूषण नियंत्रण क्षेत्र में ऐसी कोई भी औद्योगिक इकाई नहीं शुरू कर सकता जिसका वायु प्रदूषण संबंधी अनुसूची में उल्लेख है।

29.3 पर्यावरण संरक्षण अधिनियम (1986)

इस अधिनियम से पर्यावरण प्रदूषण को कम करने रोकने और नियंत्रित करने के काफी अधिकार प्राप्त है। इसमें राज्यों के कामकाज में समन्वय लाना, राज्यव्यापी योजनाएँ बनाना और उन्हें लागू करना शामिल है। इस अधिनियम के अन्तर्गत पर्यावरण संरक्षण के अन्य पहलुओं के साथ ही विभिन्न क्षेत्रों में पर्यावरण को प्रदूषित करने वाले तत्वों की अधिकतम सीमा निर्धारित करने हेतु केन्द्र सरकार को नियम बनाने का अधिकार दिया गया है। इस अधिनियम के कार्यक्षेत्र में खतरनाक पदार्थों के उपयोग के लिये नियम निर्धारित करना, पर्यावरण संबंधी दुर्घटनाएँ रोकना, अनुसंधान, प्रदूषणकारी इकाइयों का निरीक्षण, प्रयोगशालाएँ बनाना और प्रदूषण के विषय में जानकारी देना सम्मिलित है। इस अधिनियम के प्रावधानों के उल्लंघन होने की दशा में कड़े दण्ड निर्धारित किये गये हैं। इस अधिनियम के अन्तर्गत सरकार को पर्यावरण सुरक्षा हेतु किसी भी उद्योग या ऐसी गतिविधियाँ जिससे पर्यावरण सुरक्षा को खतरा है, को बन्द करने, नियंत्रित करने अथवा अन्य सेवाओं को बन्द करने का अधिकार है। इस अधिनियम के अन्तर्गत सामान्य नागरिक को भी अधिकार है कि वह अधिनियम के प्रावधानों के उल्लंघन की दशा में न्यायालय में शिकायत कर सकता है।

29.4 राष्ट्रीय वन नीति (1952)

वर्ष 1952 में वन नीति के अनुसार यह सुझाव दिया गया कि पूरे देश में कुल भूमि के एक-तिहाई भाग तथा पहाड़ी क्षेत्र में 60 प्रतिशत भाग वनाच्छादित होना चाहिये।

29.5 वन संरक्षण अधिनियम (1980)

भारत में वनों के विनाश को रोकने के लिये तथा वन भूमि की अंधाधुंध कटाई को रोकने की दृष्टि से वन संरक्षण अधिनियम बनाया गया। इस अधिनियम के बन जाने से अब किसी वन भूमि को प्रयोग में लाने के पूर्व केन्द्र सरकार की मंजूरी आवश्यक होगी। इस अधिनियम को प्रभावशाली रूप से क्रियान्वित करने के लिये पूरे क्षेत्र को 6 क्षेत्रीय कार्यालयों (बंगलोर, भोपाल, भुवनेश्वर, लखनऊ, शिलांग तथा चण्डीगढ़) में बाँटा गया है।

29.6 नयी राष्ट्रीय वन नीति (1988)

वन संरक्षण तथा वनाच्छादन के विस्तार और लोगों की आवश्यकताओं को पूरा करने के लिये एवं वनों के प्रबन्धन में लोगों की भागीदारी सुनिश्चित करने के

लिये तथा वन बंटवारे के आधार पर अवक्रमित वनों की सुरक्षा एवं पुररुद्वार के कार्यों में ग्रामीण समुदायों, अनुसूचित वर्गों व ग्रामीण निर्धनों, स्वैच्छिक संगठनों की सहायता व सहयोग लेने के लिये इस नीति की घोषणा की गयी है।

29.7 वन्य जीव (संरक्षण) अधिनियम

वनस्पतियों और जीव जन्तुओं को बचाने के उद्देश्य से तथा विभिन्न प्रजातियों को विलुप्त होने से रोकने के लिये भारत में अनेकों कदम उठाये गये हैं। इस हेतु वर्ष 1952 में वन्य जीव बोर्ड गठित किया गया जिसके अन्तर्गत वन्य जीवन पार्क और अभयारण्य बनाये गये। वर्ष 1972 में अखिल भारतीय वन्य जीवन संरक्षण अधिनियम पारित किया गया। जीव-जन्तुओं और वनस्पतियों के समाप्त होने के खतरे में पड़ी प्रजातियों के अन्तर्राष्ट्रीय व्यापार संबंधी समझौतों का सदस्य भारत 1976 में बना। यूनेस्को ने मानव और जैवमण्डल कार्यक्रम के अन्तर्गत विलुप्त होने की आशंका वाली विचित्र प्रजातियों के संरक्षण के लिये परियोजनाएँ चलायी। वन मंत्रालय ने अनाधिकार शिकार और तस्करी के लिये दिये जाने वाले दण्डों को और अधिक कठोर बनाने के लिये वन्य जीवन अधिनियम को संशोधित किया। विभिन्न चरणों में से सिंह के लिये 1972 में, बाघ के लिये 1973, मगर के लिए 1984 में परियोजनाएँ चलायी गयीं। प्रोजेक्टर टाइगर का द्वितीय चरण शुरू किया जा चुका है। प्रदूषण और विकास के बढ़ते हुये दबाव से भारतीय हाथियों के प्राकृतिक निवास के उत्पन्न खतरों को दूर करने के लिये प्रोजेक्ट हाथी शुरू किया गया है।